"十四五"应用型高校建设精品课程规划教材

# 信息技术基础

主　审　任　勇
主　编　徐云龙　苏　梦
副主编　季顺宁　叶　倩　聂保华
编　者　陈志峰　董逸君　孙靓亚
　　　　胡清泉　王善强　谭丽峰
　　　　冯　奇　胥　薇

苏州大学出版社
Soochow University Press

图书在版编目(CIP)数据

信息技术基础 / 徐云龙, 苏梦主编. -- 苏州：苏州大学出版社, 2023.7
"十四五"应用型高校建设精品课程规划教材
ISBN 978-7-5672-4279-1

Ⅰ.①信… Ⅱ.①徐… ②苏… Ⅲ.①电子计算机 — 高等学校 — 教材 Ⅳ.①TP3

中国国家版本馆 CIP 数据核字(2023)第 068414 号

| | |
|---|---|
| 书　　名： | 信息技术基础 |
| 主　　编： | 徐云龙　苏　梦 |
| 责任编辑： | 征　慧 |
| 装帧设计： | 吴　钰 |
| 出版发行： | 苏州大学出版社（Soochow University Press） |
| 社　　址： | 苏州市十梓街1号　邮编：215006 |
| 印　　装： | 广东虎彩云印刷有限公司 |
| 网　　址： | http://www.sudapress.com |
| 邮　　箱： | sdcbs@suda.edu.cn |
| 邮购热线： | 0512-67480030 |
| 销售热线： | 0512-67481020 |
| 开　　本： | 787 mm×1 092 mm　1/16　印张：14　字数：341 千 |
| 版　　次： | 2023 年 7 月第 1 版 |
| 印　　次： | 2023 年 7 月第 1 次印刷 |
| 书　　号： | ISBN 978-7-5672-4279-1 |
| 定　　价： | 45.00 元 |

凡购本社图书发现印装错误，请与本社联系调换。
服务热线：0512-67481020

# 前 言

计算机是人类在 20 世纪最突出、最具影响力的发明创造之一。随着科技的进步与发展，以计算机技术、网络技术和微电子技术为主要特征的现代信息技术已经广泛应用于社会生产和生活的各个领域。计算机知识与信息技术是当今大学生学习现代科学的基础，同时也是大学生进入现代社会所必须具备的重要知识与技能。因此，对大学生实施信息技术基础教育是现代素质教育的必要组成部分。

本书是按照教育部高等学校计算机基础课程教学指导委员会提出的《关于进一步加强高校计算机基础教学的意见》中有关"大学计算机基础"课程的教学要求及人才培养的新要求编写的。本书以计算机应用能力的培养为主要目标，符合非计算机专业大学生的特点，注重对计算机基础知识的讲解，强调对学生应用能力的培养。本书重点介绍以计算机为代表的信息技术、通信技术和网络技术，为开阔学生视野，同时还介绍了大数据、云计算、人工智能(含ChatGPT)、物联网、虚拟现实和元宇宙等知识。本书的内容介绍由浅入深，通过大量图表，力求做到通俗易懂，以便读者理解和掌握。

本书适合作为高等学校计算机应用基础课程的教学用书，可与《信息技术基础实训教程》(2022 年由苏州大学出版社出版)配套使用，也可作为高等学校计算机等级考试的学习参考书。

本书各章内容及编写分工为：第 1 章为计算机组成及工作原理，包括计算机概述、微电子技术、计算机组成与工作原理和 PC 主件，由胡清泉、董逸君和叶倩编写；第 2 章为计算机软件与信息表示，包括软件概述、操作系统和信息与信息表示，由冯奇、王善强、孙靓亚和苏梦编写；第 3 章为信息技术基础，包括通信技术、计算机网络基础、局域网、Internet 和信息安全，由聂保华、陈志峰和孙靓亚编写；第 4 章为计算机新技术，包括大数据，云计算，人工智能，物联网,虚拟现实、增强现实与元宇宙,由苏梦、谭丽峰、陈志峰、季顺宁、叶倩、胥薇和徐云龙编写;第5章为计算机技术应用,包括计算机技术在通信领域中的应用和计算机技术在机械领域中的应用,由胡清泉和董逸君编写。

全书由徐云龙和苏梦两位老师负责统稿,任勇为主审。由于信息技术发展迅速,所涉及的新内容又较多,加之编者水平有限,书中难免有疏漏和不足之处,恳请广大读者批评指正。

# 第1章 计算机组成及工作原理

1.1 计算机概述 ………………………………………………………… 001
    1.1.1 计算机发展历程 ………………………………………………… 002
    1.1.2 计算机分类 ……………………………………………………… 003
1.2 微电子技术 ………………………………………………………… 006
    1.2.1 集成电路 ………………………………………………………… 006
    1.2.2 摩尔定律 ………………………………………………………… 008
    1.2.3 芯片制造流程 …………………………………………………… 009
1.3 计算机组成与工作原理 …………………………………………… 011
    1.3.1 冯·诺依曼体系结构 …………………………………………… 011
    1.3.2 计算机的硬件结构 ……………………………………………… 012
    1.3.3 计算机的工作原理 ……………………………………………… 014
1.4 PC主件 ……………………………………………………………… 016
    1.4.1 PC主板及其重要部件 …………………………………………… 016
    1.4.2 中央处理器(CPU) ……………………………………………… 018
    1.4.3 存储器 …………………………………………………………… 019
    1.4.4 输入/输出设备 …………………………………………………… 021
1.5 练习题 ……………………………………………………………… 026

# 第2章 计算机软件与信息表示

2.1 软件概述 …………………………………………………………… 030
    2.1.1 程序与软件 ……………………………………………………… 030
    2.1.2 软件的分类 ……………………………………………………… 031

2.1.3　程序设计语言 ………………………………………………………………… 033
　2.2　操作系统 …………………………………………………………………………… 041
　　　2.2.1　操作系统概述 ………………………………………………………………… 041
　　　2.2.2　操作系统功能 ………………………………………………………………… 041
　　　2.2.3　常见的操作系统 ……………………………………………………………… 045
　2.3　信息与信息表示 …………………………………………………………………… 051
　　　2.3.1　信息与信息技术 ……………………………………………………………… 051
　　　2.3.2　进位计数制 …………………………………………………………………… 053
　　　2.3.3　常用进位计数制间的相互转换 ……………………………………………… 055
　　　2.3.4　二进制数的运算 ……………………………………………………………… 059
　　　2.3.5　数值型数据在计算机中的表示 ……………………………………………… 062
　　　2.3.6　非数值型数据在计算机中的表示 …………………………………………… 067
　　　2.3.7　数据在计算机中的存储 ……………………………………………………… 072
　2.4　练习题 ……………………………………………………………………………… 074

## 第 3 章　信息技术基础

　3.1　通信技术 …………………………………………………………………………… 077
　　　3.1.1　通信技术概述 ………………………………………………………………… 077
　　　3.1.2　通信技术发展历程 …………………………………………………………… 077
　　　3.1.3　信息通信技术 ………………………………………………………………… 078
　　　3.1.4　信息传输技术 ………………………………………………………………… 078
　　　3.1.5　通信系统 ……………………………………………………………………… 080
　　　3.1.6　网络传输介质 ………………………………………………………………… 082
　　　3.1.7　网络互联设备 ………………………………………………………………… 084
　3.2　计算机网络基础 …………………………………………………………………… 086
　　　3.2.1　计算机网络概述 ……………………………………………………………… 086
　　　3.2.2　计算机网络组成 ……………………………………………………………… 089
　　　3.2.3　计算机网络分类 ……………………………………………………………… 091
　　　3.2.4　计算机网络体系结构 ………………………………………………………… 095
　3.3　局域网 ……………………………………………………………………………… 101
　　　3.3.1　局域网简介 …………………………………………………………………… 101
　　　3.3.2　以太网 ………………………………………………………………………… 101

  3.3.3 无线局域网 ·········································································· 108

3.4 Internet ················································································ 109
  3.4.1 Internet 简介 ········································································ 109
  3.4.2 IP 地址 ············································································· 110
  3.4.3 常用 Internet 服务 ··································································· 111
  3.4.4 移动互联网 ········································································· 113

3.5 信息安全 ················································································ 114
  3.5.1 信息安全概述 ······································································· 114
  3.5.2 法律体系 ··········································································· 114
  3.5.3 计算机与思政教育 ··································································· 115
  3.5.4 计算机与道德教育 ··································································· 116
  3.5.5 信息安全威胁和网络安全术语 ························································· 117
  3.5.6 网络安全防御技术 ··································································· 118
  3.5.7 计算机病毒及其防治 ································································· 121

3.6 练习题 ················································································· 122

# 第 4 章 计算机新技术

4.1 大数据 ················································································· 125
  4.1.1 大数据的概念及特征 ································································· 125
  4.1.2 大数据的关键技术 ··································································· 126
  4.1.3 大数据技术生态 ····································································· 130

4.2 云计算 ················································································· 134
  4.2.1 云计算概述 ········································································· 135
  4.2.2 云计算的分类 ······································································· 136
  4.2.3 云计算的关键技术 ··································································· 140
  4.2.4 云计算面临的挑战及发展前景 ························································· 144

4.3 人工智能 ··············································································· 146
  4.3.1 人工智能概述 ······································································· 146
  4.3.2 人工智能的研究途径 ································································· 147
  4.3.3 人工智能的研究领域 ································································· 150
  4.3.4 人工智能的发展及 ChatGPT ·························································· 154

4.4 物联网 ································································· 159
    4.4.1 物联网概述 ······················································ 159
    4.4.2 物联网体系架构 ·················································· 164
    4.4.3 物联网的应用 ···················································· 169
4.5 虚拟现实、增强现实与元宇宙 ················································ 181
    4.5.1 虚拟现实 ························································ 181
    4.5.2 增强现实 ························································ 190
    4.5.3 元宇宙 ·························································· 192
    4.5.4 虚拟现实和增强现实的应用 ········································ 192
4.6 练习题 ································································· 196

## 第 5 章　计算机技术应用

5.1 计算机技术在通信领域中的应用 ·············································· 199
    5.1.1 通信技术简介 ···················································· 199
    5.1.2 计算机技术在通信领域中的有效应用 ································ 202
    5.1.3 计算机技术在通信中的发展前景 ···································· 205
5.2 计算机技术在机械领域中的应用 ·············································· 208
    5.2.1 计算机技术在机械设计中的应用 ···································· 208
    5.2.2 计算机技术在机械制造中的应用 ···································· 210
    5.2.3 计算机技术在机械领域中的发展前景 ································ 211
5.3 练习题 ································································· 212

## 参考文献 ································································· 214

# 第1章 计算机组成及工作原理

计算机是 20 世纪最伟大的创新发明之一。计算机技术发展迅猛,冲击着人类创造的物质基础、思维方式和通信手段,改变了人们的思维观点和生活方式。掌握一定的计算机相关知识对学习、工作和生活都是有益的。本章阐述计算机基础知识,主要内容有计算机的概念、特性、组成和工作原理等,还包括集成电路的相关基础知识。

**本章学习目标**

1. 掌握计算机的概念、特性及应用领域。
2. 了解计算机的组成和工作原理。
3. 熟悉 PC 主件与集成电路基础知识。

 ## 1.1 计算机概述

计算机(Computer)俗称电脑,是一种能够按照事先存储的程序,自动、高速地进行大量数据计算和信息处理的现代化智能电子设备,如图 1-1 所示。

(a) 台式计算机　　　　　　　(b) 笔记本式计算机

图 1-1　计算机

利用计算机对输入的原始数据进行加工处理、存储或传送,可以获得预期的输出信息。利用这些信息可提高社会生产率和人们的生活质量。

计算机具有以下特性:运算速度快、数据存储容量大、通用性好,可以对多种形式的信息进行处理。同时计算机之间可以实现互联、互通和互操作。

### 1.1.1 计算机发展历程

自古以来，人类就在不断地发明和改进计算工具，从结绳计数到算盘、计算尺、手摇计算机，直至1946年诞生的第一台电子计算机。电子计算机诞生至今虽然只有70多年，但取得了惊人的发展。每次电子技术有突破性的发展，都会引起计算机的一次重大变革。所以计算机发展史中的"代"通常以其所使用的主要器件来划分。

**一、第一代：电子管数字机（1946—1958年）**

电子计算机的早期研究是从20世纪30年代末开始的。英国数学家艾伦·图灵在一篇论文中描述了通用计算机应具有的全部功能及其局限性，这种机器被称为图灵机。1946年，世界上第一台电子计算机"电子数字积分计算机"（Electronic Numerical Integrator and Computer，ENIAC）在美国宾夕法尼亚大学问世，但学术界公认，电子计算机的理论和模型是由图灵在1936年发表的一篇论文《论可计算数及其在判定问题中的应用》奠定的基础。美国计算机协会在1966年纪念电子计算机诞生20周年时，设立了计算机界的第一个奖项"图灵奖"，以纪念这位计算机科学理论的奠基人。

在硬件方面，逻辑元件采用的是真空电子管，主存储器采用汞延迟线、磁鼓、磁芯，外存储器采用的是磁带。软件方面采用的是机器语言、汇编语言。应用领域以军事和科学计算为主。特点是体积大、功耗高、可靠性差、速度慢（一般为每秒数千次至数万次）、价格昂贵。电子管数字机为以后的计算机发展奠定了基础。

**二、第二代：晶体管数字机（1958—1964年）**

在硬件方面，逻辑元件采用的是晶体管。软件主要有操作系统、高级语言及编译程序。应用领域以科学计算和事务处理为主，并开始涉及工业控制。特点是体积缩小、能耗降低、可靠性提高、运算速度提高（一般为每秒数十万次，可高达每秒300万次）。性能比第一代计算机有了很大的提高。

**三、第三代：中小规模集成电路数字机（1964—1970年）**

在硬件方面，逻辑元件采用中小规模集成电路，主存储器仍采用磁芯。在软件方面，第三代计算机出现了分时操作系统及结构化、规模化程序设计方法。特点是速度更快（一般为每秒数百万次至数千万次），可靠性有了显著提高，价格进一步下降，产品走向了通用化、系列化和标准化等。应用领域开始涉及文字处理和图形图像处理。

**四、第四代：大规模、超大规模集成电路机（1970年至今）**

在硬件方面，逻辑元件采用大规模和超大规模集成电路。第四代计算机使用大容量的半导体作为内存储器；在体系结构方面进一步发展了并行处理、多机系统、分布式计算机系统和计算机网络系统；在软件方面推出了数据库系统、分布式操作系统及软件工程标准等。

以上划分可归结为表1-1。

表1-1 计算机发展历程

| 代次 | 起止年份 | 所用电子元器件 | 数据处理方式 | 运算速度 | 应用领域 |
| --- | --- | --- | --- | --- | --- |
| 第一代 | 1946—1958 | 电子管 | 汇编语言、机器语言 | 几千~几万次每秒 | 国防、科技 |
| 第二代 | 1958—1964 | 晶体管 | 高级程序、设计语言 | 几十万~几百万次每秒 | 科学计算、事务处理 |

续表

| 代次 | 起止年份 | 所用电子元器件 | 数据处理方式 | 运算速度 | 应用领域 |
|---|---|---|---|---|---|
| 第三代 | 1964—1970 | 中小规模集成电路 | 结构化、模块化程序设计、实时处理 | 几百万~几千万次每秒 | 文字处理、图形图像处理 |
| 第四代 | 1970年至今 | 大规模、超大规模集成电路 | 分时、实时数据处理、计算机网络 | 几千万~上亿次每秒 | 工业、生活等各方面 |

时至今日，微型计算机的体积越来越小，性能越来越强，可靠性越来越高，价格越来越低，应用范围越来越广，加上完善的系统软件、丰富的系统开发工具和商品化的应用程序的大量涌现，通信技术和计算机网络的飞速发展，使得计算机进入了一个大发展的阶段。

## 1.1.2 计算机分类

计算机有很多种分类方法。通常按其运算速度快慢、存储数据量的大小、功能的强弱，以及软硬件的配套规模等不同可分为巨型机、大中型机、小型机、微型计算机、工作站与服务器等。

### 一、巨型机

巨型机又称超级计算机，是指运算速度超过每秒 1 亿次的高性能计算机。它是目前功能最强、速度最快、软硬件配套齐备、价格最贵的计算机，主要用于解决诸如气象、太空、能源、医药等科学领域研究和战略武器研制中的复杂计算。运算速度快是巨型机最突出的特点。

2008 年，我国研制的"曙光 5000A"巨型计算机(图 1-2)，其运算速度可达每秒百万亿次。世界上只有少数几个国家能生产这种机器。它的研制开发是一个国家综合国力和国防实力的体现。

图 1-2 "曙光 5000A"巨型计算机

### 二、大中型机

大中型机或称大中型计算机，也有很快的运算速度和很大的存储量，以及允许相当多的用户同时使用。当然在量级上不及巨型计算机，在结构上较巨型机简单些，在价格上相对巨型机也便宜，因此使用的范围较巨型机普遍。它是事务处理、商业处理、信息管理、大型数据库和数据通信的主要支柱。大中型机通常都像一个家族一样形成系列，如IBM公司的370系列、DEC公司的VAX8000系列、富士通公司的M-780系列。同一系列的不同型号的计算机可以执行同一个软件，称为软件兼容。

### 三、小型机

小型机的规模比大中型机小，运算速度比大中型机慢，但仍能支持十几个用户同时使用。小型机具有体积小、价格低、性价比高等优点，适合中小企业、事业单位用于工业控制、数据采集、分析计算、企业管理及科学计算等，也可做巨型机或大中型机的辅助机。典型的小型机是美国DEC公司的PDP系列计算机、IBM公司的AS/400系列计算机，我国的DJS-130计算机等。

### 四、微型计算机

微型计算机简称微机，是当今使用最普及、产量最大的一类计算机。微型计算机的体积小、功耗低、成本少、灵活性大，性价比明显高于其他类型计算机，因而得到了广泛应用。微型计算机按结构和性能可划分为单片机、单板机、个人计算机等类型。

（一）单片机

把微处理器、一定容量的存储器及输入输出接口电路等集成在一个芯片上，就构成了单片机。单片机仅是一片特殊的、具有计算机功能的集成电路芯片。单片机体积小、功耗低、使用方便，但存储容量较小，一般用作专用机或用来控制高级仪表、家用电器等。

（二）单板机

把微处理器、存储器、输入输出接口电路安装在一块印刷电路板上，就成为单板机。一般这块板上还有简易键盘、液晶和数码管显示器及外存储器接口等。单板机价格低廉且易于扩展，被广泛用于工业控制、微型机教学和实验，也可作为计算机控制网络的前端执行机。

（三）个人计算机

供单个用户使用的微型机一般称为个人计算机或PC，是目前用得最多的一种微型计算机。PC配置有一个紧凑的机箱、显示器、键盘、打印机及各种接口，可分为台式微机和便携式微机。台式微机可以将全部设备放置在书桌上，因此又称为桌面型计算机。当前流行的机型有IBM公司的PC系列，Apple公司的Macintosh，我国生产的长城、浪潮、联想系列计算机等。便携式微机包括笔记本式计算机、袖珍计算机及个人数字助理。便携式微机将主机和主要外部设备集成为一个整体，显示屏为液晶显示屏，可以直接用电池供电。

### 五、工作站

工作站是介于PC和小型机之间的高档微型计算机，通常配备有大屏幕显示器和大容量存储器，具有较高的运算速度和较强的网络通信能力，有大型机或小型机的多任务和多用户功能，同时兼有微型计算机操作便利和人机界面友好的特点。工作站的独到之处是具有很强的图形交互能力，因此在工程设计领域得到广泛使用。

### 六、服务器

随着计算机网络的普及和发展，一种可供网络用户共享的高性能计算机应运而生，这就是服务器。服务器一般具有大容量的存储设备和丰富的外部接口，运行网络操作系统，要求较高的运行速度，为此很多服务器都配置双 CPU。服务器常用于存放各类资源，为网络用户提供丰富的资源共享服务。常见的资源服务器有域名系统(Domain Name System, DNS)服务器、电子邮件(E-mail)服务器、网页(Web)服务器、电子公告板(Bulletin Board System, BBS)服务器等。

## 知识拓展

### 计算机文化

所谓计算机文化，就是人类社会的生存方式因使用计算机而发生根本性变化，从而产生的一种崭新文化形态。这种崭新的文化形态可以体现为：

(1) 计算机理论及技术对自然科学、社会科学的广泛渗透所表现出的丰富文化内涵。

(2) 计算机的软、硬件设备，作为人类所创造的物质设备丰富了人类文化的物质设备品种。

(3) 计算机应用介入人类社会的方方面面，从而形成的科学思想、科学方法、科学精神、价值标准等成为一种崭新的文化观念。

计算机的普及和计算机文化的形成及发展，对社会产生了深远的影响。网络技术的飞速发展，使互联网渗透到了人们工作、生活的各个领域，成为人们获取信息、享受网络服务的重要来源。随着网络经济时代的到来，我们对计算机及其所形成的计算机文化，有了更全面的认识。我们将从信息高速公路和信息社会所具有的特征这两个方面来了解计算机文化对社会的影响。

### 一、信息高速公路

1991 年，美国国会通过了由参议员阿尔·戈尔提出的"高性能计算法案"，后来也称为"信息高速公路法案"。1993 年 1 月，戈尔当选为克林顿政府的副总统，同年 9 月，他代表美国政府发表了"国家信息基础设施行动日程"，即"美国信息高速公路计划"，或称"NII"计划。按照这一日程，美国计划在 1994 年把 100 万户家庭连入高速信息传输网，至 2000 年联通全美的学校、医院和图书馆，最终在 10—15 年内把信息高速公路的"路面"——大容量的高速光纤通信网，延伸到全美 9 500 万个家庭。NII 计划宣布后，不仅得到美国国内大公司的普遍支持，也受到世界各国的高度重视。许多发展中国家(包括我国)也在研究 NII 计划，并且制订和提出本国的对策。网络系统是 NII 计划的基础。

早在 1969 年，美国就建成了第一个国家级的广域网——ARPAnet。随着网络技术的发展和 PC 的普及，以 PC 为主体的局域网有了很大的发展。目前，世界上最大的计算机网络——Internet(常称为"因特网")就是在 ARPAnet 的基础上，由 35 000 多个局域网、城域网和国家网互联而成的全球网络。NII 计划的提出，给未来的信息社会勾画出了一个清晰的轮廓，而 Internet 的扩大运行，也给未来的全球信息基础设施提供了一个可供借鉴的原型。人人向往的信息社会，已不再是一个带有理想色彩的空中楼阁。

### 二、信息社会

同信息化以前的社会相比，信息社会具有下列主要特征：

(一) 信息成为重要的战略资源

在工业社会，能源和材料是最重要的资源。信息技术的发展，使人们认识到信息在促进经济发展中的重要作用。信息被当作一种重要的战略资源。一个企业如果不实现信息化,就很难提高生产力,以及与其他企业的竞争能力;一个国家若既缺乏信息资源,又不重视利用信息和提高交换能力,则只能是一个贫穷落后的国家。目前,信息业已上升为一个国家最重要的产业,它是发展国民经济的"倍增器",能通过提高企业的生产水平,改进产品质量,改善劳动条件,从而产生明显的经济效益。

（二）信息网络成为社会的基础设施

随着 NII 计划的提出和 Internet 的扩大运行,"网络就是计算机"的思想已深入人心。因此,信息化不单是让计算机进入普通家庭,更重要的是将信息网络联通到千家万户。如果说供电网、交通网和通信网是工业社会中不可缺少的基础设施,那么信息网的覆盖率和利用率理所当然地将成为衡量信息社会是否成熟的标志。

## 1.2　微电子技术

微电子技术是电子电路与系统在实现超小型化和微型化过程中形成和逐步发起来的一门综合性技术,它主要研究半导体材料、器件、工艺、集成电路设计等方面的基本知识和技能,进行集成电路版图设计及集成电路封装、测试等。微电子技术对我们来说并不陌生。例如,日常用的收音机,最早是电子管的,体积、重量都比较大,耗电量也大。现在市场上卖的称为"随身听"的小收音机,体积跟火柴盒差不多,重不到 50 克。又如电子计算机,1946 年制成的世界上第一台电子计算机,用了 18 000 个电子管,占地 170 平方米,耗电 140 千瓦,运算速度仅 5 000 次/秒。而现在的微型计算机,只有书本大小,可随身携带,而运算速度为每秒几十亿次,功能更多。收音机、电子计算机这类电子产品能微小型化,是微电子技术的成果,其秘诀就在于使用了集成电路。集成电路是微电子技术的核心。

### 1.2.1　集成电路

**一、集成电路概述**

集成电路,英文为 Integrated Circuit,缩写为 IC,顾名思义,就是把一定数量的常用电子元件,如电阻、电容、晶体管等,以及这些元件之间的连线,通过半导体工艺集成在一起的具有特定功能的电路。这些电子元件被制作在一小块或几小块半导体晶片或介质基片上,然后封装在一个管壳内,构成具有所需电路功能的微型结构,如图 1-3 所示。这些元件在结构上已组成一个整体,使电子元件向着微小型化、低功耗、智能化和高可靠性方面迈进了一大步。

1952 年 5 月,英国科学家达默第一次提出了集成电路的设想。1958 年以德克萨斯仪器公司的科学家杰克·基尔比为首的研究小组研制出了世界上第一块集成电路,如图 1-4 所示,基尔比也因发明集成电路获得 2000 年诺贝尔物理学奖。1959 年美国飞兆/仙童公司的罗伯特·诺伊思开发出用于 IC 的 Si 平面工艺技术,从而推动了 IC 制造业的大发展。当今半导体工业大多数应用的是基于硅的集成电路。

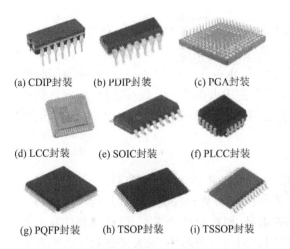

图 1-3　集成电路示意图

(a) 锗基集成电路　　　　　　　　(b) 硅基集成电路

图 1-4　最早的集成电路设计图

集成电路的发展经历了几个有代表性的阶段,如图 1-5 所示。第一阶段:1962 年制造出的集成了 12 个晶体管的小规模集成电路芯片;第二阶段:1966 年制造出的集成度为 100~1 000 个晶体管的中规模集成电路芯片;第三阶段:1967 年至 1973 年制造出的集成度为 1 000~100 000 个晶体管的大规模集成电路芯片;第四阶段:1977 年研制出的在 30 平方毫米的硅晶片上集成了 15 万个晶体管的超大规模集成电路芯片;第五阶段:1993 年制造出的集成了 1 000 万个晶体管的 16 MB FLASH 与 256 MB DRAM 的特大规模集成电路芯片;第六阶段:1994 年制造出的集成了 1 亿个晶体管的 1 GB DRAM 巨大规模集成电路芯片。

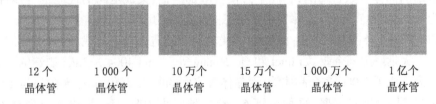

图 1-5　集成电路晶体管规模图

## 二、集成电路分类

### 1. 按照处理的信号类型不同分类

按照处理的信号类型不同,集成电路可分为模拟集成电路、数字集成电路、数/模混合集成电路。

模拟集成电路是对模拟信号进行处理的芯片,如运算放大器、A/D 和 D/A 转换器、连续时间滤波器等;数字集成电路是对数字信号进行处理的芯片,如逻辑器件、控制器件、微处理器、ROM 和 RAM 等。由于模拟采样技术和 MOS 工艺的发展,一个芯片能同时处理数字和模拟两种信号,这种芯片称为数/模混合集成电路芯片。数/模混合集成电路的发展催生了系统级芯片。系统级芯片结合了数字技术和模拟技术,把 D/A 转换器、微处理器和存储器等集成在单个芯片上。

2. 按照生产目的不同分类

按照生产目的不同,集成电路可分为通用集成电路和专用集成电路。

通用集成电路包含微处理器芯片、存储器芯片、计算机外围电路芯片等。这些芯片生产批量大,对电路的性能和芯片的利用率要求高,而对设计的成本、设计周期的要求可以放宽。专用集成电路是为某些用户的专门用途而生产的芯片,或者说是除了通用芯片以外的均属于专用集成电路。其特点与通用集成电路相反,并且对电子设计自动化(EDA)工具的要求较高,如半定制、定制特殊电路,PLD 和 FPGA 电路。

3. 按照设计风格的不同分类

按照设计风格的不同,集成电路可分为通用全定制集成电路、半定制集成电路和可编程逻辑器件。

通用全定制集成电路主要基于晶体管级的芯片设计,芯片中的全部器件及互连线的版图都是按照系统要求进行人工设计的。通用全定制集成电路具有密度高、速度快、面积小和功耗低的特点,因此批量生产时经济性好,但是设计开发时间长、设计费用高。CMOS 模拟集成电路也属于这类电路。半定制集成电路设计通常是指门阵列和标准单元的设计。半定制芯片设计比较容易,初期投资少,从设计到成品所需的时间短。可编程逻辑器件的特点是"可编程",由集成电路生产厂家提供已经封装好的芯片,芯片的功能由用户使用 EDA 工具"写入"其中。编程后的芯片便成为专用集成电路,它包括可编程逻辑阵列、可编程阵列逻辑、通用阵列逻辑、可编程门阵列和现场可编程门阵列,其中现场可编程门阵列的发展最活跃,其产品的等效门可达几十万门。

### 1.2.2 摩尔定律

50 多年前,英特尔(Intel)公司的创始人之一戈登·摩尔(Gordon Moore)提出集成电路上可容纳的晶体管数目每隔约 18 个月便会增加一倍,集成电路的性能也将提升一倍。这被称为"摩尔定律"。这一定律揭示了信息技术进步的速度。

在 50 多年间,半导体行业蓬勃发展,人类社会飞速进入信息时代,同时半导体工业界也诞生了一大批巨无霸企业,如 Intel 和 Qualcomm 等。Intel 4004 是 Intel 制造的一款微处理器。片内集成了 2 000 多个晶体管,而晶体管之间的距离是 10 μm(现在都是 10 nm 以下),能够处理 4 bit 的数据,每秒运算 6 万次,频率为 108 kHz,前端总线为 0.74 MHz (4 bit)。2022 年 1 月 9 日,在国际消费类电子产品展览会(CES)上,Intel 发布了最新的 12 代酷睿处理器。Intel 12 代酷睿 U 系列采用了最新的大小核架构,最高有 2 个性能(P)核心和 8 个效率(E)核心,采用 Intel 7 工艺(10 nm Enhanced SuperFin)打造主频,最高 4.8 GHz,配 12 MB L3 缓存。

近年来，随着半导体制程特征尺寸缩小越来越困难，摩尔定律是否已经到达极限成为半导体业界乃至整个社会所关注的问题。摩尔定律现在失效了吗？没有。尽管很多分析师与企业的官员已经放言摩尔定律将过时，但它可能仍然发挥作用。

从理论的角度讲，硅晶体管还能够继续缩小，直到4 nm级别生产工艺出现为止，时间可能在2023年末。到那个时候，由于控制电流的晶体管门及氧化栅极距离将非常贴近，因此，电子漂移现象将发生。如果这种情况发生，那么晶体管将会失去可靠性，原因是晶体管会由此无法控制电子的进出，从而无法制造出1和0。

如果替代晶体管的材料永远找不到，那么摩尔定律便会失效。如果替代材料出现了，那么类似摩尔定律的规律将仍然出现。最好的替代材料是什么？碳纳米管、硅纳米线晶体管、分子开关、相态变化材料、自旋电子，目前都处于试验阶段。

## 1.2.3 芯片制造流程

半导体产业是现代信息社会的基石。人们日常生活中所有的信息处理基本离不开半导体产品的支持。半导体产业总体而言有较高的科技含量，技术壁垒高。从产业链来看，半导体产业可分为设计、制造、封装测试以及其他环节，如图1-6所示。半导体产业工序复杂。从开始设计到产品最终落地工序需要数十道。简要来说，首先需要根据需求对产品进行设计，制作出符合要求的光罩。在制造的环节中，以通过各种处理之后的硅片为基础，根据制作好的掩模板进行刻蚀，制作出所需要的电路。最后进行封装测试，由于芯片体积小而薄，需要安装合适的外壳加以保护，以便人工安装在集成电路板上。封装完芯片再通过性能测试后，便完成了完整的生产过程。

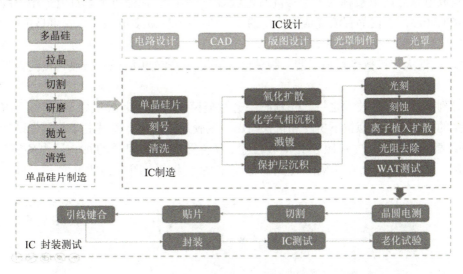

图1-6 半导体完整制造流程图

设计环节属于技术密集型，制造环节属于资本和技术密集型，封装测试环节属于劳动力密集型。从毛利率来看，设计高于制造，制造高于封装测试。从资本投入来看，制造高于封装测试，封装测试高于设计。从技术要求来看，制造环节技术的难度最大，是半导体产业追随摩尔定律发展的主要瓶颈之一，也是技术突破发展的主要方向，其微观尺度已走到5~7 nm的水平，是当今人类最精密制造能力的体现。

点沙成金的芯片制造环节是芯片实现功能的命脉,在集成电路产业链中有举足轻重的地位。集成电路制造工艺流程大致为单晶硅片制备→薄膜制备→光刻→刻蚀→离子注入→CMP→晶圆检测。集成电路制造的具体流程如图 1-7 所示。整个芯片制造过程集中了上百道工序。每一道工序的背后都要考虑加工参数是否满足设计要求,以及工艺偏差对成品的影响。这既需要强大的资金支持,也需要突破技术壁垒研发集成电路专用设备。

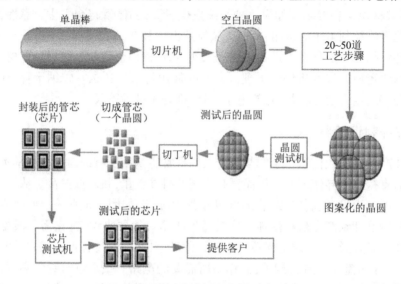

图 1-7　集成电路制造的具体流程图

集成电路之所以被称为人类最高智慧代表,正是因为它经历了上百道工序才成为真正合格的产品。空白晶圆演变成图案化的晶圆所经历的 20 多道工艺步骤更是重中之重,这其中包括图像转换、掺杂和制模等。图像转换涉及涂胶、光刻和刻蚀等工艺。掺杂包含离子注入、退火和扩散等复杂工艺。制模包含氧化、化学气相淀积和物理气相淀积等复杂工艺。

光刻是最核心的技术之一。光刻胶层透过掩模被曝光在紫外线之下,变得可溶。其间发生的化学反应类似按下机械相机快门那一刻胶片的变化。掩模上印着预先设计好的电路图案。紫外线透过它照在光刻胶层上,就会形成微处理器的每一层电路图案,如图 1-8 所示。一般来说,在晶圆上得到的电路图案是掩模上图案的四分之一。由此进入

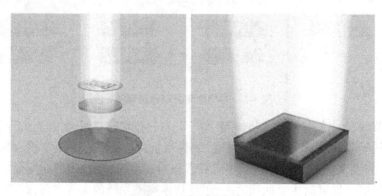

图 1-8　光刻示意图

50~200 nm 尺寸的晶体管级别。晶体管相当于开关，控制着电流的方向。现在的晶体管已经如此之小，一个针头上就能放下大约 3 000 万个。

随着信息技术的发展和用户需求的扩大，芯片设计必然更加复杂，再加上芯片工艺的不断推进，制造业的技术壁垒将愈来愈高。我国集成电路产业起步较晚，尤其是制造业的专用设备及专用材料长期依赖进口，导致我国高端集成电路产业处于弱势地位。从基础的加工制造能力上看，台积电保持最先进的制造能力，目前正在测试 3 nm 工艺制程。5 nm 和 7 nm 工艺制程仅有台积电和三星半导体两家公司实现商业化。10 nm 工艺制程有台积电、三星半导体、英特尔三家公司可以实现商业化。我国大陆最先进的芯片工艺制程是中芯国际的 14 nm 工艺，良品率达 95%，上海华虹 2021 年刚刚达到 14 nm 量产的水平。

##  1.3　计算机组成与工作原理

一个完整的计算机系统由硬件系统和软件系统两大部分组成，两者缺一不可。

计算机硬件是指有形的物理设备，是计算机系统中实际物理装置的总称，如键盘、鼠标、显示器、机箱、主板、中央处理器(CPU)、存储器、打印机、扫描仪等。

计算机依靠硬件和软件的协同工作来执行一个具体任务。计算机硬件是软件的基础。任何软件都是建立在硬件基础上的，任何软件也离不开硬件的支持。硬件是计算机系统的物质基础，而软件又是硬件功能的扩充和完善。如果说硬件提供了使用工具，那么软件则为人们提供了使用的方法和手段，从而使人们不必了解机器本身就可以使用计算机。计算机软件是相对于计算机硬件而言的，是指在硬件上运行的程序、运行程序所需的数据和有关文档的总称。无软件的计算机被称为"裸机"。软件依靠硬件来执行。没有硬件，软件也没有价值。

### 1.3.1　冯·诺依曼体系结构

冯·诺依曼，著名美籍匈牙利数学家、化学家，他也是 20 世纪最伟大的科学家之一。我们现在所使用的计算机，其基本工作原理是程序存储和程序控制，这便是由冯·诺依曼提出的。因此他被称为"计算机之父"。

自冯·诺依曼于 1946 年奠定当代数字计算机的体系结构至今，计算机的应用领域越来越大，对计算机的处理能力、处理范围和运算速度等都提出了更高的要求。单一控制器的集中控制模式在某些方面已被突破。计算机的体系结构发生了许多变化，但冯·诺依曼提出的二进制、程序存储和程序控制，依然是普遍遵循的原则。因此，我们要通过研究计算机内部的实现过程来了解现代计算机工作原理就要从冯·诺依曼的基本原理入门。

现代计算机的设计结构最初是由冯·诺依曼提出的，它包含了三个基本思想：

(1) 计算机应包括控制器、运算器、存储器、输入设备和输出设备 5 大基本部件。

(2) 计算机内部应采用二进制来表示指令和数据。每条指令一般具有一个操作码和一个地址码。其中操作码表示运算性质，地址码指出操作数在存储器中的地址。

(3) 采用存储程序方式。将编好的程序送入内存储器中，启动计算机后，计算机无须操作人员干预,就能自动逐条取出指令和执行指令。

### 1.3.2 计算机的硬件结构

计算机硬件主要由运算器、控制器、总线与主板、存储器、输入设备和输出设备等部件组成。运算器和控制器组成中央处理器(CPU)。CPU、内存储器和总线组成主机。计算机系统组成如图 1-9 所示。

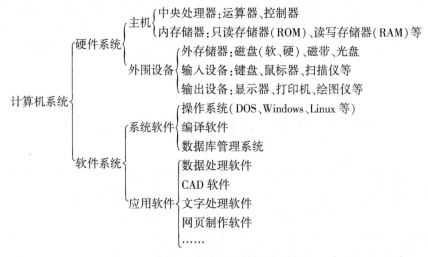

图 1-9 计算机系统组成

**一、中央处理器**

中央处理器是计算机的核心部件,主要由运算器和控制器组成,还包含若干寄存器等。

运算器又称为算术逻辑单元,简称 ALU,其主要功能是完成对数的算术运算和逻辑运算等操作。

控制器负责从存储器中取出指令、分析指令、确定指令类型并对指令进行译码,负责按时间先后顺序向其他各部件发出控制信号,保证各部件协调工作。

寄存器用来存放当前运算所需的各种数据、地址信息、中间结果等内容。

**二、总线与主板**

组成计算机的硬件有 CPU、主存、辅存、输入/输出设备等。要使这些部件能够正常工作,必须将它们有机地连接起来形成一个系统。在计算机中,这些部件是通过总线连接为一个系统的。总线就是系统部件之间传送信息的公共通道。各部件由总线连接并通过总线传递数据和控制信号。

微型计算机中总线分为内部总线和系统总线两种。平时所说的总线指的是系统总线。内部总线通常是指在 CPU 内部运算器、控制器与寄存器各组成部分之间相互交换信息的总线。系统总线指的是 CPU、主存、I/O 接口之间相互交换信息的总线。系统总线有数据总线、地址总线和控制总线三类,分别传递数据、地址和控制信息。系统总线的硬件载体就是主板。主板由印刷电路板、CPU 插座、控制芯片、CMOS 只读存储器、各种扩展插槽、键盘插座、各种连接开关和跳线等组成。

### 三、内存储器

存储器分为内存储器和外存储器两类。内存储器也叫主存储器,简称内存或主存,用于存放当前运行的程序和程序所需的数据,和 CPU 直接相连。内存一般由半导体材料构成,存取速度快,容量相对较小,价格较贵。

内存用于存储程序和数据。衡量内存容量大小的单位有位(bit)、字节(Byte,B)、千字节(KB)、兆字节(MB)、吉字节(GB)、太字节(TB)等,其中位表示一个二进制数据(由"0"和"1"组成)。

1 字节(Byte) = 8 位(bit);
1 KB = $2^{10}$ B = 1 024 B;
1 MB = $2^{10}$ KB = 1 024 KB;
1 GB = $2^{10}$ MB = 1 024 MB;
1 TB = $2^{10}$ GB = 1 024 GB。

CPU 的速度不断提高,而主存由于容量大,读写速度大大慢于 CPU 的工作速度,直接影响了计算机的性能。为了解决主存与 CPU 工作速度上的矛盾,设计者在 CPU 和主存之间增设一至两级容量不大但速度很高的高速缓冲存储器(Cache)。Cache 中存放最常用的程序和数据。CPU 访问这些程序和数据时,首先从 Cache 中查找:若有,则直接读取;若无,则到主存中读取,同时将程序或数据写入 Cache 中。因此,采用 Cache 可以提高系统的运行速度。Cache 由静态存储器(SRAM)构成。

例如,酷睿 Core i7-820QM 中的缓存有三级:

一级缓存(L1 Cache):数据缓存容量为 32 KB。
二级缓存(L2 Cache):数据缓存容量为 256 KB。
三级缓存(L3 Cache):数据缓存容量为 8 MB。

### 四、外存储器

外存储器也称辅助存储器,简称外存或辅存,属于永久性存储器。外存不直接与 CPU 交换数据,当需要时先将数据调入内存,再通过内存与 CPU 交换数据。外存与内存相比,其存储容量大、价格较低、存取速度较慢,但在断电情况下可以长期保存数据。常用的外存有硬盘、U 盘、光盘等。

### 五、输入设备

输入设备的作用是把准备好的数据、程序和命令等信息转换为计算机能接收的电信号并送入计算机。常见的输入设备有键盘、鼠标、扫描仪、数码相机、光笔、条码阅读机、数字化仪、话筒等。

### 六、输出设备

输出设备能将计算机的数据处理结果转换为人或被控制设备所能接收和识别的信息。常用的输出设备有显示器、打印机、投影仪、绘图仪等。显示器是微型计算机系统的基本配置。

### 1.3.3 计算机的工作原理

计算机工作原理的核心是程序存储和程序控制,也就是通常所说的"程序存储控制"原理。即将问题的解算步骤编制为程序,将程序连同它所处理的数据都用二进制数表示,并预先存放在存储器中。程序运行时,CPU 从内存中一条一条地取出指令和相应的数据,按指令操作码的规定,对数据进行运算处理,直到程序执行完毕为止。我们把按照这一原理设计的计算机称为"冯·诺依曼型计算机"。从 1946 年世界上第一台计算机问世至今,计算机的设计和制造技术有了很大发展,但其原理仍采用冯·诺依曼型计算机的基本思想。

采用程序存储的方式,将程序和数据放入同一个存储器中(内存储器),计算机就能够自动高速地从该存储器中取出指令加以执行。

可以说计算机硬件的五大部件中每一个部件都有相对独立的功能,分别完成各自不同的工作。如图 1-10 所示,五大部件实际上是在控制器的控制下协调统一地工作。首先,表示计算步骤的程序和计算中需要的原始数据,在控制器输入命令的控制下,通过输入设备被送入存储器存储。其次,当计算开始时,在取指令作用下程序指令被逐条送入控制器。控制器对指令进行译码,并根据指令的操作要求向存储器和运算器发出存储、取数命令和运算命令,经过运算器计算,把结果存放在存储器内。在控制器的取数和输出命令作用下,计算结果通过输出设备输出。

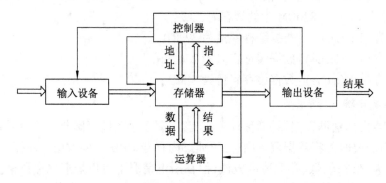

图 1-10 计算机基本硬件组成及简单工作原理

根据冯·诺依曼的设计,计算机应能自动执行程序,而执行程序又归结为逐条执行指令:

(1) 取出指令:从存储器某个地址中取出要执行的指令送到 CPU 内部的指令寄存器暂存;

(2) 分析指令:把保存在指令寄存器中的指令送到指令寄存器,译出该指令对应的微操作;

(3) 执行指令:根据指令译码器向各个部件发出相应控制信号,完成指令规定的操作;

(4) 为执行下一条指令做好准备,即形成下一条指令地址。

## 图灵机

  1936年，英国数学家、计算机科学家图灵做出了他一生中最重要的科学贡献，他在其著名的论文《论可计算数及其在判定问题中的应用》一文中，以布尔代数作为基础，将逻辑中的任意命题(即可用数学符号)用一种通用的机器来表示和完成，并能够按照一定的规则推导出结论。这篇论文被誉为现代计算机原理的开山之作。它描述了一种假想的可实现通用计算的机器。后人称之为"图灵机"。

  图灵的基本思想是用机器来模拟人类用纸笔进行数学运算的过程。他把这样的过程看作下列两种简单的动作：

  (1) 在纸上写上或擦除某个符号；

  (2) 把注意力从纸的一个位置移动到另一个位置。

  而在每个阶段，人要决定下一步的动作，依赖于此人当前所关注的纸上某个位置的符号和此人当前思维的状态。为了模拟人的这种运算过程，图灵构想出一台虚拟的机器。该机器由以下几个部分组成：

  (1) 一条无限长的纸带。纸带被划分为一个接一个的小格子，每个格子上包含一个来自有限字母表的符号。字母表中有一个特殊的符号表示空白。纸带上的格子从左到右依次被编号为0,1,2……纸带的右端可以无限伸展。

  (2) 一个读写头。该读写头可以在纸带上左右移动，能读出当前所指的格子上的符号，并能改变当前格子上的符号。

  (3) 一个状态寄存器。它用来保存图灵机当前所处的状态。图灵机的所有可能状态的数目是有限的，并且有一个特殊的状态，称为停机状态。

  (4) 一套控制规则。它根据当前机器所处的状态及当前读写头所指的格子上的符号来确定读写头下一步的动作，并改变状态寄存器的值，令机器进入一个新的状态。

  注意这个机器的每一部分都是有限的，但它有一个潜在的无限长的纸带用于输入，因此这种机器只是一个理想中的设备。图灵认为这样的一台机器就能模拟人类所能进行的任何计算过程。

  1945年，图灵被调往英国国家物理研究所工作。在这一时期他结合自己多年的理论研究和战时制造密码破译机的经验，起草了一份关于研制自动计算机器(Automatic Computer Engine, ACE)的报告，以期实现他曾提出的通用计算机的设计思想。通过长期研究和深入思考，图灵预言，总有一天计算机可通过编程获得能与人类竞争的智能。

  1950年10月，图灵发表了著名论文《机器能思考吗?》，在计算机科学界引起了巨大震撼，为人工智能学的创立奠定了基础。同年，图灵花费4万英镑，成功研制了一个用了约800个电子管的ACE样机。它的存储容量比ENIAC大了许多。在公开演示会上，它被认为是当时世界上速度最快、功能最强的计算机之一。图灵还设计了著名的"模仿游戏试验"。后人称之为"图灵测试"。1993年，美国波士顿计算机博物馆举行的著名的"图灵测试"充分验证了图灵的预言。

## 1.4 PC主件

本节主要介绍计算机的主要硬件部件,包括主板、中央处理器、存储器和输入/输出设备等构成计算机系统的硬件设备,同时简要介绍国产龙芯计算机的最新发展和突破技术。

### 1.4.1 PC主板及其重要部件

**一、PC主板**

主板,又称主机板(Mainboard)、系统板(Systemboard)或母板(Motherboard),安装在计算机主机箱内,是计算机最基本、最重要的部件之一。

主板是计算机硬件系统的核心,主要功能是传输各种电子信号,部分芯片也负责初步处理一些外围数据。计算机主机中的各个部件都是通过主板来连接的。计算机在正常运行时对系统内存、存储设备和其他I/O设备的操控都必须通过主板来完成。计算机性能是否能够充分发挥,硬件功能是否足够,以及硬件兼容性如何等,都取决于主板的设计。主板在某种程度上决定了一台计算机的整体性能、使用年限及功能扩展能力。

**二、主板的分类**

主板芯片组主要有两大阵营:Intel和AMD。Intel和AMD处理器所用的主板是不同的。Intel主板CPU插槽有金属阵脚,而AMD主板是一堆小孔;Intel主板芯片组有4个等级,X/Z/B/H(从高到低排列),而AMD主板芯片组有高、中、低3个等级,即X/B/A。

目前主流主板的板型分为四种:E-ATX(加强型)、ATX(标准型)、M-ATX(紧凑型)、Mini-ITX(迷你型)。

(1) E-ATX(加强型):高性能主板,芯片组都是以X字母开头,适合使用带X后缀的处理器,但是价格很高,不推荐普通用户使用。

(2) ATX(标准型):大板主板,扩展性好,接口全,一般内存都是四插槽起,2或3个PCIe接口和M.2接口。

(3) M-ATX(紧凑型):小板主板,主流的主板板型,内存插槽一般是2个或者4个,会有一个M.2接口,扩展性虽然不高,但是可以满足大多数用户的需求。

(4) Mini-ITX(迷你型):迷你主板,接口数量刚好够用,适合ITX迷你机箱,一般用来办公或者家用,不适合做游戏主机。

**三、主板的主要部件**

主板一般为矩形电路板,上面安装了组成计算机的主要电路系统,一般有BIOS芯片、I/O控制芯片、键盘和面板控制开关接口、指示灯插接件、扩充插槽、主板及插卡的直流电源供电接插件等元件。为了便于不同微机主板的互换,主板上各个元件的布局排列方式、尺寸大小、形状及所使用的电源规格等已经标准化了。典型的主板系统逻辑结构如图1-11所示。

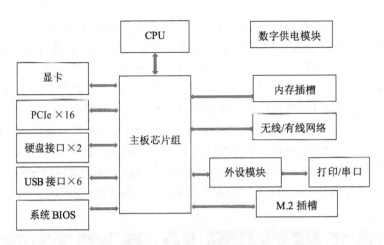

图 1-11 主板系统逻辑结构

常见的 Z690 DRR4 主板的物理结构如图 1-12 所示。

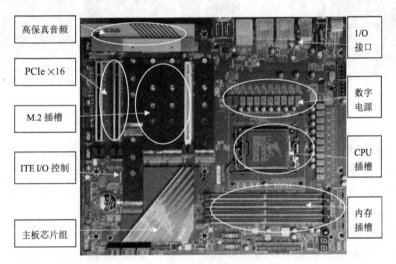

图 1-12 主板物理结构

(一) CPU 插槽

CPU 插槽将 CPU 固定在主板上,使其和主板保持稳定的电信号连接。目前主流 CPU 分为 AMD 和 Intel 两种。主板 CPU 插槽类型也主要是根据这两个 CPU 进行设计的。不同的 CPU,阵脚个数、阵脚排列也不相同,需选择与之匹配的主板。

(二) 内存插槽

内存插槽是主板用来固定内存条的插槽,主要有 DIMM 插槽和 SIMM 插槽两种。现在大多数计算机使用的是 DIMM 插槽。目前最常见的内存是 DDR 内存,最新的是 DDR5 内存。最新的主板内存插槽支持 DDR5 4 800 MHz 内存频率,支持 XMP 3.0。因为 DDR5 内存触点逻辑有了变化,所以不兼容 DDR4 内存。目前主流主板内存插槽通常有 4 个,便于实际使用中扩充内存条数量。

(三) 主板芯片组

CPU 通过主板芯片组对主板上的各个部件进行控制,因此主板芯片组是整块主板的核心所在,是主板的灵魂和中枢。它不仅负责主板上各种总线之间数据和指令的传输,而且还承担着硬件资源的分配与协调任务。按照在主板上位置的不同,芯片组通常可分为北桥芯片和南桥芯片。靠近 CPU 的那块芯片称为北桥芯片,它主要负责 CPU、内存和显示卡之间的数据、指令的交换、控制和传输任务。南桥芯片负责外部存储器(硬盘和光驱)及其他硬件资源(USB、PCI 和 ISA 设备)的控制、调配及传输任务。

随着主板集成技术的提高,许多主板芯片已经开始用一块单一芯片来代替南桥芯片和北桥芯片。主板芯片组也逐渐开始集成显卡、声卡、调制解调和网卡等部件。目前,主板芯片组生产厂家有英特尔公司(Intel)、威盛电子(VIA)、矽统科技(SiS)、英伟达公司(nVIDIA)和超微半导体(AMD)等。Intel、nVIDIA、VIA 和 AMD 生产的主板芯片组最为常见,如图 1-13 所示。

(a) Intel　　　(b) nVIDIA　　　(c) VIA　　　(d) AMD

图 1-13　主板芯片组

Intel、AMD 处理器集成度越来越高,慢慢把整个北桥芯片都吸收了进去。至于为何不把南桥芯片功能全部集成在处理器内部,主要是因为一些低功耗平台功能相对简单,更容易集成和控制,但是高端平台比较复杂,南桥芯片负责的输入、输出保持独立更有利于整体布局。相信未来南桥芯片也会被全部集成进入 CPU。

(四) BIOS 和 CMOS

主板上有两块重要的集成电路。一块是只读存储器(ROM),其中存放的是基本输入/输出系统(BIOS),它是硬件和软件的接口,是操作系统的一部分。另外一块是 CMOS 存储器,存放着用户对计算机硬件设置的一些参数,包括当前系统的时间和日期,系统的登录口令,系统中安装的硬盘,光盘驱动器的数目、类型及参数,显卡的类型,启动系统时访问外存储器的顺序等。一旦参数设定后,CMOS 会记住这些参数,不必每次开机重新设置。由于 CMOS 芯片属于 RAM 芯片,掉电就会丢失数据,因此必须使用纽扣电池供电。

BIOS 全称是 ROM-BIOS,即只读存储器基本输入/输出系统。BIOS 程序是微机中最基本、最重要的程序,它为计算机提供最底层、最直接的硬件控制。BIOS 固化在计算机主板上的一个 ROM 芯片中。BIOS 程序包括基本输入输出的程序、系统设置信息、开机上电自检程序和系统启动自举程序。它是连接软件与硬件设备的接口程序,负责解决硬件的即时要求,并按软件对硬件的操作要求具体执行。简单来说,它是连接计算机硬件与操作系统的桥梁。

## 1.4.2　中央处理器(CPU)

CPU 是电子计算机的主要设备之一,计算机中的核心配件。其功能主要是解释计算机指令及处理计算机软件中的数据。CPU是计算机中负责读取指令，对指令译码并执行指令的核心部件，主要包括两个部分，即控制器和运算器，其中还包括高速缓冲存储器及实现它们之间联系的数据、控制的总线。CPU的功效主要为处理指令、执行操作、控制时间、处理数据。

在计算机体系结构中，CPU是对计算机的所有硬件资源（如存储器、输入输出单元）进行控制调配、执行通用运算的核心硬件单元。CPU是计算机的运算和控制核心。计算机系统中所有软件层的操作，最终都将通过指令集映射为CPU的操作。微型计算机系统的性能指标主要由CPU的性能指标决定。CPU的性能指标主要有时钟频率和字长。时钟频率以MHz或GHz表示。通常时钟频率越高，其处理数据的速度相对也越快。CPU时钟频率从过去的466 MHz、800 MHz、900 MHz发展到今天的1 GHz、2 GHz、3 GHz以上。CPU架构由传统的单核发展到双核、四核、八核等。字长表示CPU每次处理数据的能力。CPU按字长可分为8位、16位、32位、64位CPU。例如，Intel 80286型号的CPU每次能处理16位二进制数据，80386和80486型号的CPU每次能处理32位二进制数据，而Pentium 4型号开始的CPU每次能处理64位二进制数据。CPU大部分使用了Intel公司生产的芯片，此外还有AMD等公司的产品，如图1-14所示。

图1-14　CPU芯片

## 1.4.3　存储器

计算机系统的一个重要特征是具有强大的"记忆存储"能力，能把大量的计算机程序、数据、文件和图片存储起来。存储器是计算机系统中最主要的记忆设备。存储器分为内存储器和外存储器两类。内存储器也叫主存储器，简称内存或主存，用于存放当前运行的程序和程序所需的数据，它和CPU直接相连。内存的特点是存取速度快，容量相对较小，价格较贵。外存储器也称辅助存储器，简称外存或辅存，属于永久性存储器。外存不直接与CPU交换数据，当需要时先将数据调入内存，再通过内存与CPU交换数据。外存与内存相比，其特点是存储容量大、价格较低、存取速度较慢，但在断电情况下可以长期保存数据。

**一、内存储器**

目前，内存储器多半是半导体存储器，采用大规模集成电路或超大规模集成电路芯片制作。内存按其读取数据方式的不同主要分为两种：一种叫作只读存储器（Read-Only

Memory,简称 ROM);另外一种叫作随机存取存储器(Random Access Memory,简称 RAM)。

ROM 是只能从其中读出数据而不能将数据写入的内存。在关机或断电时,ROM 中的数据也不会消失,所以 ROM 多用来存放永久性的程序或数据。ROM 内的数据是在制造时由厂家用专用设备一次性写入的,一般用于存放系统程序 BIOS,以及用于微程序控制。随着半导体技术的发展,市面上陆续出现了可编程只读存储器(Programmable Road-Only Memory,简称 PROM)、可擦除可编程只读存储器(Erasable Programmable Read-Only Memory,简称 EPROM)、电可擦除可编程只读存储器(Electrically Erasable Programmable Read-Only Memory,EEPROM)等,它们都需用专用设备才可写入内容。RAM 是一种既可以存入数据,也可以从中读出数据的内存。平时所输入的程序、数据等便是存储在 RAM 中。但计算机关机或意外断电时,RAM 中的数据就会消失,所以 RAM 只是一个临时存储器。计算机工作时使用的程序和数据等都存储在 RAM 中。对程序或数据进行修改之后,应该将它存储到外存储器中,否则关机后信息将丢失。RAM 又分为静态 RAM(SRAM)和动态 RAM(DRAM)两种。SRAM 的价格与速度都比 DRAM 高,但是集成度比较低。

## 二、外存储器

常用的外存储器有硬盘、U 盘及光盘等。其中硬盘包含机械硬盘、固态硬盘、混合硬盘(将磁性硬盘和闪存集合在一起的硬盘)。

(一)机械硬盘

机械硬盘大多由若干个盘片组成。这些盘片被置于同一个轴上。每个盘片分为若干个磁道和扇区。盘片的两面均可存储信息,且每一面都有不同的编号。目前常用的机械硬盘是将盘片、磁头、控制电路和电机驱动等部件组装成一个不可随意拆卸的整体,并用机械外框密封起来,如图 1-15 所示。机械硬盘的存储空间比较大。目前主流机械硬盘容量以 TB 为单位。机械硬盘用来存储数据信息。这些信息都存储在磁介质上。

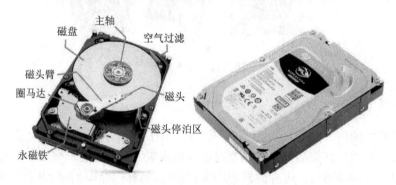

图 1-15 机械硬盘

计算机将二进制码"0"或"1"通过磁头在磁介质上转化为磁信息而完成写入的过程,也可以将磁介质上已记录的磁信息通过磁头还原为表示"0"或"1"的电信号,从而完成读取过程。机械硬盘防尘性能好、可靠性高。在通常情况下,机械硬盘安装在计算机的主机箱中。

(二)固态硬盘

固态硬盘是用半导体电子存储芯片陈列制成的硬盘,由控制电路单元和存储单元(Flash 芯片、DRAM 芯片)组成。固态硬盘在接口的规范、定义、功能及使用方法上与普通硬盘完全相同,在产品外形和尺寸上也完全与普通硬盘一致,被广泛应用于各种电子设备,如笔记本电脑、医疗设备、视频监控等。目前常见的固态硬盘容量有 120 GB、240 GB、500 GB、1 TB、2 TB、4 TB 等。

(三) U 盘

U 盘采用 Flash 存储器(闪存)芯片,体积小,重量轻,容量可以按需要而定(16 GB~2 TB),具有写保护功能,使用寿命长,使用 USB 接口,即插即用,支持热插拔(必须先停止工作)。

(四) 光盘

光盘是利用激光进行读写信息的辅助存储器,呈圆盘状,在 IT 行业和用户中占有十分重要的地位。它的成本低,存储容量大,可以保障数据的持久性和安全性,一直深受广大用户的青睐。光盘存储系统由光盘片、光盘驱动器和光盘控制适配器组成。光盘的读写是通过光盘驱动器中的光学头用激光束来读写的。目前,用于计算机系统的光盘有三类,只读光盘(CD-ROM)、一次写入光盘(CD-R)和可擦写光盘(CD-RW)。CD-ROM 与 ROM 类似,光盘中的数据由厂家事先写入,用户只能读取其中的数据而无法修改。CD-R 可记录光盘,用户可以对其写入数据,但只能写入一次。一旦写入,CD-R 就同 CD-ROM 一样。CD-RW 可读写光盘,其功能与磁盘类似,用户可对其进行反复读/写操作。

DVD-ROW 可以读取一般光盘及 DVD 光盘中的数据。DVD 光盘外观和一般光盘相同。DVD 光盘使用高密度存储技术,其存储容量可达 4.5 GB,数据传输速率也高。

虽然光盘目前仍然在广泛使用,但也呈逐渐被淘汰的趋势,主要原因是光盘重复使用率不高,导致成本较高,另外光盘的便携程度和存储数据的量都不如现在容量越来越大的储存卡或其他大容量 USB 设备。

## 1.4.4 输入/输出设备

计算机需要根据用户的要求进行工作,同时将运行的结果反馈给用户,因此需要输入设备和输出设备将计算机和用户连接起来。

一、输入设备

输入设备用于向计算机输入命令、数据、文本、声音、图像和视频等信息,把准备好的数据、程序和命令等信息转换为计算机能接受的电信号并送入计算机,是微机系统必不可少的重要组成部分。常见的输入设备有键盘、鼠标、扫描仪、数码相机、光笔、条码阅读机、话筒等。以下介绍几种常用输入设备。

(一) 键盘

键盘是最常用也是最主要的输入设备,如图 1-16 所示。用户通过键盘可以将英文字母、汉字、数字、标点符号等输入到计算机中,从而向计算机发出命令、输入数据等。用户的程序、数据及各种控制命令都可以通过键盘输入。键盘实际上是组装在一起的一组按键矩阵。按不同的键时,会发出不同的信号。这些信号由键盘内部的电子线路转换成与该键对应的二进制代码,并通过接口送入计算机,同时将按键字符显示在屏幕上。键盘按键数量有 84 键、101 键、104/105 键以及适用于 ATX 电源的 107/108 键。目前常用的是 104 键键盘。现在市面上出现了电容式键盘,其优点是无磨损和接触良好,耐久性、灵敏性和稳定性也比较好,击键声音小,手感较好,寿命较长,与主机的接口主要有 PS/2 接口、

USB 接口、无线接口(红外线或无线电波)等。

图 1-16 键盘

(二) 鼠标

鼠标是常见的输入设备,能方便地控制屏幕上的鼠标箭头准确地定位在指定的位置,通过按钮完成用户的某个操作命令,并通过计算机软件转换成指令传递给计算机。鼠标因外形酷似老鼠而得名,如图 1-17 所示。

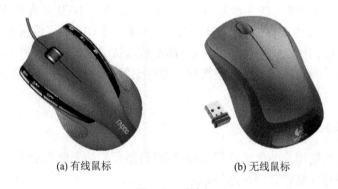

(a) 有线鼠标　　　　　　(b) 无线鼠标

图 1-17 鼠标

鼠标器有多种不同形式,根据其工作原理可以分为机械鼠标、光电鼠标和无线鼠标。

(1) 机械鼠标,底部有一个橡胶小圆球。随着鼠标在平面上移动,底部的小圆球滚动,通过机械式编码器将其运动轨迹转化成光电信号,从而使计算机能够计算出当前的位置。这种鼠标精度低,易磨损,但是价格低,已基本被淘汰。

(2) 光电鼠标,其对光板进行控制的是鼠标底部的两个平行光源。当鼠标在特殊的光电板上移动时,光源发出的光经反射后转化为移动信号,控制光标移动。

(3) 无线鼠标,是指无线缆直接连接到主机的鼠标,采用无线技术与计算机通信,从而省却电线的束缚。通常采用无线通信方式,包括蓝牙、Wi-Fi(IEEE 802.11)、Infrared(IrDA)、ZigBee(IEEE 802.15.4)等多个无线技术标准。无线鼠标需通过电池供电,而有线鼠标可通过计算机供电。

(三) 扫描仪

扫描仪是利用光感器件,将检测到的光信号转换成电信号,再将电信号通过模拟/数字(A/D)转换器转化为数字信号,传输到计算机中,供计算机存储、处理的设备,如

图 1-18 所示。一台扫描仪的主要性能指标有光学分辨率(决定了扫描仪扫描图像的清晰度)、分色能力(色深位数、色彩分辨率)和扫描最大幅面(被扫描涂胶容许的最大尺寸)等。分辨率是用来衡量扫描仪品质的指标。分辨率越高,扫描出来的图像越清晰。分色能力是一台扫描仪分辨颜色的细腻程度,以位作为单位。这个数值越大,扫描出的图像色泽就越接近原稿。目前扫描仪一般有 24 位以上的分色能力。扫描仪按幅面大小可分为台式和手持式,按图像类型可分为灰度扫描仪和彩色扫描仪。

图 1-18  扫描仪

### 二、输出设备

输出设备能将计算机的数据处理结果转换为人或被控制设备所能接收和识别的信息。常用的输出设备有显示器、打印机、投影仪、绘图仪等。显示器是微型计算机系统的基本配置。下面只介绍显示器与打印机这两种最常用的输出设备。

(一) 显示器

显示器是计算机必不可少的图文输出设备,是一种将一定的电子文件通过特定的传输设备显示到屏幕上再反射到人眼的显示工具。用户通过显示器显示的内容能掌握计算机的工作状态。常用的计算机显示器可以分为 CRT、LCD 等多种类型,如图 1-19 所示。

图 1-19  显示器

显示器的主要性能指标如下:
(1) 显示屏尺寸:以对角线长度度量,有 17 英寸、19 英寸和 21 英寸等。
(2) 显示分辨率:整屏可显示像素的最大数目。分辨率越高,图像越清晰。
(3) 画面刷新速率:每秒钟画面更新的次数。速率越高,图像稳定性越好。
(4) 屏幕横向与纵向的比例:普通屏为 4∶3,宽屏为 16∶10 或 16∶9。

## （二）打印机

打印机是计算机的重要输出设备，用于将计算机处理结果打印在相关介质上。衡量打印机好坏的指标有三项：打印分辨率、打印速度和噪声。打印机主要类型有针式打印机、喷墨打印机和激光打印机。它们利用碳粉、色带或墨水将计算机上的数据输出，如图1-20所示。

(a) 针式打印机　　　　　　(b) 喷墨打印机　　　　　　(c) 激光打印机

图1-20　三种常见打印机

### 1. 针式打印机

针式打印机主要是一种击打式打印机，它的工作原理主要体现在打印头上。打印头安装了若干打印钢针（有9针、16针和24针等），通过钢针击打色带，从而在打印纸上打印出字符。针式打印机的主要消耗品是色带，而色带更换比较容易。针式打印机的优点是耗材成本低、可多层打印；缺点是打印机速度慢，噪声大，打印质量差。针式打印机主要应用在银行、证券、商业等领域，用于打印存折和票据等。

### 2. 喷墨打印机

喷墨打印机将细微的墨水颗粒按照一定的要求喷射到打印纸上，从而成像并完成输出。当然，要获得满意的效果需要涉及多方面的技术。喷墨打印机的优点是整机价格低，可以打印近似全彩色图像，效果好、噪声小、环保，打印速度和打印质量高于点阵式打印机；缺点是墨水成本高，消耗快。喷墨打印机主要应用在家庭及办公场所。

### 3. 激光打印机

激光打印机是将激光扫描技术和电子照相技术相结合的打印输出设备。其基本工作原理是将计算机传来的二进制数据信息通过视频控制器转换成视频信号，再由视频接口/控制系统把视频信号转换为激光驱动信号，然后由激光扫描系统产生载有字符信息的激光束，最后由电子照相系统使激光束成像并转印到纸上。激光打印机的优点是打印速度快、成像质量高等；缺点是使用成本相对比较高。

**知识拓展**

### 国产计算机技术突破——龙芯计算机

龙芯计算机，是一种采用龙芯为中央处理器的计算机。龙芯是中国科学院计算所设计的通用CPU，采用精简指令集（类似MIPS指令集）。龙芯1号芯片的频率是266 MHz，最早在2002年开始使用。龙芯2号频率最高为1 GHz。龙芯3号于2008年秋季推出。前三代龙芯芯片如图1-21所示。

(a) 龙芯1号　　　　　　(b) 龙芯2号　　　　　　(c) 龙芯3号

图 1-21　龙芯 CPU 芯片

## 一、基于 LoongArch 的龙芯介绍

在 2021 年 4 月,龙芯中科率先在国产自主化上跨出一步,宣布推出完全自主指令集架构——LoongArch。这表明龙芯中科未来的 CPU 不再使用 MIPS 指令集架构。

2021 年 7 月,龙芯中科发布了两款基于 LoongArch 指令集架构的处理器:3A5000 和 3C5000L。3A5000 处理器是面向桌面端的产品,3C5000L 则是服务器处理器。3A5000 主频为 2.3~2.5 GHz,拥有 4 个核心。每个处理器核心采用 64 位 LA464 自主微结构,支持 DDR4 3 200 MHz 内存,支持 Hyper Transport 3.0 控制器。3C5000L 则由 4 个 3A5000 封装,拥有 16 个核心。

## 二、龙芯 3A5000 整机介绍

龙芯 3A5000 通用处理器主要应用在消费级桌面市场,未来会应用在包括台式机在内的各种机型、笔记本、一体机等产品上。如图 1-22 所示,龙芯 3A5000 整机在外观上采用经典的商用办公主机风格,前面板提供 1 个常规开关按钮、2 个 USB 2.0 接口、2 个音频输入/输出接口。主板 I/O 处提供 1 个 VGA 视频口、1 个串行 COM 接口、4 个 USB 2.0 接口、2 个 USB 3.2 Gen1 5 Gbps 接口和 1 个有线网口。

 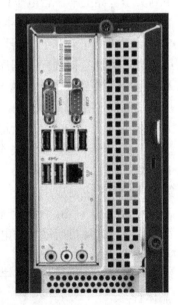

图 1-22　搭载 3A5000 处理器的台式整机

### 三、龙芯 3A5000 处理器性能评估

龙芯 3A5000 处理器主频为 2.3~2.5 GHz，包含 4 个处理器核心。每个处理器核心采用 64 位 LA464 自主微结构，包含 4 个定点单元、2 个 256 位向量运算单元和 2 个访存单元。龙芯 3A5000 集成了 2 个支持 ECC 校验的 64 位 DDR4 3 200 MHz 内存,4 个支持多处理器数据一致性的 HyperTransport 3.0 控制器。龙芯 3A5000 支持主要模块时钟动态关闭、主要时钟域动态变频及主要电压域动态调压等精细化功耗管理功能。

根据国内第三方测试机构的测试结果,龙芯 3A5000 处理器在 GCC 编译环境下运行 SPEC CPU 2006 的定点、浮点单核 Base 分值均达到 26 分以上,四核评估分值达到 80 分以上；基于国产操作系统的龙芯 3A5000 桌面系统的 Unixbench 单线程分值达到 1 700 分以上,四线程分值达到 4 200 分以上。上述测试分值已经逼近市场上主流桌面 CPU 水平,在国内桌面 CPU 中处于领先地位。严格来讲,龙芯 3A5000 的性能可能与英特尔三年前的 i7 台式机芯片差不多。

单从性能来看,其性能已基本能满足日常家用、办公或娱乐的需要。其实对于龙芯而言,最关键的并不是性能,而是软件生态。以前龙芯使用 MIPS 指令集,只能安装 Linux 系统,无法安装 Windows,就很难走进个人客户端消费市场。而 2022 年龙芯使用自研的 LoongArch 指令集,连 Linux 系统都要重新进行调整,很多的 Linux 软件都无法直接用了,所以龙芯急需与之对应的软件生态。

## 1.5　练习题

1. 世界上第一台计算机诞生于(　　)。
 A. 1945 年　　　　B. 1956 年　　　　C. 1935 年　　　　D. 1946 年
2. 下列关于世界上第一台电子计算机 ENIAC 的叙述错误的是(　　)。
 A. ENIAC 是 1946 年在美国诞生的
 B. 它主要采用电子管和继电器
 C. 它是首次采用存储程序和程序控制自动工作的电子计算机
 D. 研制它的主要目的是计算弹道
3. 奠定了现代计算机的结构理论的科学家是(　　)。
 A. 诺贝尔　　　　B. 爱因斯坦　　　　C. 冯·诺依曼　　　　D. 居里
4. 世界上第一台计算机于 1946 年在美国研制成功,其英文缩写名为(　　)。
 A. EDSAC　　　　B. ENIAC　　　　C. EDVAC　　　　D.UNIVAC-Ⅰ
5. 第一代计算机主要应用于(　　)。
 A. 科学计算　　　　B. 数据处理　　　　C. 工业控制　　　　D. 辅助设计
6. 第二代电子计算机所采用的电子元件是(　　)。
 A. 继电器　　　　B. 晶体管　　　　C. 电子管　　　　D. 集成电路
7. 第四代电子计算机使用的电子元件是(　　)。
 A. 晶体管　　　　　　　　　　　B. 中、小规模集成电路
 C. 电子管　　　　　　　　　　　D. 大规模和超大规模集成电路

8. 计算机具有处理速度快、计算精度高、存储容量大、可靠性高、全自动运行及（　　）等特点。
    A. 造价便宜　　　　　　　　　　B. 网络与通信功能
    C. 便于大规模生产　　　　　　　D. 携带方便
9. 在微机的硬件设备中,有一种设备在程序设计中既可以当作输出设备,又可以当作输入设备。这种设备是（　　）。
    A. 绘图仪　　　　B. 扫描仪　　　　C. 手写笔　　　　D. 磁盘驱动器
10. ROM 中的信息是（　　）。
    A. 由生产厂家预先写入的
    B. 在安装系统时写入的
    C. 根据用户需求不同,由用户随时写入的
    D. 由程序临时存入的
11. UPS 的中文译名是（　　）。
    A. 稳压电源　　　B. 不间断电源　　C. 高能电源　　　D. 调压电源
12. CPU 主要技术性能指标有（　　）。
    A. 字长、运算速度和时钟主频　　　B. 可靠性和精度
    C. 耗电量和效率　　　　　　　　　D. 冷却效率
13. CPU 的指令系统又称为（　　）。
    A. 汇编语言　　　B. 机器语言　　　C. 程序设计语言　　D. 符号语言
14. 组成 CPU 的主要部件是（　　）。
    A. 运算器和控制器　　　　　　　B. 运算器和存储器
    C. 控制器和寄存器　　　　　　　D. 运算器和寄存器
15. 下列关于磁道的说法正确的是（　　）。
    A. 盘面上的磁道是一组同心圆
    B. 由于每一磁道的周长不同,所以每一磁道的存储容量也不同
    C. 盘面上的磁道是一条阿基米德螺线
    D. 磁道的编号是最内圈为 0,次序由内向外逐渐增大,最外圈的编号最大
16. 计算机硬件系统主要包括运算器、存储器、输入设备、输出设备和（　　）。
    A. 控制器　　　　B. 显示器　　　　C. 磁盘驱动器　　D. 打印机
17. 1946 年首台电子数字计算机 ENIAC 问世后,冯·诺依曼在研制 EDVAC 计算机时,提出两个重要的改进,它们是（　　）。
    A. 引入 CPU 和内存储器的概念　　　B. 采用机器语言和十六进制
    C. 采用二进制和存储程序控制的概念　D. 采用 ASCII 编码系统
18. 下列叙述正确的是（　　）。
    A. CPU 能直接读取硬盘上的数据　　　B. CPU 能直接存取内存储器
    C. CPU 由存储器、运算器和控制器组成　D. CPU 主要用来存储程序和数据
19. 现代信息存储技术不包括（　　）。
    A. 纸张记录存储　　B. 直接连接存储　　C. 移动存储　　　D. 网络存储

20. 信息可以通过声、图、文在空间传播的特性称为信息的( )。
   A. 时效性　　　　B. 可传递性　　　C. 可存储性　　　D. 可识别性
21. 信息化社会的技术特征是( )。
   A. 现代信息技术　B. 计算机技术　　C. 通信技术　　　D. 网络技术
22. 世界上第一台计算机的主要逻辑元器件是( )。
   A. 继电器　　　　B. 电子管　　　　C. 晶体管　　　　D. 光电管
23. 在ENIAC的研制过程中,首次提出存储程序计算机体系结构的是( )。
   A. 冯·诺依曼　　B. 阿兰·图灵　　C. 古德·摩尔　　D. 以上都不是
24. 冯·诺依曼工作方式的基本特点是( )。
   A. 多指令流单数据流　　　　　　　B. 按地址访问并顺序执行指令
   C. 堆栈操作　　　　　　　　　　　D. 存储前内容选择地址
25. 目前运算速度达到每秒万亿次以上的计算机通常被称为( )计算机。
   A. 巨型　　　　　B. 大型　　　　　C. 小型　　　　　D. 微型
26. 下列不属于计算机特点的是( )。
   A. 存储程序与自动控制　　　　　　B. 具有逻辑推理和判断能力
   C. 处理速度快、存储量大　　　　　D. 不可靠、故障率高
27. 以下不是第二代计算机主要标志的是( )。
   A. 开创了计算机处理文字和图形的新阶段
   B. 主要用于军事和国防领域
   C. 开始有通用机和专用机之分
   D. 开始以鼠标作为输入设备
28. 计算机系统由( )组成。
   A. 主机和外部设备　　　　　　　　B. 软件系统和硬件系统
   C. 主机和软件系统　　　　　　　　D. 操作系统和硬件系统
29. 冯·诺依曼型计算机的硬件系统是由控制器、运算器、存储器、输入设备和( )组成。
   A. 键盘、鼠标器　B. 显示器、打印机　C. 外围设备　　　D. 输出设备
30. 下列描述正确的是( )。
   A. 控制器能理解、解释并执行所有的指令及存储结果
   B. 一台计算机包括输入、输出、控制、存储及算术逻辑运算5个子系统
   C. 所有的数据运算都在CPU的控制器中完成
   D. 以上答案都正确
31. 电子计算机的算术/逻辑单元、控制单元及主存储器合称为( )。
   A. CPU　　　　　B. ALU　　　　　C. 主机　　　　　D. UP
32. 有些计算机将部分软件永恒地存于只读存储器中,称之为( )。
   A. 硬件　　　　　B. 软件　　　　　C. 固件　　　　　D. 辅助存储器
33. 下列不是输入设备的是( )。
   A. 画笔与图形版　B. 键盘　　　　　C. 鼠标器　　　　D. 打印机

34. 主板上的 AGP 扩展槽是( )的专用插槽。
 A. 显卡　　　　　　B. 声卡　　　　　　C. 网卡　　　　　　D. 内置调制解调器

35. 下列四种存储器中,存取速度最快的是( )。
 A. 内存储器　　　　B. CD-ROM　　　　C. 硬盘　　　　　　D. 软盘

36. 在内存和 CPU 之间增加 Cache(高速缓存)的目的是( )。
 A. 增加内存容量
 B. 提高内存可靠性
 C. 解决 CPU 和内存之间的速度匹配问题
 D. 增加内存容量并加快存取速度

37. 现代计算机中采用二进制数字系统的最主要原因是( )。
 A. 计算方式简单　　　　　　　　　B. 容易阅读,不易出错
 C. 避免与十进制相混淆　　　　　　D. 与逻辑电路硬件相适应

38. 国际上一般按( )对计算机进行分类。
 A. 计算机的档次　　　　　　　　　B. 计算机的速度
 C. 计算机的性能　　　　　　　　　D. 计算机的品牌

39. 我国自行生产并用于天气预报计算的银河-III 型计算机属于( )。
 A. 微机　　　　　　B. 小型机　　　　　C. 大型机　　　　　D. 巨型机

40. 下列硬件设备中,无须加装风扇的是( )。
 A. CPU　　　　　　B. 显示卡　　　　　C. 电源　　　　　　D. 内存

【参考答案】
1—5　D C C B A　　　　　　6—10　D D B D A
11—15　B A B A A　　　　　16—20　A C B A B
21—25　A B A B A　　　　　26—30　D B B D B
31—35　C D D A D　　　　　36—40　C D C D D

# 第 2 章　计算机软件与信息表示

软件是用户与硬件之间的接口。用户主要通过软件与计算机进行交流。没有软件的计算机硬件是无法正常工作的,通常被称为"裸机"。计算机只有在安装了软件之后,才能发挥其强大的功能。本章将首先介绍计算机软件的概念与分类,然后重点介绍操作系统及与程序设计相关的各种知识。

**本章学习目标**

1. 掌握计算机软件的概念,了解软件的分类和程序设计语言。
2. 掌握操作系统的概念、功能,了解常见操作系统。
3. 熟悉信息与信息技术、常用进位计数制之间的相互转换、二进制数的运算、数据在计算机中的表示和存储。

## 2.1　软件概述

### 2.1.1　程序与软件

在计算机系统中,软件和硬件是两种不同的产品。硬件是有形的物理实体。而软件是无形的,是人们解决信息处理问题的原理、规则与方法的体现。在形式上,它通常以程序、数据和文档的形式存在,需要在计算机上运行来体现它的价值。

在日常生活中,人们经常把软件和程序互相混淆,不加以严格区分,但是这两个概念是有区别的。程序只是软件的主体部分,指的是指挥计算机做什么和如何做的一组指令或语句序列,数据则是程序的处理对象和处理以后得到的结果(分别称为输入数据和输出数据)。而文档是与程序开发、维护及使用相关的资料,如设计文档、用户手册等。通常,软件都有完整、规范的文档,尤其是商品软件。

如果在不严格的场合下,可以用程序指代软件,因为程序是一个软件的最核心部分,但是单独的数据和文档则不是软件。

至于软件产品,它通常指的是软件开发厂商交付给用户的一整套完整的程序、数据和文档(包括安装和使用手册等),往往以光盘等存储介质作为载体提供给用户,也可以通过网络下载,经版权所有者许可后使用。

## 2.1.2 软件的分类

按照不同的原则和标准，软件可以划分为不同的种类。

**一、系统软件和应用软件**

从应用的角度出发，软件大致可划分为**系统软件**和**应用软件**两大类。

（一）系统软件

在计算机系统中，系统软件是必不可少的一类软件。它具有一定的通用性，并不是专为解决某个具体应用而开发的。通常在购买计算机时，计算机供应厂商应当提供给用户一定的基本系统软件，否则计算机将无法工作。具体来说，系统软件主要是指那些为用户有效地使用计算机系统、给应用软件开发与运行提供支持或者为用户管理与使用计算机提供方便的一类软件，主要包括以下四类：

（1）操作系统，如 Windows、UNIX、Linux 等；

（2）程序设计语言处理系统，如汇编程序、编译程序和解释程序等；

（3）数据库管理系统，如 ORACLE、Access 等；

（4）各种服务性程序，如基本输入/输出系统（BIOS）、磁盘清理程序、备份程序等。

一般来说，系统软件与计算机硬件有很强的交互性，能对硬件资源进行统一的调度、控制和管理，使得它们可以协调工作。系统软件允许用户和其他软件将计算机当作一个整体而无须顾及底层每个硬件是如何工作的。

（二）应用软件

应用软件是指为特定领域开发，并为特定目的服务的一类软件。由于计算机的通用性和应用的广泛性，应用软件比系统软件更丰富多样、五花八门。例如，计算机辅助设计制造软件（CAD/CAM）、智能产品嵌入软件（如汽车油耗控制系统、仪表盘数字显示系统、刹车系统）及人工智能软件（如专家系统、模式识别系统）等，给传统的产业部门带来了惊人的生产效率和巨大的经济效益。目前的软件市场产品结构中，应用软件占有较大份额，并且还有逐渐增加的趋势。

按照应用软件的开发方式和适用范围，应用软件可以再被分成通用应用软件和定制应用软件两大类。

1. 通用应用软件

顾名思义，通用应用软件几乎人人都需要使用。

通用应用软件还可进一步细分为若干类别。如文字处理软件、信息检索软件、游戏软件、媒体播放软件、网络通信软件、个人信息管理软件、演示软件、绘图软件、电子表格软件等，如表 2-1 所示。

表 2-1 通用应用软件的主要类别和功能

| 类别 | 功能 | 流行软件举例 |
| --- | --- | --- |
| 文字处理软件 | 文件处理、桌面排版等 | WPS、Word、Acrobat 等 |
| 电子表格软件 | 表格定义、计算和处理等 | Excel 等 |
| 图形图像软件 | 图像处理、几何图形绘制等 | AutoCAD、Photoshop、3D MAX、CorelDRAW 等 |

续表

| 类别 | 功能 | 流行软件举例 |
|---|---|---|
| 网络通信软件 | 电子邮件、网络文件管理、Web 浏览等 | Outlook Express、FTP、IE 等 |
| 演示软件 | 幻灯片制作等 | PowerPoint 等 |
| 媒体播放软件 | 播放数字音频和视频文件 | Media Player、暴风影音等 |

2. 定制应用软件

定制应用软件是按照不同领域用户的特定应用要求而专门设计开发的软件。如超市的销售管理和市场预测系统、汽车制造厂的集成制造系统、大学教务管理系统、医院挂号计费系统、酒店客房管理系统等。这类软件专用性强,设计和开发成本相对较高,只有一些机构用户需要购买,因此价格比通用应用软件贵得多。

由于应用软件是在系统软件的基础上开发和运行的,而系统软件又有多种,如果每种应用软件都要提供能在不同系统上运行的版本,开发成本将大大增加。目前有一类称为"中间件"(Middleware)的软件,它们作为应用软件与各种系统软件之间使用的标准化编程接口和协议,可以起到承上启下的作用,使应用软件的开发相对独立于计算机硬件和操作系统,并能在不同的系统上运行,实现相同的应用功能。

## 二、商业软件、共享软件、免费软件和自由软件

软件是一种逻辑产品,它是脑力劳动的结晶。软件产品的生产成本主要体现在软件的开发和研制上。软件的研制工作需要投入大量的、复杂的、高强度的脑力劳动,它的成本相当昂贵。因此软件如同其他产品一样,有获得收益的权利。如果按照软件权益如何处置来进行分类,则软件有商业软件、共享软件、免费软件和自由软件之分。

1. 商业软件

商业软件(Commercial Software)是指被作为商品进行交易的软件,以大型软件居多,一般其售后服务较好。直到 21 世纪,大多数的软件都属于商业软件,用户需要付费才能得到其使用权。除了受版权保护之外,商业软件通常还受到软件许可证的保护。软件许可证是一种法律合同,它确定了用户对软件的使用方式,扩大了版权法给予用户的权利。例如,版权法规定将一个软件复制到其他机器去使用是非法的,但是软件许可证允许用户购买一份软件而同时安装在本单位的若干台计算机上使用,或者允许所安装的一份软件同时被若干个用户使用。

2. 共享软件

共享软件(Shareware)是以"先使用后付费"的方式销售的享有版权的软件。根据共享软件作者的授权,用户可以从各种渠道免费得到它的复制品,也可以复制和散发(但不可修改后散发)。用户总是可以先使用或试用共享软件,认为满意后再向作者付费;如果认为它不值得花钱买,可以停止使用。这是一种为了节约市场营销费用的有效的软件销售策略。

3. 免费软件

顾名思义,免费软件(Freeware)是不需要花钱即可得到使用权的一种软件。它是软件开发商为了推介其主力软件产品,扩大公司的影响,免费向用户发放的软件产品。还有一些是自由软件者开发的免费产品。

4. 自由软件

需要注意的是，"自由"和"免费"的英文单词都是 free，但是自由软件和免费软件是两个不同的概念，并且有不同的英文写法。自由软件（Free Software）不讲究版权，可以自由使用，不受限制，可以对程序进行修改，甚至可以反编译。开源软件和自由软件一样，具备两个主要特征：一是可以免费使用；二是公开源代码。所以在不刻意追究微小差异的情况下，可以认为开源软件和自由软件是两个等价的概念。

自由软件的创始人是理查德·斯塔尔曼（Richard Stallman）。他于 1984 年启动了开发"类 UNIX 系统"的自由软件工程（名为 GNU），创建了自由软件基金会（FSF），拟定了通用公共许可证（GPL），倡导自由软件的非版权原则。该原则是：用户可共享自由软件，随意复制、修改其源代码，并销售和自由传播，但是，对软件源代码的任何修改都必须向所有用户公开，还必须允许此后的用户享有进一步复制和修改的自由。自由软件有利于软件共享和技术创新。它的出现成就了传输控制协议/网际协议（TCP/IP）、Apache 服务器软件和 Linux 操作系统等一大批精品软件的产生。

## 2.1.3 程序设计语言

程序设计语言是用于编写计算机程序的语言。语言的基础是一组记号和一定的规则。根据约定的规则，由这些记号构成的记号串就是一个程序。一般来说，程序设计语言有三个方面的因素，即语法、语义和语用。语法表示程序的结构或形式，即构成语言的各个记号之间的组合规律；语义表示程序的含义，即各个记号的特定含义；语用表示程序与使用之间的关系，即程序员如何使用各种记号来编写程序以成功地解决问题。

不同的程序设计语言，其语法、语义和语用是不尽相同的，但是它们的基本成分都不外乎以下四种：

（1）数据成分：用以描述程序中所涉及的数据；

（2）运算成分：用以描述程序中所包含的运算；

（3）控制成分：用以表达程序中的控制结构；

（4）传输成分：用以表达程序中数据的传输。

一、程序设计语言分类

程序设计语言经历了 60 多年的发展，其技术和方法日臻成熟。从语言的级别来看，程序设计语言可以分为机器语言、汇编语言和高级语言三大类。

（一）机器语言

机器语言（Machine Language）是用二进制代码表示的计算机能直接识别和执行的机器指令语言，它取决于计算机的指令系统。机器语言的一个语句就是一条指令。指令的基本形式可以分为操作码和操作数地址两部分，其中操作码指明了指令的操作性质及功能，操作数地址则给出了操作对象的地址。

机器语言具有灵活、直接执行和速度快等优点，但是机器语言的程序全是用 0 和 1 编写的指令代码，直观性差，有难以编写、难以修改、难以维护的缺点，并且需要用户直接对存储空间进行分配，编程效率极低。除了计算机生产厂家的专业人员外，绝大多数的程序员都不再选择用机器语言作为编程语言。

## （二）汇编语言

汇编语言（Assembly Language）是用助记符代替操作码，用地址符号或标号表示操作数地址的一种面向机器的程序设计语言。汇编语言中的指令是机器指令的符号化，与机器指令存在着直接的对应关系，所以汇编语言同样存在着难学难用、容易出错、维护困难等缺点。但是汇编语言也有自己的优点：可直接访问系统接口，汇编程序翻译成的机器语言程序的效率高。

使用汇编语言编写的程序，由于计算机不能直接识别，需要用一种程序将汇编语言翻译成机器语言。这种起翻译作用的程序为汇编程序，而把汇编语言翻译成机器语言的过程就称为汇编。

机器语言和汇编语言都是面向机器的语言，和具体机器的指令系统密切相关，因此这两种语言都属于低级语言。

## （三）高级语言

高级语言是面向用户、基本独立于计算机的类别和结构的一种语言。其最大的优点是：形式上接近于算术语言和自然语言，概念上接近于人们通常使用的概念。高级语言的一个命令可以代替几条、几十条甚至上百条汇编语言的指令。因此，高级语言易学易用，通用性强，应用广泛，但是高级语言编译生成的机器指令代码一般比用汇编语言设计的程序代码长，执行速度也慢一些。

高级语言并不是一种具体的语言，它的种类繁多，存在很多编程语言，如 JAVA、C、C++、C#、Pascal、Python、LISP、PROLOG 等。这些语言的语法、命令格式都不相同。自 20 世纪 60 年代以来，世界上公布的程序设计语言有上千种之多，但是只有很小一部分得到了广泛应用。有许多用于特殊用途的语言，只在特殊情况下使用。例如，PHP 专门用来显示网页，Perl 更适合文本处理，C 语言被广泛用于操作系统和编译器的开发。

## 二、现代编程理念

### （一）程序设计的一般流程

程序设计是给出解决特定问题程序的过程，一般包括分析、设计、编码、测试、排错等不同阶段。

（1）分析问题：对接受的任务要进行认真的分析，研究所给定的条件，分析最后应达到的目标，找出解决问题的规律，选择解决问题的方法，完成实际问题。

（2）设计算法：设计出解决问题的方法和具体步骤。

（3）编写程序：将算法翻译成计算机程序设计语言，对源程序进行编辑、编译和连接。运行可执行程序，得到运行结果。能得到运行结果并不意味着程序正确。要对结果进行分析，看它是否合理。不合理就要对程序进行调试，即通过上机发现和排除程序中的故障。

（4）编写程序文档：许多程序是提供给别人使用的，如同正式的产品应当提供产品说明书一样，正式提供给用户使用的程序必须向用户提供程序说明书。内容应包括程序名称、程序功能、运行环境、程序的装入和启动、需要输入的数据及使用注意事项等。

### （二）结构化程序设计

结构化程序设计的概念最早由艾兹格·W·迪科斯彻（E.W.Dijikstra）在 1965 年提出，曾被称为软件发展中的第三个里程碑。该方法的要点如下：

1. 三种基本结构

主张使用顺序、选择、循环三种基本结构来嵌套连接成具有复杂层次的"结构化程序",严格控制 GOTO 语句的使用。按照结构化程序设计的观点,任何算法功能都可以由三种基本结构的组合来实现。

(1) 顺序结构,表示程序中的各操作是按照它们出现的先后顺序执行的。

(2) 选择结构,又称分支结构,表示程序的处理步骤出现分支,它需要根据某一特定的条件选择其中的一个分支执行。选择结构又可以细分成单分支、双分支和多分支三种形式,并且结构化程序设计语言中通常都有专门的对应语句。

(3) 循环结构,表示程序反复执行某个或某些操作,直到某个条件为假(或为真)时才终止循环。

上面的三种基本结构,每个结构都只有一个入口和一个出口,这样编写出来的程序在结构上就具有以下优点:能够以控制结构为单位,独立地理解每一部分,并且便于从上到下顺序地阅读程序文本;程序的静态描述与执行时的控制流程相对应,能够方便正确地理解程序的动作。

2. "自顶而下,逐步求精"的设计方法

采用"自顶而下,逐步求精"的设计方法,能使设计者避免一开始就陷入复杂的细节中,让设计变得简单明了。

(1) 自顶而下:设计程序时,应先考虑总体,后考虑细节;先考虑全局目标,后考虑局部目标。不一开始就过多追求众多的细节,而是先从最上层总目标开始设计,逐步使问题具体化。

(2) 逐步求精:对复杂问题,应设计一些子目标作为过渡,逐步细化。

3. "模块化"编程方法

采用"模块化"编程方法,将程序结构按功能划分为若干个基本模块,自顶向下、分而治之,从而有效地将一个较复杂的程序系统设计任务分解成许多易于控制和处理的子任务,便于开发和维护。

在具体开发时,把要解决的总目标分解为子目标,再进一步分解为更小的小目标。每一个小目标就是一个模块。所有模块的功能通过相应的子程序(函数或过程)来实现。各个模块功能应相对独立,模块间的关系尽可能简单,减少耦合性。

另外由于模块间相互独立,因此设计其中一个模块时不会受到其他模块的牵连,因而可以将原来较为复杂的问题简化为一系列简单模块的设计。模块的独立性还为扩充已有的系统、建立新系统带来不少方便。设计者可以充分利用现有的模块做积木式的扩展,也就是模块可作为插件或积木,在其他程序中再利用,从而降低程序的复杂性。除此之外,模块化还有一个优点是可以使程序流程简洁、清晰,增强可读性。

虽然结构化程序设计方法具有很多的优点,但它仍是一种面向过程的程序设计方法。它把数据和处理数据的过程分离为相互独立的实体。当数据结构改变时,所有相关的处理过程都要进行相应的修改,每一种相对于老问题的新方法都要带来额外的开销,程序的可重用性差。另外,由于图形用户界面的应用,程序运行由顺序运行演变为事件驱动,对这种软件的功能很难用过程来描述和实现,因此使用面向过程的方法来开发和维护这类软件比较困难。

### (三）面向对象程序设计

面向对象程序设计（Object Oriented Programming，简称 OOP）既是一种程序设计范型，也是一种程序开发的方法。传统的程序设计主张将程序看作一系列函数的集合，或者一系列对计算机下达的指令。而面向对象程序设计与传统思想刚好相反：它把现实世界看成一个由对象构成的世界，每一个对象都能够接收数据、处理数据并将数据传达给其他对象，对象之间既相互独立，又能够相互调用。

有别于其他编程方式，面向对象程序设计中与某数据类型相关的一系列操作都被有机地封装到该数据类型当中，而非散放于其外，因而面向对象程序设计中的数据类型不仅有状态，还有相关的行为。目前已经被证实的是，面向对象程序设计扩展了程序的灵活性和可维护性，并且在大型项目设计中广为应用。此外，面向对象程序设计要比以往的做法更加便于学习，因为它能够让人们更简单地设计并维护程序，使得程序更加便于分析、设计、理解。

#### 1. 面向对象的基本概念

（1）对象，是要研究的任何事物。一本书、一家图书馆、一个整数、一个庞大的数据库都可被看作对象。对象不仅能表示有形的实体，也能表示无形的（抽象的）规则、计划或事件。对象由数据（描述事物的属性）和作用于数据的操作（体现事物的行为，称为方法）封装在一起，构成一个独立整体。

（2）类，是对象的模板，是具有相同类型的对象的抽象，对象则是类的具体化，是类的实例。例如，"狗"这个类列举了狗的特点，从而使这个类定义了世界上所有的狗，即类所包含的方法和数据描述了一组对象的共同属性和行为。而"阿黄"这个对象是一条具体的狗，它的属性也是具体的。一个类可有其子类，也可包含其他类。

（3）消息，是对象之间进行通信的一种规格说明。一个对象通过接收消息、处理消息、传出消息或使用其他类的方法来实现一定功能，这称为消息传递机制。例如，"阿黄"可以通过吠叫引起人的注意，从而导致一系列事情的发生。

#### 2. 面向对象的主要特征

（1）封装性。封装是一种信息隐蔽技术，目的是把对象的设计者和对象的使用者分开，让使用者不必知晓行为实现的细节，而只需用设计者提供的消息来访问该对象。举例来说，"狗"这个类有"吠叫"的方法，这一方法定义了狗具体该通过什么方法吠叫，但是外人并不知道它到底是如何吠叫的。

通常来说，成员依它们的访问权限被分为三种：公有成员、私有成员和保护成员。封装通过对数据和代码的不同访问权限的控制，避免了外界的干扰和不确定性。也就是说，封装使得用户只能见到对象的外部特性，如对象能接收哪些消息，具有哪些处理能力，而对象的内部特性对用户是隐蔽的，如保存内部状态的私有数据、实现加工能力的算法等。

（2）继承性。继承性是子类自动共享父类之间数据和方法的机制。它由类的派生功能体现。一般情况下，子类要比父类更加具体化。例如，"狗"这个类可以派生出它的子类，如"牧羊犬"和"吉娃娃犬"等。子类直接继承了父类的全部属性和行为，并且可修改和扩充它自己。

继承具有传递性，可分为单继承（一个子类只有一个父类）和多重继承（一个子类有多个父类)。如果没有继承性机制,则类对象中数据、方法就会出现大量重复。继承不仅保证了系统的可重用性,而且促进了系统的可扩充性。

(3) 多态性。对象根据所接收的消息做出动作。同一消息被不同的对象接收时可产生完全不同的行为,这种现象称为多态性。利用多态性用户可发送一个通用的消息,而将所有的实现细节都留给接收消息的对象自行决定,也就是说,同一消息可调用不同的方法。

例如,狗和鸡都有"叫"这一方法,但是调用狗的"叫",狗会吠叫;调用鸡的"叫",鸡则会啼叫。虽然同样是做出叫这一行为,但不同对象的表现方式将大不相同。多态性的实现受到继承性的支持,利用类继承的层次关系,把具有通用功能的协议存放在类层次中尽可能高的地方,而将实现这一功能的不同方法置于较低层次。具体说,就是父类和子类形成一个树形结构,在这棵"树"中的每个子类可以接收一个或多个具有相同名字的消息。当一个消息被这棵树中一个类的某个对象接收时,这个对象将动态地决定给予子类对象的消息某种用法。

3. 面向对象的优点

在多函数程序中,许多重要的数据被放置在全局数据区,这样它们可以被所有的函数访问。这种结构很容易造成全局数据在无意中被其他函数改动,因而程序的正确性不易保证。面向对象程序设计的出发点之一就是弥补面向过程程序设计中的一些缺点,对象是程序的基本元素。它将数据和操作紧密地联结在一起,保护数据不会被外界的函数意外地改变。

比较面向对象程序设计和面向过程程序设计,还可以得到面向对象程序设计的其他优点:

(1) 数据抽象的概念可以在保持外部接口不变的情况下改变内部实现,从而减少甚至避免对外界的干扰;

(2) 通过继承大幅减少冗余的代码,并可以方便地扩展现有代码,提高编码效率,也降低了出错概率和软件维护的难度;

(3) 结合面向对象分析、面向对象设计,允许将问题域中的对象直接映射到程序中,减少软件开发过程中中间环节的转换过程;

(4) 通过对对象的辨别、划分,可以将软件系统分割为若干相对独立的部分,在一定程度上更便于控制软件复杂度;

(5) 以对象为中心的设计可以帮助开发人员从静态(属性)和动态(方法)两个方面把握问题,从而更好地实现系统;

(6) 通过对象的聚合、联合,可以在保证封装与抽象的原则下实现对象在内在结构及外在功能上的扩充,从而实现对象由低到高的升级。

## 知识拓展

### 常见的程序设计语言

#### 一、C 与 C++

C语言是一门通用的计算机编程语言,由于它允许直接访问物理地址,能够像汇编语言一样对位、字节和地址进行操作,因此既具有高级语言的功能,又具有低级语言的许多功能，既可用来编写系统软件，又可用来开发应用软件，成为一种被广泛应用的通用程序设计语言。

C语言的设计目标是提供一种能以简易的方式编译、处理低级存储器、产生少量机器码及不需要任何运行环境支持便能运行的编程语言。随着UNIX的发展，C语言自身也在不断地完善。直到今天，各种版本的UNIX内核和周边工具仍然使用C语言作为最主要的开发语言。

C++是在C语言的基础上开发的一种面向对象的编程语言，应用非常广泛。常用于系统开发、引擎开发等应用领域，具有支持类、封装、继承、多态等特性。C++是对C语言的继承，它不仅拥有计算机高效运行的实用性特征，同时还致力于提高大规模程序的编程质量与程序设计语言的问题描述能力。C++具有数据抽象和面向对象能力，运行性能高，且从C语言过渡到C++较为平滑，两者的兼容性可使数量巨大的C语言程序方便地在C++环境中复用，因而C++在短短几年内就流行起来了。

## 二、JAVA与C#

JAVA是一门面向对象的编程语言。它不仅吸收了C++的各种优点，还摒弃了C++中难以理解的多重继承、指针等概念，具有简单性、面向对象、分布式、健壮性、安全性、平台独立与可移植性、多线程、动态性等特点，可以用来编写桌面应用程序、Web应用程序、分布式系统和嵌入式系统应用程序等。

JAVA的诞生最初是为家电产品上的嵌入式应用服务，SUN公司根据嵌入式软件的要求，去除了C++中的一些不太实用及影响安全的成分，并结合嵌入式系统的实时性要求，开发了一种称为Oak的面向对象语言。1999年，互联网的蓬勃发展给了Oak机会。为了使死板、单调的静态网页"灵活"起来，急需一种软件技术来开发程序，要求这种程序可以通过网络传播并且能跨平台运行。由于Oak是按照嵌入式系统硬件平台体系结构编写的，所以非常小，特别适合网络上传输。于是SUN公司正式推出了可以嵌入网页并且可以随同网页在网络上传输的Applet（Applet是一种将小程序嵌入到网页中执行的技术），并将Oak更名为JAVA。

C#是微软公司发布的另一种编程语言，是由C语言和C++衍生出来的一种安全、稳定、简单、优雅的面向对象编程语言。C#在继承C和C++强大功能的同时去掉了一些它们的复杂特性，并且综合了Visual Basic简单的可视化操作和C++的高运行效率，以其强大的操作能力、优雅的语法风格、创新的语言特性和便捷的面向组件编程的支持成为.NET开发的首选语言。

C#的原型是微软开发的Visual J++。2000年6月微软用新的语言C#取代了原来的Visual J++。由于C#本身深受JAVA、C和C++的影响，因此C#看起来与JAVA惊人地相似，包括诸如单一继承、接口、与JAVA几乎同样的语法和编译成中间代码再运行的过程。但是C#与JAVA的明显不同是它借鉴了Delhi的一个特点，与COM（组件对象模型）是直接集成的，并且它是微软公司.NET网络框架的主角。

## 三、BASIC系列语言

BASIC的英文全称是"Beginners' All-purpose Symbolic Instruction Code"，取其首字母合成"BASIC"，就名称的含意来看，是"适用于初学者的多功能符号指令码"，是一种在计算机发展史上应用最为广泛的高级程序设计语言。

如同人类有各种方言一样，计算机语言亦是如此。BASIC 语言自诞生以来，演化出各种不同名称的版本，如 BASICA、GW-BASIC、MBASIC、TBASIC……这些不同的 BASIC 在语法、规则、功能等方面并不完全相同。微软也在 MS DOS 时代推出过 Quick BASIC，并于 1991 年在 Windows 开始流行时，推出了 Visual Basic for Windows。

Visual Basic（简称 VB）是美国微软公司开发的一种可视化的、面向对象和采用事件驱动方式的结构化高级程序设计语言，可用于开发 Windows 环境下的各类应用程序。它简单易学、效率高，且功能强大，可以与 Windows 专业开发工具 SDK 相媲美。在 Visual Basic 环境下，利用事件驱动的编程机制、新颖易用的可视化设计工具，使用 Windows 内部的应用程序接口（API）函数、动态链接库（DLL）、对象的链接与嵌入（OLE）、开放式数据连接（ODBC）等技术，可以高效、快速地开发 Windows 环境下功能强大、图形界面丰富的应用软件系统。目前通行的版本是 VB 6.0。

2001 年，Visual Basic.NET 和 .NET Framework 发布。这个框架主要是针对网络开发的，用来简化开发互动网站的编程难度。Visual Basic.NET 可被看作 Visual Basic 在 .Net Framework 平台上的升级版本，对网络开发进行了优化，内置了 ASP.NET 脚本，可以直接进行脚本编程。其主要应用范围包括 Windows 桌面、Web 及 Windows Phone。VB.NET 和 VB 实际上是两种完全不同的语言。首先，因为 VB.NET 是一个完全面向对象的语言，开发多线程应用时使用 VB.NET 和使用 C++/C# 别无二致，结构化异常处理也得到全面支持。而 VB 6.0 不支持继承、重载和接口，所以不是真正的面向对象语言。其次，VB.NET 必须构建于 .Net Framework 之上，任何 .NET 语言，包括 VB.NET、C#，它们所开发的程序源代码并不是被直接编译成能直接执行的本地二进制代码，而是被编译成中间代码，然后通过 .NET Framework 的通用语言运行时（CLR）执行。简单地说，如果计算机上没有安装 .NET Framework，那么这些程序将不能被执行。当然，VB 和 VB.NET 同属 Basic 系列语言，又同为微软所开发，在语法上必然有一定的相似或沿袭，但 VB.NET 丢掉了许多 VB 6.0 中使用的大量语言成分和用户界面功能，并且对保留下来的东西也改变了语意，导致 VB.NET 对 VB 的向后兼容性不好。2005 年，微软宣布将不再支持非 .NET 版本的 VB。

### 四、数据分析领域的常用语言

说起数据分析，首先会被提到的可能就是 MATLAB。MATLAB 是美国 Math Works 公司出品的商业数学软件。其所用语言是一种主要用于算法开发、数据可视化、数据分析及数值计算的高级矩阵/阵列语言。它包含控制语句、函数、数据结构、输入和输出及面向对象编程等特点。MATLAB 在数值计算方面首屈一指，可以进行矩阵运算、绘制函数和数据、实现算法、创建用户界面、连接其他编程语言的程序等，主要应用于工程计算、控制设计、信号处理与通信、图像处理、信号检测、金融建模设计与分析等领域。

除了 MATLAB，Python 也是目前比较流行的一种数据分析语言。由于 Python 语言的简洁性、易读性及可扩展性，在国外用 Python 做科学计算的研究机构日益增多，一些知名大学已经采用 Python 来教授程序设计课程。和 MATLAB 相比，Python 有如下优点：首先，Python 是自由软件，完全免费，并且众多开源的科学计算库都提供了 Python 的调用接口；其次，Python 更加易学，更加严谨，它能让用户写出更易读、易维护的代码；再次，Python 有丰富的扩展库，可以轻易地完成各种高级任务，开发者用 Python 就可以实现完整应用程序所需的各种功能。MATLAB主要专注于工程和科学计算,对文件管理、界面设计、网络通信等各种需求处理能力相对较弱。Python语言则十分适合工程技术、处理实验数据、制作图表,甚至开发科学计算应用程序。在2011年1月,Python成为最受欢迎的程序设计语言之一,被TIOBE编程语言排行榜评为2010年度语言。

R语言经常作为数据挖掘人员手中的一把利器,主要用于统计分析或者开发与统计相关的软件,它是R软件中使用的一种语言。R是一个自由、免费、源代码开放的软件,是集统计分析与图形显示于一体的优秀工具,可以运行于UNIX、Windows和Macintosh的操作系统之上。通过简便而强大的编程语言,R可操纵数据的输入和输出,实现分支、循环、用户可自定义功能等。虽然R在中国尚未普及,目前主要是学校及研究机构在使用,但近年来随着R的声名鹊起,各个领域已经有越来越多的从业人员纷纷选择R作为自己的工作平台。

### 五、其他传统高级语言

世界上第一种高级程序设计语言是FORTRAN,意思是"公式翻译"(Formula Translation)。Fortran 90之前的版本一般写成FORTRAN(全部字母大写),Fortran 90及之后的版本都写成了Fortran(仅第一个字母大写)。Fortran的最大特性是接近数学公式的自然描述,可以直接对矩阵和复数进行运算,自诞生以来被广泛地应用于数值计算领域,积累了大量高效而可靠的源程序。虽然有人认为Fortran与JAVA、C#等语言相比缺乏创造力,可以被淘汰了,但是Fortran也在不断进步,吸收了很多现代化编程语言的新特性,并且有很多专用的大型数值运算计算机针对Fortran做了优化。

在高级语言发展史上,Pascal是一个重要的里程碑。Pascal是基于ALGOL语言,于20世纪60年代末由瑞士尼可拉斯·沃斯(Niklaus Wirth)教授设计并创立的。Pascal的命名是为了纪念法国数学家和哲学家布莱斯·帕斯卡(Blaise Pascal)。Pascal语法严谨,层次分明,程序易写,具有很强的可读性,是第一个结构化的编程语言,从一出世就受到了广泛欢迎,迅速地从欧洲传到了美国。

Pascal强调结构化编程,可以方便地描述各种算法与数据结构,这些特点对于培养程序设计初学者的良好程序设计风格和习惯是非常有益的。目前国际信息学奥林匹克竞赛(IOI)和全国奥林匹克信息学竞赛(NOI)仍把Pascal、C、C++作为竞赛使用的程序设计语言,在大学中Pascal也常常被用作学习数据结构与算法的教学语言。

以上介绍的这些程序设计语言都是在程序开发领域最有前景、影响力最大的计算机语言。除这些语言之外,还有诸多语言在各自擅长的领域发挥着作用,如LISP(适用于符号操作和表处理,曾长期垄断了人工智能领域的应用)、PROLOG(一种逻辑编程语言,最初用于自然语言领域,现已被广泛应用在人工智能的研究中)、Swift(Apple公司发布的一种编程语言,可用于编写OSX和IOS应用程序)等。这里无法一一列举所有的程序设计语言,故不再赘述。

## 2.2 操作系统

操作系统(Operating System,简称 OS)是管理和控制计算机硬件与软件资源的计算机程序,是直接运行在"裸机"上的最基本的系统软件。任何其他软件都必须在操作系统的支持下才能运行。

### 2.2.1 操作系统概述

操作系统是用户和计算机的接口,同时也是计算机硬件和其他软件的接口。计算机系统层次结构如图 2-1 所示。操作系统的功能包括管理计算机系统的硬件、软件及数据资源,控制程序运行,改善人机界面,为其他应用软件提供支持,让计算机系统所有资源最大限度地发挥作用,提供各种形式的用户界面,使用户有一个好的工作环境,为其他软件的开发提供必要的服务和相应的接口等。实际上,用户是不用接触操作系统的。操作系统管理着计算机硬件资源,同时按照应用程序的资源请求,分配资源,如划分 CPU 时间、开辟内存空间、调用打印机等。

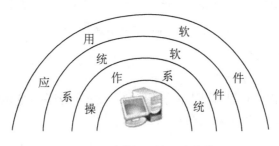

图 2-1 计算机系统层次结构

### 2.2.2 操作系统功能

操作系统管理所有的计算机资源,包括硬件资源、软件资源及数据资源,具体有四个方面的功能:处理器管理、存储管理、文件管理及设备管理。

**一、处理器管理**

处理器管理的实质是对处理器执行时间的管理,即如何将 CPU 真正合理地分配给每个任务,实现对 CPU 进行动态管理。

为了提高 CPU 的利用率,一般操作系统都采用多道程序设计技术,即多任务处理。从宏观上看,系统中的多个程序是同时并发执行的。从微观上看,任一时刻一个处理器仅能执行一道程序,系统中各个程序都是交替执行的。

在多道程序或多用户的情况下,处理器的分配调度策略、分配实施和资源回收等问题需要解决。在多道程序环境下,进程的概念被引入。进程是程序在处理器上的一次执行过程,是系统进行资源分配和调度的一个独立单位。

简单地讲,进程是一个执行中的程序。两个进程可能对应于同一个程序,它们所执行的代码虽然相同,但是所处理的数据不同,运行中所占用的软硬件资源也不同。程序是一个静态的概念,而进程是一个动态的概念。

可以通过使用快捷键【Ctrl】+【Alt】+【Del】来查看 Windows 中的进程,如图 2-2 所示。

图 2-2 "Windows 任务管理器"窗口

(一)进程的特征

1. 动态性

进程是程序的一次执行过程,因而是动态的。动态性表现在它因创建而产生,由调度而执行,因得不到资源而暂停执行,最后因撤销而消亡。

2. 并发性

引入进程的目的就是使程序能与其他程序并发执行,以提高资源利用率。

3. 独立性

进程是一个能独立运行的基本单位,也是系统进行资源分配和调度的独立单位。

4. 异步性

进程以各自独立的、不可预知的速度向前推进。

5. 结构特征

每个进程都由程序段、数据段、进程控制块三个部分组成。

(二)进程的状态

1. 就绪状态

进程已获得了除处理器以外的所有资源。一旦获得 CPU 的使用权,处理器就可以立即执行。

2. 运行状态

进程获得必要的资源并在处理器上运行。

3. 等待状态

等待状态又称阻塞状态或睡眠状态。正在执行的进程,由于发生某事件而暂时无法继续执行(如等待输入/输出完成),此时进程所处的状态为等待状态。

进程的状态相互之间是可以进行转换的,转换图如图 2-3 所示。

## 二、存储管理

内存是计算机中最重要的一种资源,所有运行的程序都必须装载在内存中才能被 CPU 执行。

在多任务操作系统中,如果要执行的程序很大或很多,有可能导致内存消耗殆尽,因此操作系统存储管理的主要任务是实现对内存的分配与回收、内存扩充、地址映射、内存保护与共享等功能。

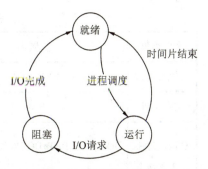

图 2-3　进程状态转换图

### (一) 内存的分配与回收

当用户提出申请存储空间时,操作系统必须根据申请者的要求,按一定的策略分析存储空间的使用情况,找出足够的空闲区域给申请者使用,使不同用户的程序和数据彼此隔离,互不干扰及破坏。

若当可使用的主存不能满足用户的申请时,操作系统会让用户程序等待,直至有足够的主存空间。

当某个用户程序工作结束时,操作系统会及时收回它所占的主存区域,使它们重新成为空闲区部分,以便再装入其他程序。

### (二) 内存扩充

大多数操作系统都采用了虚拟存储技术,即拿出一部分硬盘空间来充当内存使用,虚拟存储技术的基本原理是基于局部性原理。

一个进程在运行时不必将全部的代码和数据都装入内存,而仅需将当前要执行的那部分代码和数据装入内存,其余部分可以暂时留在磁盘上。要执行的指令不在内存时,才由操作系统自动将它们从外存调入内存。

### (三) 地址映射

虚拟存储技术可以使用户感觉自己好像在使用一个比实际物理内存大得多的内存,由于虚拟内存空间和实际物理内存空间不同,进程在使用虚拟内存中的地址时,必须由操作系统协助相关硬件,把虚拟地址转化为真正的物理地址。虚拟地址(又叫逻辑地址)对应虚拟存储空间;物理地址是存储单元的真实地址,与地址总线相对应。

### (四) 内存保护与共享

在多道程序环境下,操作系统提供了内存共享机制,使多道程序能共享内存中的那些可以共享的程序和数据,从而提高了系统的利用率。

操作系统还必须保护各进程私有的程序和数据不被其他用户程序使用和破坏。

## 三、文件管理

文件是保存在外存上的一组相关信息的集合。文件名是存取文件的依据。

文件名的形式:<主文件名.扩展名>

常见的文件拓展名如表 2-2 所示。

表 2-2 常见的文件拓展名

| 文件类型 | 扩展名 | 说明 |
|---|---|---|
| 可执行文件 | EXE、COM | 可执行的程序文件 |
| 文本文件 | TXT | 存放不带格式的纯字符文件 |
| Office 文件 | DOC、XLS、PPT、DOCX、XLSX、PPTX | 办公软件 Office 中 Word、Excel、PowerPoint 创建的文件 |
| 图像文件 | BMP、JPG、GIF | 图像文件。不同的扩展名表示不同格式的图像文件 |
| 流媒体文件 | WMV、RM、QT | 能通过 Internet 播放的流式媒体文件，无须下载即可播放 |
| 压缩文件 | ZIP、RAR | 压缩文件，可以减少外存的使用空间 |
| 音频文件 | WAV、MP3、MID | 声音文件。不同的扩展名表示不同格式的音频文件 |
| 网页文件 | HTM、ASP、ASPX | 不同格式的网页文件 |
| 源程序文件 | C、CPP、BAS、ASM | 程序设计语言的源程序文件 |

查找文件时，通常可以使用通配符。常见的通配符有："?"，用来匹配在该位置上的任何一个合法字符；"*"，用来匹配该位置之后的任意多个合法字符。

文件夹是用于管理文件的一种结构。Windows 中文件的目录结构多采用多级层次式结构，即树状结构，如图 2-4 所示。

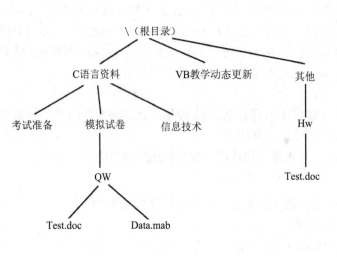

图 2-4 文件的树状结构

#### 四、设备管理

I/O 设备按系统和用户可分为系统设备、用户设备;按输入/输出传送方式(UNIX 或 Linux 操作系统的分法)可分为字符型设备、块设备;按资源特点可分为独享设备、共享设备、虚拟设备;按设备硬件物理特性可分为顺序存取设备、直接存取设备;按设备使用可分为物理设备、逻辑设备、伪设备。

设备管理的功能有设备分配、设备处理、缓冲管理和虚拟设备。

### 2.2.3 常见的操作系统

#### 一、Windows

Windows 是由美国微软公司开发的一种在 PC 上广泛使用的操作系统,支持多任务处理和图形用户界面。如 Windows 10 为所有硬件提供一个统一平台,构建跨平台共享的通用技术,从 4 英寸屏幕的迷你手机到 80 英寸的巨屏计算机,让这些设备拥有类似的功能。

#### 二、UNIX

早期的 UNIX 用汇编语言开发,修改、移植都很不方便。UNIX 的第三版采用 C 语言重写了内核,成为当时应用面最广、影响力最大的操作系统,可以应用在从巨型机到普通 PC 等多种不同的平台上。

自 20 世纪 80 年代后期开始,UNIX 发展进入了商业化。目前在电信、金融、油田、移动、证券等行业的关键性应用领域仍处于垄断地位。

#### 三、Linux

Linux 是按照公开的 UNIX 系统标准 POSIX 重新编写的一个全新的操作系统。它的设计思想与 UNIX 相似,但并没有采用任何 UNIX 的源代码。

Linux 1.0 在发布时就正式采用了 GPL(General Public License)协议,允许用户通过网络或其他途径免费获得此软件,并任意修改其源代码。

#### 四、Mac OS

Mac OS 是运行于苹果 Macintosh(简称 Mac)系列计算机上的操作系统,它是首个在商用领域成功的图形用户界面操作系统。

Mac OS 的两个系列:

(1)老旧且已不被支持的 Classic Mac OS,终极版本是 Mac OS 9,采用 Mach 作为内核。

(2)新的 Mac OS X(X 为 10 的罗马数字写法),结合了 BSD UNIX、OpenStep 和 Mac OS 9 的元素。

#### 五、智能手机操作系统

智能手机操作系统在嵌入式操作系统基础之上发展而来,除了具备嵌入式操作系统的功能,如进程管理、文件系统、网络协议栈等外,还有:

(1)针对电池供电系统的电源管理部分;

(2)与用户交互的输入/输出部分;

(3)对上层应用提供调用接口的嵌入式图形用户界面服务;

(4)针对多媒体应用提供底层编解码服务;

(5)针对移动通信服务的无线通信核心功能及智能手机的上层应用等。

(一)安卓(Android)

Android 是一种以 Linux 为基础的开源操作系统,主要用于便携设备。Android 系统是开源的,版本并不统一。Google 开发的 Android 原生系统的一些操作习惯对于中国人来说不适应,因此中国诞生了很多本土化的 Android OS,如小米的 MIUI、锤子的 Smartisan OS、魅族的 Flyme OS 等,都属于经过优化的 Android 系统。

(二)iOS

iOS 操作系统是由苹果公司开发的操作系统,以 Darwin 为基础,属于类 UNIX 的商业操作系统。iOS 采用了伪后台技术,任何第三方程序都不能在后台运行,另外在 iOS 中用于 UI 的指令权限最高,用户的操作能立马得到响应,所以 iOS 的用户体验更流畅。iOS 系统的封闭性在一定程度上能够带来更为安全的保证,但是封闭式的开发模式决定了 iOS 的影响力有限。

(三)HarmonyOS

华为鸿蒙操作系统(HarmonyOS)是基于微内核的全场景分布式 OS,可按需扩展,实现更广泛的系统安全,主要用于物联网,特点是低时延,甚至可到毫秒级乃至亚毫秒级,由华为技术有限公司开发。鸿蒙系统是一款全新的面向全场景的分布式操作系统,创造一个超级虚拟终端互联的世界,将人、设备、场景有机地联系在一起,能极速发现消费者在全场景生活中接触的多种智能终端、极速连接,实现硬件互助、资源共享,并用合适的设备提供场景体验。它具有以下技术特性:

(1)分布式架构首次用于终端 OS,实现跨终端无缝协同体验;

(2)确定时延引擎和高性能 IPC 技术,实现系统天生流畅;

(3)基于微内核架构重塑终端设备可信安全;

(4)通过统一 IDE 支撑一次开发,多端部署,实现跨终端生态共享。

鸿蒙 OS 实现模块化耦合,对不同设备可弹性部署。它有三层架构,第一层是内核,第二层是基础服务,第三层是程序框架。可用于大屏、PC、手机、汽车等各种不同的设备上。

鸿蒙 OS 不是安卓系统的分支,基于安卓生态开发的应用能够平稳迁移至鸿蒙 OS。这个新的操作系统将手机、计算机、平板、电视、工业自动化控制、无人驾驶、车机设备、智能穿戴统一成一个操作系统,并且该系统是面向下一代技术而设计的,能兼容安卓应用的所有 Web 应用。由于鸿蒙系统微内核的代码量只有 Linux 宏内核的千分之一,其受攻击概率也大幅降低。

从 2020 年开始,华为已在手机、平板、计算机及其他终端产品全线搭载鸿蒙 OS,并在海内外同步推进。

华为的鸿蒙 OS 在全球引起较大的反响。人们普遍相信,这款中国通信巨头打造的操作系统在技术上是先进的,并且具有逐渐建立起自己生态的成长力。

(四)其他手机 OS

(1)Windows Phone(缩写为 WP)。WP 系统是微软公司推出的手机操作系统,前身是 Windows CE。

(2)Symbian(塞班)。塞班系统是塞班公司为手机而设计的操作系统,它的前身是英国宝意昂公司的 EPOC(Electronic Piece of Cheese)操作系统。

(3) BlackBerry(黑莓)。黑莓系统是加拿大 Research In Motion(简称 RIM)公司推出的一款无线手持邮件解决终端设备的操作系统,由 RIM 公司自主开发。它和其他手机终端使用的操作系统有所不同,BlackBerry 系统的加密性能更强,更安全。

### 六、DOS

DOS 是 Disk Operation System(磁盘操作系统)的简称,是个人计算机上的一类操作系统。它直接操纵管理硬盘的文件,一般都是黑底白色文字的界面。目前 DOS 系统已经被完全取代。但 DOS 命令仍作为使用 Windows 之余的一个有益补充,用来解决很多 Windows 解决不了的问题,或者更适合通过 DOS 命令来解决的问题。

**知识拓展**

#### 操作系统的发展

操作系统并不是与计算机硬件一起诞生的,它是在人们使用计算机的过程中,为了满足提高资源利用率、增强计算机系统性能两大需求,伴随着计算机技术本身及其应用的日益发展,而逐步地形成和完善起来的。

**一、手工操作**

从 1946 年第一台计算机诞生至 20 世纪 50 年代中期,其间未出现操作系统,计算机工作采用手工操作方式,如图 2-5 所示。

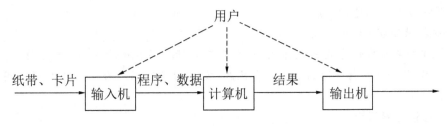

图 2-5　手工操作方式

程序员将针对应用程序和数据的已穿孔的纸带(或卡片)装入输入机,然后启动输入机,把程序和数据输入计算机内存,接着通过控制台开关启动程序;计算完毕,打印机输出计算结果;用户取走结果并卸下纸带(或卡片)后,才让下一个用户上机。

手工操作方式的特点:

(1) 用户独占全机。不会出现因资源已被其他用户占用而等待的现象,但资源的利用率低。

(2) CPU 等待手工操作,CPU 的利用不充分。

20 世纪 50 年代后期,人机矛盾出现:手工操作的慢速度和计算机的高速度之间形成了尖锐矛盾,手工操作方式已严重损害了系统资源的利用率(使资源利用率降为百分之几,甚至更低)。唯一的解决办法是摆脱人的手工操作,实现作业的自动过渡。这样就催生了成批处理。

**二、批处理系统**

批处理系统:加载在计算机上的一个系统软件,在它的控制下,计算机能够自动地、成批地处理一个或多个用户的作业(包括程序、数据和命令)。

## （一）联机批处理系统

首先出现的是联机批处理系统，即作业的输入/输出由 CPU 来处理。

主机与输入机之间增加一个存储设备——磁带，在运行于主机上的监督程序的自动控制下，计算机可自动完成以下操作：成批地把输入机上的用户作业读入磁带，依次把磁带上的用户作业读入主机内存并执行，并把计算结果向输出机输出。完成了上一批作业后，监督程序又从输入机上输入另一批作业，保存在磁带上，并按上述步骤重复处理。

监督程序不停地处理各个作业，从而实现了作业到作业的自动转接，减少了作业建立时间和手工操作时间，有效克服了人机矛盾，提高了计算机的利用率。

但是，在作业输入和结果输出时，主机的高速 CPU 仍处于空闲状态，等待慢速的输入/输出设备完成工作，主机则处于"忙等"状态。

## （二）脱机批处理系统

为克服与缓解高速主机与慢速外设的矛盾，提高 CPU 的利用率，脱机批处理系统被引入，能实现输入/输出脱离主机控制。

### 1. 脱机批处理系统的功能

（1）从输入机上读取用户作业并放到输入磁带上。

（2）从输出磁带上读取执行结果并传给输出机。

这样，主机不是直接与慢速的输入/输出设备打交道，而是与速度相对较快的磁带机发生关系，有效缓解了主机与设备的矛盾。主机与卫星机可并行工作，二者分工明确，可以充分发挥主机的高速计算能力。

### 2. 脱机批处理系统的不足

每次主机内存中仅存放一道作业，每当它在运行期间发出输入/输出（I/O）请求时，高速的 CPU 便处于等待低速的 I/O 完成状态，致使 CPU 空闲。为改善 CPU 的利用率，多道程序系统被引入。

## 三、多道程序系统

### （一）多道程序设计技术

所谓多道程序设计技术，就是指允许多个程序同时进入内存并运行。即同时把多个程序放入内存，并允许它们交替在 CPU 中运行。它们可共享系统中的各种硬、软件资源。当一道程序因 I/O 请求而暂停运行时，CPU 便立即转去运行另一道程序。

### （二）单道程序的运行过程

在 A 程序计算时，I/O 空闲。A 程序 I/O 操作时，CPU 空闲（B 程序也是同样）。A 程序运行完后，B 程序才能进入内存中开始工作。两者是串行的，全部运行完毕需要的时间为 T1+T2。

### （三）多道程序的运行过程

将 A、B 两道程序同时存放在内存中，它们在系统的控制下，可相互穿插、交替地在 CPU 上运行：当 A 程序因请求 I/O 操作而放弃 CPU 时，B 程序就可占用 CPU 运行，这样 CPU 不再空闲，而正进行 A 程序 I/O 操作的 I/O 设备也不空闲。显然，CPU 和 I/O 设备都处于"忙"状态，大大提高了资源的利用率，从而也提高了系统的效率，A、B 全部运行完毕所需时间<<T1+T2。

### （四）多道程序的运行特点

多道程序设计技术不仅使 CPU 得到充分利用，还改善了 I/O 设备和内存的利用率，从而提高了整个系统的资源利用率和系统吞吐量[单位时间内处理作业(程序)的个数]，最终提高了整个系统的效率。

单处理机系统中多道程序运行时的特点：

(1) 多道：计算机内存中同时存放几道相互独立的程序。

(2) 宏观上并行：同时进入系统的几道程序都处于运行过程中，即它们先后开始了各自的运行，但都未运行完毕。

(3) 微观上串行：实际上，各道程序轮流地用 CPU，并交替运行。

多道程序系统的出现，标志着操作系统渐趋成熟，先后出现了作业调度管理、处理机管理、存储器管理、外部设备管理、文件系统管理等功能。

### 四、多道批处理系统

20 世纪 60 年代中期，在前述的批处理系统中，引入多道程序设计技术后形成多道批处理系统(简称批处理系统)。

#### （一）批处理系统的优点

**1. 多道**

系统内可同时容纳多个作业。这些作业放在外存中，组成一个后备队列。系统按一定的调度原则每次从后备队列中选取一个或多个作业进入内存运行。运行作业结束、退出运行和后备作业进入内存运行均由系统自动实现，从而在系统中形成一个自动转接的、连续的作业流。

**2. 成批**

系统在运行过程中，不允许用户与其作业发生交互作用，即作业一旦进入系统，用户就不能直接干预其作业的运行。

批处理系统的追求目标：提高系统资源利用率和系统吞吐量，以及作业流程的自动化。

#### （二）批处理系统的缺点

批处理系统的一个重要缺点是不提供人机交互能力，给用户使用计算机带来不便。

虽然用户独占全机资源，并且直接控制程序的运行，可以随时了解程序运行情况，但这种工作方式因独占全机，会造成资源效率极低。

操作系统发展的新的追求目标是既能保证计算机效率，又能方便用户使用计算机。20 世纪 60 年代中期，计算机技术和软件技术的发展使这种追求成为可能。

### 五、分时系统

#### （一）分时系统概述

由于 CPU 速度不断提高和采用分时技术，一台计算机可同时连接多个用户终端，而每个用户可在自己的终端上联机使用计算机，好像自己独占机器一样，这种技术称为分时技术。

分时技术是把处理机的运行时间分成很短的时间片，按时间片轮流把处理机分配给各联机作业使用。若某个作业在分配给它的时间片内不能完成其计算，则该作业暂时中断，把处理机让给另一个作业使用，等待下一轮运行。由于计算机速度很快，作业运行轮转得很快，给每个用户的印象是，好像他独占了一台计算机。而每个用户可以通过自己的终端向系统发出各种操作控制命令，在充分的人机交互情况下，完成作业的运行。

具有上述特征的计算机系统称为分时系统，它允许多个用户同时联机使用计算机。

（二）分时系统的特点

1. 多路性

若干个用户同时使用一台计算机。微观上看是各用户轮流使用计算机；宏观上看是各用户并行工作。

2. 交互性

用户可根据系统对请求的响应结果，进一步向系统提出新的请求。这种能使用户与系统进行人机对话的工作方式，明显地有别于批处理系统，因而，分时系统又被称为交互式系统。

3. 独立性

用户之间可以相互独立操作，互不干扰。系统保证各用户程序运行的完整性，不会发生相互混淆或破坏现象。

4. 及时性

系统可对用户的输入及时做出响应。分时系统性能的主要指标之一是响应时间，它是指从终端发出命令到系统予以应答所需的时间。

分时系统的主要目标：对用户输入及时响应，即不让用户等待每一个命令处理的时间过长。

分时系统可以同时接纳数十个甚至上百个用户，由于内存空间有限，往往采用对换（又称交换）的存储方法。即将未"轮到"的作业放入磁盘，一旦"轮到"，再将其调入内存；而在时间片用完后，又将作业存回磁盘（俗称"滚进""滚出"法），使同一存储区域轮流为多个用户服务。

多用户分时系统是当今计算机操作系统中普遍使用的一类操作系统。

### 六、实时系统

虽然多道批处理系统和分时系统能获得较令人满意的资源利用率和系统响应时间，但不能满足实时控制与实时信息处理两个应用领域的需求。于是实时系统就产生了，即系统能够及时响应随机发生的外部事件，并在严格的时间范围内完成对该事件的处理。

（一）实时系统的分类

实时系统在一个特定的应用中常作为一种控制设备来使用，它一般分为以下两类：

1. 实时控制系统

当用于飞机飞行、导弹发射等的自动控制时，实时控制系统要求计算机能尽快处理测量系统测得的数据，及时地对飞机或导弹进行控制，或将有关信息通过显示终端提供给决策人员。当用于轧钢、石化等工业生产过程控制时，也要求计算机能及时处理由各类传感器送来的数据，然后控制相应的执行机构。

2. 实时信息处理系统

当用于预订飞机票、查询有关航班、航线、票价等事宜时，或当用于银行系统、情报检索系统时，实时信息处理系统要求计算机能及时对终端设备发来的服务请求予以正确的回答。此类实时系统对响应及时性的要求稍低于实时控制系统。

### (二）实时系统的主要特点

**1. 及时响应**

每一个信息接收、分析处理和发送的过程必须在严格的时间限制内完成。

**2. 高可靠性**

实时系统需采取冗余措施，双机系统前后台工作，也包括必要的保密措施等。

### 七、通用操作系统

通用操作系统是具有多种类型操作特征的操作系统，可以同时兼有多道批处理、分时处理、实时处理的功能，或其中两种功能。

例如：实时处理+批处理=实时批处理。实时批处理系统首先保证优先处理实时任务，插空进行批处理作业。常把实时任务称为前台作业，批作业称为后台作业。

再如：分时处理+批处理=分时批处理。分时批处理系统把时间要求不高的作业放入"后台"（批处理）处理，需频繁交互的作业在"前台"（分时）处理，处理机优先运行"前台"作业。

20世纪60年代中期，国际上开始研制一些大型的通用操作系统。这些系统试图达到功能齐全、可适应各种应用范围和操作方式变化多端的环境的目标。但是，这些系统过于复杂和庞大，不仅付出了巨大的代价，而且在解决其可靠性、可维护性和可理解性方面都遇到了很大的困难。

相比之下，UNIX操作系统却是一个例外，它是一个通用的多用户分时交互型的操作系统。它建立的是一个精干的核心，而其功能却足以与许多大型的操作系统相媲美，在核心层以外，可以支持庞大的软件系统。UNIX在很多领域得到应用和推广，并不断完善，对现代操作系统有着重大的影响。

##  2.3 信息与信息表示

信息，指音讯、消息、通信系统传输和处理的对象，泛指人类社会传播的一切内容。人们通过获得、识别自然界和社会的不同信息来区别不同事物，得以认识和改造世界。在一切通信和控制系统中，信息是一种普遍联系的形式。

### 2.3.1 信息与信息技术

伴随着以计算机科学技术为核心的现代信息技术的飞速发展和广泛应用，人类社会已由工业时代进入了信息时代。信息资源成为经济发展的独特要素和社会进步的强劲动力，而信息技术也成为衡量一个国家科技水平的重要标志之一。

#### 一、信息与数据

**（一）数据**

数据（Data）指的是人们用于表达、描述、记录客观世界事物与现象属性的某种物理符号。数据不仅具有描述事物特性的具体内容，而且具有能够记录和存储的某种具体表现形式。

例如，可以用张山、男、1990年11月18日、1.78 m、75 kg、助教、5 200元、照片（图像）

等数据分别表示姓名、性别、出生日期、身高、体重、职称、基本工资和相貌等。上述数据能描述出某个人的一些基本特征。例如:"男"是用汉字符记录、描述的性别特征;"1.78 m、75 kg"则是用十进制数字符号和国际标准单位记录和描述的身高、体重特征;照片则是用图像的形式记录和描述的相貌特征。数据不仅包括数字、文字、字母和各种特殊符号等文字数据,还包括图形、图像、动画、影像、声音等各种多媒体数据。但使用最多、最基本的仍然是文字数据。

(二) 信息

信息(Information)是经过加工处理,并对人类的客观行为产生影响的具有知识性的有用数据。数据与信息在很多场合被认为是同义的,但实际上它们之间是有区别的。数据是信息的载体,是记录信息的符号。任何客观事物与现象的属性都可以用数据来表示。信息则依靠数据来表达,是对数据具体含义的解释。数据经过加工处理具有了知识性,并能对人类的活动产生决策作用,从而成为信息。例如,某个人的出生日期是其不可改变的基本特征之一,称为原始数据。通过用某个具体的日期减去出生日期这样的简单计算,可以得到其"年龄"信息。再根据年龄、性别、职称及离退休年龄的有关规定,即可确定此人何时应当办理退休手续。

(三) 信息处理

由于"数据"和"信息"这两个术语之间的密切联系,人们在使用中往往对这两个词不加区别,所以"数据处理"也称为"信息处理"。所谓信息处理,其真正的含义是为了产生信息而对原始数据进行的加工处理。信息处理通常包括数据的采集、接收、转换、传递、存储、整理、分类、排序、索引、统计、计算等一系列的活动过程。信息处理的目的是从大量的原始数据中获得人们所需的有用数据,为做出正确的决策提供依据。

二、信息技术

人类在认识世界的过程中,逐步认识到材料、能源和信息是构成现代社会发展的三大要素。信息交流在人类社会文明的发展过程中发挥着重要的作用。材料和能源资源是有限的,而信息几乎是不依赖于自然资源的资源。信息资源的利用极大地扩展了人类的智力能力。人类历史上曾经历了五次信息革命:第一次是语言的产生;第二次是文字的使用;第三次是印刷术的发明;第四次则是广播、电话、电视的应用;第五次是计算机技术和现代通信技术的应用与发展,而这是一次信息传播与信息处理技术的革命,对人类社会的发展产生了空前的影响。今天的社会,已进入信息技术时代。随着信息的处理、使用方式的发展变化,信息技术的内涵也在不断地变化中。一般地,凡是与信息处理相关的技术都属于信息技术。在现代信息社会中,几乎所有与信息处理相关的技术都可以用计算机技术来实现。计算机科学技术的发展已能够实现虚拟现实,信息的本质也被改写。目前,较为统一的关于现代信息技术的定义通常指的是与计算机技术相关的一系列技术。

(1) 信息感测技术,即获取信息的技术。如传感技术、遥感技术、遥测技术等。现代感测技术不仅能替代人的感觉器官捕获各种信息,而且能捕获人类感觉器官所不能感知的信息。

(2) 信息传输技术,即通信技术。其功能是使信息在广阔的范围内迅速、准确、有效地传递。

(3) 信息控制技术,就是利用信息传递和信息反馈来实现对目标系统进行控制的技术。

（4）信息存储技术，各种用于保存信息的技术。从远古时期的岩画、甲骨文，到近、现代的纸质图书、照片、电影胶片、录音磁带、录像磁带、磁盘、光盘等，这些都是信息存储介质，与它们相对应的技术便构成了各种信息存储技术。

（5）信息处理技术，是指对获取的信息进行识别、转换、加工，使信息安全地存储、传输，并能方便地检索、统计、利用，或便于人们从中提炼知识、发现规律的各种技术。

### 三、现代信息技术的特点

#### （一）数字化

数字化指的是将要处理的各种信息转换为用二进制表示的数字信息。各种各样的信息均被数字化后，海量信息可被压缩、传输、存储。无论你身在何处，都可以即时取用这些信息。各种数字设备小巧玲珑得可以随身携带，但功能却强大得足以对社会经济生活和个人生活的各个方面造成重大的影响。

#### （二）多媒体化

多媒体信息技术的发展将文字、声音、图形、静态图像、动态视频等多种信息媒体与计算机系统集成在一起，使计算机的应用由单纯的文字处理发展到文、图、声、影并茂的集成处理。

#### （三）网络化

信息高速公路的发展建设使信息飞快地传递到世界的每一个角落。数字化的多媒体信息沿着数字网络流通时，一个拥有无数可能性的全新社会由此揭开了序幕。

#### （四）智能化

时至今日，信息处理的装置本身几乎还是没有智慧的，传输信息的网络也几乎没有智慧。面对着信息爆炸的时代，为在浩瀚的信息海洋中寻找有限的信息，耗费大量的时间是非常不实际的。信息处理技术的智能化是必然的发展方向。例如，智能化的搜索引擎可以自动、高效地为我们提供各种有用信息。

计算机的主要功能是进行数值运算、信息处理和信息存储。在计算机中对表示数值、文字、声音、图形、图像等各类信息的数据所进行的运算、处理与存储，是由复杂的数字逻辑电路完成的。数字逻辑电路只能接收、处理二进制数据代码，因此，计算机中数值和信息的表示方法、存储方式与我们日常使用的方法是不同的。

## 2.3.2 进位计数制

### 一、数制的概念

数制又称为计数制，是指用一组固定的数字或者文字符号（称为数码）和一套统一的规则来表示数值大小的方法。根据计数规则和特点的不同，数制可以分为非进位计数制和进位计数制两类。

#### （一）非进位计数制

表示数值大小的数码与它在数中的位置无关的计数体制称为非进位计数制。罗马数字就是一种非进位计数制。在罗马数字中有七个数码，它们是 I（代表 1）、V（代表 5）、X（代表 10）、L（代表 50）、C（代表 100）、D（代表 500）、M（代表 1 000）。这七个数码不论它们之间的相互位置怎样变化，各自所代表的数值大小都不变。例如，II 表示 2，IV 表示

4,VII 表示 7,XII 表示 12,VL 表示 45,LXXVI 表示 76。

### (二) 进位计数制

表示数值大小的数码与它在数中的位置有关,采用进位原则的计数体制称为进位计数制。我们日常生活中使用的通常都是进位计数制,常见的一些进位计数制有:

#### 1. 十进制

十进制是最常用的计数法,其特点是共有十个数码:0、1、2、3、4、5、6、7、8、9,逢十进一。

#### 2. 六十进制

计量时间的时、分、秒,计量角度的度、分、秒,均为逢六十进一。

#### 3. 二十四进制

如计量时间的每日二十四小时,逢二十四进一。

#### 4. 十二进制

如计量时间的年、月,十二小时计时制,英制计量单位,均为逢十二进一。

#### 5. 二进制

如对、双、副,为逢二进一。

## 二、进位计数制的要素

各种进位计数制都具有一些共同特点:使用了固定数量的若干个数码;在一个数中,同一个数码处在不同的位置上表示的数值的大小不同。构成进位计数制的要素有以下三个。

### (一) 基数

进位计数制使用固定的 $R$ 个数码,并逢 $R$ 进一,$R$ 称为该计数制的基数。$R$ 等于几,即为几进制,逢几进一。

例如,十进制数,有 0、1、2、3、4、5、6、7、8、9 十个数码,基数为十,逢十进一;二进制数,只有 0 和 1 两个数码,基数为二,逢二进一。

### (二) 数位

数位指的是数码在一个数中所处的位置。如在十进制数中常讲的个位、十位、百位、千位等,以及十分位、百分位、千分位等。数位以小数点为基准进行确定。

### (三) 位权

在进位计数制中,处于数中不同位置的相同数码所代表的数值大小不同。某数位的数值大小等于该数位的数码乘以一个与该数位有关的常数。这个常数称为该数位的位权。

位权的大小等于以基数为底、数位序号为指数的整数次幂的值。

例如,十进制数码 6 在个位时表示的数值大小是 $6 \times 10^0 = 6 \times 1 = 6$,在十位时表示的数值大小是 $6 \times 10^1 = 6 \times 10 = 60$,在百位时表示的数值大小是 $6 \times 10^2 = 6 \times 100 = 600$,在十分位表示的数值大小是 $6 \times 10^{-1} = 6 \times 0.1 = 0.6$,在千分位表示的数值大小是 $6 \times 10^{-2} = 6 \times 0.01 = 0.06$。用一个表达式可将十进制数 666.66 表示为 $(666.66)_{10} = 6 \times 10^2 + 6 \times 10^1 + 6 \times 10^0 + 6 \times 10^{-1} + 6 \times 10^{-2} = 6 \times 100 + 6 \times 10 + 6 \times 1 + 6 \times 0.1 + 6 \times 0.01 = 600 + 60 + 6 + 0.6 + 0.06$。上式称为十进制数的按权展开表达式。

由上式可以看出,位权值的大小等于基数的某次幂,而幂的值取决于数位。因此,各

种进位计数制所表示的数值都可以写成按其位权展开的多项式之和。对任意一个 $R$ 进制数 $M$ 可表示为

$$M = \sum_{i=-m}^{n-1} a_i \times R^i$$

$$= a_{n-1} \times R^{n-1} + a_{n-2} \times R^{n-2} + \cdots + a_1 \times R^1 + a_0 \times R^0 + a_{-1} \times R^{-1} + \cdots + a_{-m} \times R^{-m}$$

上式中的 $a_i$ 称为系数，是 $R$ 个数码符号中的某一个。系数与该位权值 $R_i$ 的乘积($a_i \times R_i$)称为加权系数。任意进制的数值就是其基数的加权系数和。

### 2.3.3 常用进位计数制间的相互转换

不同进位计数制之间的转换，其实质是基数间的转换。任何有理数都可以写成某种进位计数制的按权展开表达式。如果两个有理数相等，则这两个数的整数部分和小数部分一定分别相等。根据这个转换原则，在不同数制间进行转换时，通常对整数部分和小数部分分别进行转换。

#### 一、二—十进制数间的相互转换

（一）十进制数转换成二进制数

将十进制数转换成二进制数时，需要对整数部分和小数部分分别进行转换，然后将各自得到的结果组合，以获得最后结果。转换步骤如下：

(1) 整数部分的转换：采用除 2 取余法，得到的余数，其高、低位顺序由后(下)向前(上)取；

(2) 小数部分的转换：采用乘 2 取整法，得到的整数，其高、低位顺序由前(上)向后(下)取；

(3) 将转换获得的整数和小数部分组合起来，即得转换后的二进制数。

【例 2.3.1】 将十进制数 58.375 转换为二进制数。

**解** 将十进制数的整数部分 58 和小数部分 0.375 分别转换为二进制数的过程如图 2-6 所示：

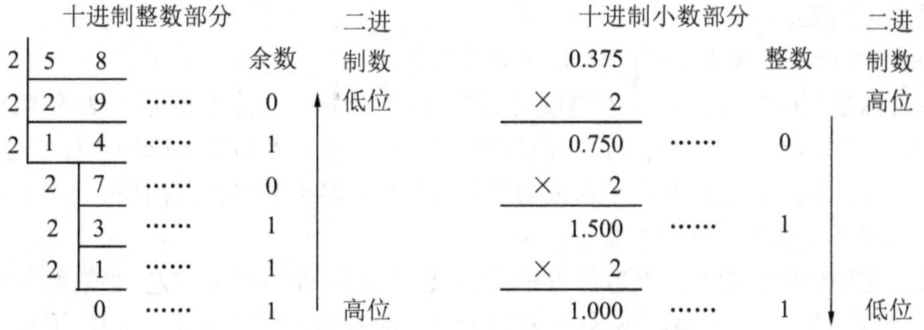

|  十进制整数部分 |  | 二进制数 |  | 十进制小数部分 |  | 二进制数 |
| --- | --- | --- | --- | --- | --- | --- |
| 2 \| 58 | 余数 |  |  | 0.375 | 整数 |  |
| 2 \| 29 ······ 0 | 低位 |  | × 2 |  |  | 高位 |
| 2 \| 14 ······ 1 |  |  | 0.750 ······ 0 |  |  |
| 2 \| 7 ······ 0 |  |  | × 2 |  |  |
| 2 \| 3 ······ 1 |  |  | 1.500 ······ 1 |  |  |
| 2 \| 1 ······ 1 |  |  | × 2 |  |  |
| 0 ······ 1 | 高位 |  | 1.000 ······ 1 |  | 低位 |

图 2-6 十进制数转换为二进制数

则 $(58.375)_{10} = (111010.011)_2$。

需要指出的是，一个十进制的小数不一定能完全准确地转换成二进制的小数。遇到这种情况，可以根据精度要求转换到小数点后的某一位为止。

【例2.3.2】 将十进制小数0.6转换为二进制数,要求精确到二进制数小数点后4位。

**解** 转换过程如图2-7所示:

图2-7 十进制小数转换为二进制数

最后结果: $(0.6)_{10} \approx (0.1001)_2$。

(二) 二进制数转换为十进制数

二进制数转换成十进制数只需采用按权展开乘幂求和的方法即可。

【例2.3.3】 将二进制数111010.101转换成十进制数。

**解** 将二进制数111010.101按权展开乘幂求和得

$$(111010.101)_2 = 1×2^5+1×2^4+1×2^3+0×2^2+1×2^1+0×2^0+1×2^{-1}+0×2^{-2}+1×2^{-3}$$
$$= 32+16+8+0+2+0+0.5+0+0.125$$
$$= (58.625)_{10}$$

## 二、二—八进制数、二—十六进制数间的相互转换

二进制数虽然能被计算机直接接收和识别,但因为只有两个数码,表示同等数值时比其他进位计数制占用的位数要长。例如:1位十进制数9,用二进制数表示需要4位:1001;2位十进制数99,则需要用7位二进制数1100011表示。由于在日常书写或阅读时,使用二进制数很不方便,易出错,所以计算机工作者常常使用八进制数或十六进制数来代替二进制数。

(一) 二进制数转换成八进制数、十六进制数

因为八进制的基数为8,十六进制的基数为16,分别为二进制的基数2的3次方和4次方,即1位八进制数可以用3位二进制数表示,1位十六进制数可以用4位二进制数表示,因此二进制数与八进制数、十六进制数之间的相互转换直接而又简便。

1. 二进制数转换成八进制数

将二进制数转换成八进制数的方法:以小数点为界,整数部分向左,小数部分向右,每三位一组,用相应的八进制数表示,到左端最高位或右端最低位不足三位时,用0补足。

2. 二进制数转换成十六进制数

将二进制数转换成十六进制数的方法:以小数点为界,整数部分向左,小数部分向右,每四位一组,用相应的十六进制数表示,到左端最高位或右端最低位不足四位时,用0补足。

【例 2.3.4】 将二进制数 1011010111.10111 分别转换成八进制数、十六进制数。

**解** 转换过程如图 2-8 所示：

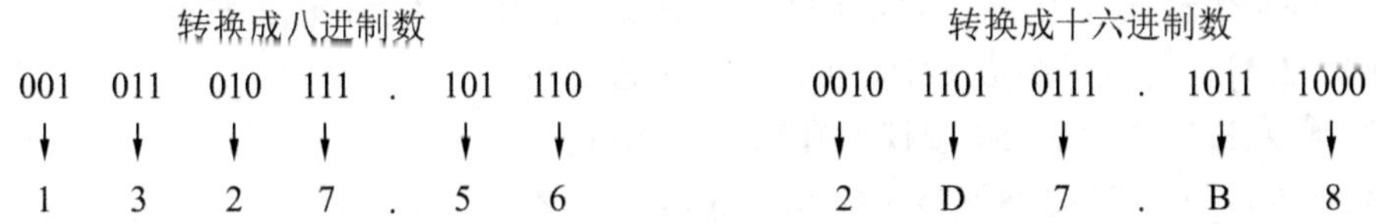

```
       转换成八进制数                          转换成十六进制数
 001  011  010  111 . 101  110        0010   1101   0111 . 1011   1000
  ↓    ↓    ↓    ↓    ↓    ↓           ↓      ↓      ↓     ↓      ↓
  1    3    2    7  . 5    6           2      D      7   . B      8
```

**图 2-8　二进制数转换成八进制数、十六进制数**

$(1011010111.10111)_2 = (1327.56)_8 = (2D7.B8)_{16}$

（二）八进制数、十六进制数转换成二进制数

将八进制数、十六进制数转换成二进制数的方法是上述转换方法的逆操作。只要将每位八进制数或十六进制数分别用相应的三位或四位二进制数表示即可。

【例 2.3.5】 将八进制数 623.54、十六进制数 5F4.A8 分别转换成二进制数。

**解** 转换过程如图 2-9 所示：

```
      八进制数转二进制数                      十六进制数转二进制数
  6    2    3  . 5    4             5     F      4   . A     8
  ↓    ↓    ↓    ↓    ↓             ↓     ↓      ↓     ↓     ↓
 110  010  011 .101  100           0101  1111   0100 .1010  1000
```

**图 2-9　八进制数、十六进制数转换成二进制数**

$(623.54)_8 = (110010011.1011)_2$
$(5F4.A8)_{16} = (10111110100.10101)_2$

从上述方法的介绍可以看出，二进制数与八进制数、十六进制数之间的相互转换规则统一、方法简便、转换快捷。特别是计算机中的存储容量、字长及字符编码等都是以字节为基本单位，而一个字节等于 8 位二进制数，正好可以用两个十六进制数表示。所以，书写程序，表示存储地址、数据时经常使用十六进制数。

三、十进制数与其他进制数间的相互转换

（一）十进制数转换为八进制数

十进制数转换为八进制数的方法与转换成二进制数的方法相似，将整数、小数分别转换。整数部分采用除 8 取余法，小数部分采用乘 8 取整法，最后将转换结果组合起来。

【例 2.3.6】 将十进制数 1725.6875 转换成八进制数。

**解** 十进制整数部分 1725 和小数部分 0.6875 分别转换成八进制数的过程如图 2-10 所示：

```
    十进制整数部分       八进                十进制小数部分      八进
 8 | 1 7 2 5    余数   制数                    0.6875     整数  制数
 8 |   2 1 5 …… 5    ↑低位                  ×      8                高位
 8 |     2 6 …… 7    │                       5.5000    …… 5         │
    8 |   3   …… 2    │                      ×      8                │
          0   …… 3    高位                    4.0000    …… 4    ↓高位
```

**图 2-10　十进制数转换成八进制数**

$(1725.6875)_{10} = (3275.54)_8$

(二)八进制数转换为十进制数

将八进制数转换成十进制数同样只需采用按权展开乘幂求和的方法即可。

**【例 2.3.7】** 将八进制数 3275.54 转换成十进制数。

**解** 将八进制数 3275.54 按权展开乘幂求和得：

$(3275.54)_8 = 3×8^3+2×8^2+7×8^1+5×8^0+5×8^{-1}+4×8^{-2}$

$= 3×512+2×64+7×8+5×1+5×0.125+4×0.015625$

$= 1536+128+56+5+0.625+0.0625 = (1725.6875)_{10}$

(三)十进制数与任意进制数间的转换

总结上述十进制数与二进制、八进制数之间相互转换的规律，即可得到十进制数与任意进制数之间相互转换的方法。

1. 十进制数转换成任意进制数

将十进制数的整数、小数部分分别转换。整数部分采用除基数取余法，小数部分采用乘基数取整法，最后将转换结果组合起来即可。

2. 任意进制数转换成十进制数

写出以该进制数的基数为底的按权展开式，乘幂求和算出该多项式的结果即可。

### 四、计算机技术中使用的数制

(一)常用的进位计数制

在计算机系统中常用的进位计数制主要有十进制、二进制、八进制和十六进制。表 2-3 列出了这几种进制数的特点，表 2-4 列出了它们的表示法。

表 2-3 计算机中几种常用进位计数制的特点

| 进位制 | 十进制 | 二进制 | 八进制 | 十六进制 |
| --- | --- | --- | --- | --- |
| 数码 | 0、1、2、3、4、5、6、7、8、9 | 0、1 | 0、1、2、3、4、5、6、7 | 0、1、2、3、4、5、6、7、8、9、A、B、C、D、E、F |
| 位权值 | $10^i$ | $2^i$ | $8^i$ | $16^i$ |
| 规则 | 逢十进一 | 逢二进一 | 逢八进一 | 逢十六进一 |
| 缩写字母 | D(Decimal) | B(Binary) | O(Octal) | H(Hexadecimal) |

表 2-4 计算机中几种常用进位计数制的表示法

| 二进制 | 0000 | 0001 | 0010 | 0011 | 0100 | 0101 | 0110 | 0111 | 1000 |
| --- | --- | --- | --- | --- | --- | --- | --- | --- | --- |
| 八进制 | 0 | 1 | 2 | 3 | 4 | 5 | 6 | 7 | 10 |
| 十进制 | 0 | 1 | 2 | 3 | 4 | 5 | 6 | 7 | 8 |
| 十六进制 | 0 | 1 | 2 | 3 | 4 | 5 | 6 | 7 | 8 |
| 二进制 | 1001 | 1010 | 1011 | 1100 | 1101 | 1110 | 1111 | 10000 | |
| 八进制 | 11 | 12 | 13 | 14 | 15 | 16 | 17 | 20 | |
| 十进制 | 9 | 10 | 11 | 12 | 13 | 14 | 15 | 16 | |
| 十六进制 | 9 | A | B | C | D | E | F | 10 | |

### (二)计算机与二进制数

在计算机中采用二进制数表示各种信息数据,进行运算,主要是因为二进制数本身具有一些独特的优点:

#### 1. 表示方便

二进制数只有 0 和 1 两个数码,在计算机中非常容易用电子元器件、电子线路、磁芯等物理部件的两种不同的物理状态来表示。如晶体管的导通与截止、电容的充电和放电、开关的接通与断开、电流的有与无、灯的亮与灭、磁芯磁化极性的不同等两个截然不同的对立状态都可用二进制数表示。将多个器件排列起来,就可表示多位二进制数。如果采用十进制数,则需要在硬件上实现十个稳定的物理状态,并用从 0~9 的 10 个数码表示,这是非常困难的。

#### 2. 运算简单

二进制数的运算法则比较简单,如二进制数的加法运算法则只有四条:0+0=0,0+1=1,1+0=1,1+1=10(逢二进一)。而十进制数的加法运算法则有 100 条。另外,二进制数的乘、除法运算只需要通过加法运算和移位操作就可以完成。这比十进制数的乘、除法运算要简便得多,据此设计的计算机运算器硬件结构大为简化,也为计算机软件的设计带来很大方便。

#### 3. 逻辑运算

逻辑代数又称布尔代数,是计算机逻辑电路设计的重要理论工具和二值逻辑运算的理论基础。二进制的两个数码 0 和 1 正好与逻辑代数中的真(True)和假(False)相对应,所以采用二进制,既便于使用逻辑代数的方法去设计和简化计算机的各种逻辑电路,也可以在计算机中根据二值逻辑进行逻辑运算。

#### 4. 可靠性高

二进制数只有 0 和 1 两个基本数码,无论是存储还是运算,其对应的逻辑电路都简单可靠。

#### 5. 转换方便

计算机使用二进制数,人们则习惯于使用十进制数。二进制数与十进制数间的转换很方便,因此使人与计算机间的信息交流既简便又容易。

### 2.3.4 二进制数的运算

二进制数的运算包括通常的算术运算和特有的逻辑运算两类。

#### 一、二进制数的算术运算

二进制数的算术运算与十进制数的算术运算类似,包括加法、减法、乘法和除法四种。基本运算是加法和减法运算。

(一)加法运算

二进制数的加法运算遵循以下法则:

0+0=0　　0+1=1　　1+0=1　　1+1=10　　(逢二进一)

【例 2.3.8】 求 $(110101.01)_2 + (1011.01)_2$。

**解** 加法运算过程如图 2-11 所示:

```
      110101.01 ······ 被加数
        1011.01 ······ 加数
   +  111110.10 ······ 进位
     1000000.10 ······ 和数
```

图 2-11　二进制数的加法运算

所以，$(110101.01)_2+(1011.01)_2=(1000000.10)_2$。

由上述执行加法运算的过程可以看出，两个二进制数相加时，每一位最多有三个数相加：本位被加数、加数和来自低位的进位（进位可能是 0，也可能是 1）。按照加法运算法则可以得到本位的和，以及向高位的进位。

（二）减法运算

二进制数的减法运算遵循以下法则：

0−0=0　0−1=1（借一当二）　1−0=1　1−1=0

【例 2.3.9】　求 $(110101.11)_2−(1011.01)_2$。

解　减法运算过程如图 2-12 所示：

```
      110101.11 ······ 被减数
        1011.01 ······ 减数
   -   10100.00 ······ 借位
      101010.10 ······ 差数
```

图 2-12　二进制数的减法运算

所以，$(110101.11)_2−(1011.01)_2=(101010.10)_2$。

由上述执行减法运算的过程可以看出，两个二进制数相减时，每一位最多有三个数相减：本位的被减数、减数和来自高位的借位，借位以 1 当 2。减法运算除了本位相减外，还要考虑借位的情况。

（三）乘法运算

二进制数的乘法运算遵循以下法则：

0×0=0　0×1=0　1×0=0　1×1=1

【例 2.3.10】　求 $(10101.1)_2×(11.01)_2$。

解　乘法运算过程如图 2-13 所示：

```
            10101.1  ······ 被乘数
        ×     11.01  ······ 乘数
           101011    ······ 部
           000000    
           101011    ······ 分
       +  101011     ······ 积
         1000101.111 ······ 乘积
```

图 2-13　二进制数的乘法运算

所以，$(10101.1)_2×(11.01)_2=(1000101.111)_2$。

由上述执行乘法运算的过程可以看出，各个部分积的值取决于乘数的相应位是 0 还是 1。若乘数的相应位为 0，则部分积为 0；若乘数的相应位为 1，则部分积等于被乘数。部分积的个数等于乘数的位数。每个部分积依次向左移动一位。乘积等于各个部分积的累加和。因此,在计算机中通常采用移位相加的方法来实现二进制数的乘法运算。

(四)除法运算

二进制数的除法运算遵循以下法则:

$0 \div 0 = 0$　　$0 \div 1 = 0$　　$1 \div 0 (无意义)$　　$1 \div 1 = 1$

【例 2.3.11】　求 $(101110.01)_2 \div (101)_2$。

解　除法运算过程如图 2-14 所示:

```
                    1001.01  ……… 商数
        除数 … 101 ) 101110.01  ……… 被除数
                    101
                    ─────
                     110
                    - 101
                    ─────
                      101
                    - 101
                    ─────
                        0
```

**图 2-14　二进制数的除法运算**

所以:$(101110.01)_2 \div (101)_2 = (1001.01)_2$。

由上述执行除法运算的过程可以看出,除法运算与乘法运算的执行过程相似,但移动方向相反(向右移位),运算相异(减法运算)。因此,在计算机中通常采用移位相减的方法来实现二进制数的除法运算。

**二、二进制数的逻辑运算**

把二进制数码"0"和"1"表示成"真"和"假"、"是"和"非"、"有"和"无"等相对立的两种变量值,这种变量就是逻辑变量。描述逻辑变量关系的函数称为逻辑函数。实现逻辑函数的电路称为逻辑电路。逻辑变量之间的运算称为逻辑运算。逻辑运算是逻辑代数的研究内容。

逻辑运算是一种研究因果关系的运算,在计算机中其运算结果不表示数值的大小,而是表示一种二元逻辑值:真(True)或假(False)。二进制的逻辑运算与算术运算的主要区别是逻辑运算是按位进行的,各位之间互相独立,位与位之间不存在进位和借位的关系。

基本逻辑运算有三个:逻辑与运算(逻辑乘)、逻辑或运算(逻辑加)、逻辑非运算(逻辑否定)。此外,还有由三种基本逻辑运算组合构成的一些复合逻辑运算,如异或运算、同或运算、与非运算、或非运算、与或非运算、或与非运算等。这里只介绍三种基本逻辑运算。

(一)逻辑与运算

逻辑与运算又称逻辑乘法,常用"·"或"×"或"And"表示。

逻辑与运算所表示的逻辑运算关系:只有当所有的条件都成立(为真)时,结果才成立(为真);若有一个条件不成立(为假),结果就不成立(为假)。

逻辑与运算的运算规则如下:$0 \cdot 0 = 0, 0 \cdot 1 = 0, 1 \cdot 0 = 0, 1 \cdot 1 = 1$。

由以上运算规则可知,逻辑与运算的意义:当参与运算的逻辑变量值都为 1 时,逻辑与运算的结果才为 1;只要其中有一个逻辑变量为 0,结果就为 0。

逻辑与运算的这种特性和电工学中的开关串联电路相类似,只有当电路中串联的所有开关都闭合时,该电路才能接通,电灯才能亮;否则只要有一个开关是断开的,电灯就不会亮。

【例 2.3.12】 设 X = 10110110, Y = 11010011, 求 X·Y。

解
$$\begin{array}{r} 10110110 \\ \times\ 11010011 \\ \hline 10010010 \end{array}$$

所以 X·Y = 10010010。

(二) 逻辑或运算

逻辑或运算又称逻辑加法,常用"+"或"Or"表示。

逻辑或运算所表示的逻辑运算关系:在所有的条件中只要有一个条件成立(为真),结果就成立(为真);只有当所有条件都不成立(为假)时,结果才不成立(为假)。

逻辑或运算的运算规则如下:

0+0=0,0+1=1,1+0=1,1+1=1。

由以上运算规则可知,逻辑或运算的意义:当参与运算的逻辑变量值都为 0 时,逻辑或运算的结果才为 0;只要其中有一个逻辑变量为 1,结果就为 1。

逻辑或运算的这种特性和电工学中的开关并联电路相类似。只有当电路中并联的所有开关都断开时,该电路才会断开,电灯不会亮;否则只要有一个开关是闭合的,电灯就能亮。

【例 2.3.13】 设 X = 10110110, Y = 11010011, 求 X+Y。

解
$$\begin{array}{r} 10110110 \\ \times\ 11010011 \\ \hline 11110111 \end{array}$$

所以 X+Y = 11110111。

(三) 逻辑非运算

逻辑非运算又称逻辑否定或逻辑反,常用在逻辑值或逻辑变量上加一横或者用"Not"来表示。例如 A 的逻辑非写作 $\overline{A}$。逻辑非运算所表示的逻辑运算关系:条件为真时,结果为假;条件为假时,结果为真。逻辑非运算的运算规则如下:

$$\overline{0}=1 \quad \overline{1}=0$$

由以上运算规则可知,逻辑非运算的意义:当参与运算的逻辑变量值为 0 时,逻辑非运算的结果为 1;当逻辑变量值为 1 时,结果为 0。

【例 2.3.14】 设 A = 10110110, 求 $\overline{A}$。

解 $\overline{A}$ = 01001001

## 2.3.5 数值型数据在计算机中的表示

一、真值与机器数

我们日常生活中使用的数值都是使用正号(+)、负号(-)来表示正和负的。而在计算机中,只能使用二进制数表示数值和它们的正、负。一般地,我们将计算机使用的二进制数的最高位作为符号位,用"0"表示正号,用"1"表示负号。用其余位表示数值的大小。这种在计算机内部将正、负号数字化后得到的数称为机器数,而在计算机外部用正、负号表示的实际数值,称为该机器数所表示的真值。

例如,机器数 1101 所表示的真值是 $-5$,而不是 13。

机器数表示的数值范围受到字长和数据类型的限制。计算机的字长和数据类型确定后,机器数能够表示的数值范围也就确定了。例如,对字长为 8 位的计算机,因为最高位作为符号位,所以八位二进制机器数在计算机中所能表示的最大值是 $(01111111)_2$,对应十进制数为 $+127$,而最小值为 $(11111111)_2$,对应十进制数为 $-127$。超出这个取值范围的称为溢出。

为了表示较大的数和较小的数,这里必须引入浮点数的概念。

### 二、定点数与浮点数

数值不仅有正、负之分,还有整数、小数之分。在计算机中小数点并不占用二进制位,但是规定了小数点的位置。根据对小数点位置的规定,机器数有整数、定点小数和浮点小数之分。整数和定点小数都是定点数。

#### (一) 定点数

在机器数中,小数点的位置固定不变的数称为定点数。将小数点的位置固定在机器数最低位之后,此时的机器数表示的就是一个纯整数。带符号定点整数的一般形式如图 2-15 所示:

图 2-15 带符号定点整数表示形式

对于 $n$ 位带符号的二进制整数,可表示数值的位数为 $n-1$ 位,其取值范围是 $|N| \leqslant 2^{n-1}-1$。

例如:在字长为 16 位的计算机中用带符号定点整数表示十进制数 100 和 $-100$。十进制整数 100 和 $-100$ 的绝对值相同,$\left|(\pm 100)_{10}\right| = (1100100)_2$,而符号不同,因此在计算机中的表示形式也不同。

$(100)_{10}$ 在计算机中的表示形式如下:

| 0 | 0 | 0 | 0 | 0 | 0 | 0 | 0 | 0 | 0 | 1 | 1 | 0 | 0 | 1 | 0 | 0 |

$(-100)_{10}$ 在计算机中的表示形式如下:

| 1 | 0 | 0 | 0 | 0 | 0 | 0 | 0 | 0 | 0 | 1 | 1 | 0 | 0 | 1 | 0 | 0 |

由上述表示方法可见,机器数中最左端的 0 和 1 分别表示的是符号"+"和"-",而不是数值。若将小数点的位置固定在符号位之后,数值最高位之前,此时的机器数表示的就是一个纯小数,又称为定点小数。定点小数的一般形式如图 2-16 所示:

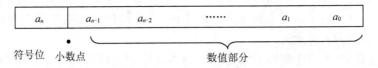

图 2-16 定点小数表示形式

对于 $n$ 位带符号的二进制定点小数,可表示数值的位数为 $n-1$ 位,其取值范围是 $|N| \leq 1-2^{-(n-1)}$。

例如:在字长为 16 位的计算机中用定点小数表示十进制数 $(0.8125)_{10}$ 和 $(-0.8125)_{10}$。十进制小数 0.8125 和 -0.8125 的绝对值相同,$|(\pm 0.8125)_{10}| = (0.1101)_2$,而符号不同,因此在计算机中的表示形式也不同。

$(0.8125)_{10}$ 在机器中的表示形式如下:

| 0 | 1 | 1 | 0 | 1 | 0 | 0 | 0 | 0 | 0 | 0 | 0 | 0 | 0 | 0 | 0 |
|---|---|---|---|---|---|---|---|---|---|---|---|---|---|---|---|

$(-0.8125)_{10}$ 在机器中的表示形式如下:

| 1 | 1 | 1 | 0 | 1 | 0 | 0 | 0 | 0 | 0 | 0 | 0 | 0 | 0 | 0 | 0 |
|---|---|---|---|---|---|---|---|---|---|---|---|---|---|---|---|

同样的,在机器数中最左端的 0 和 1 分别表示的是符号"+"和"-",而不是数值。小数点隐含在符号位和数值最高位之间。定点数表示方法简单直观,但能够表示的数值范围小,运算中易产生溢出。在以数值计算为主要任务的计算机中,在同样字长的情况下,为扩大数值的表示范围,可以采用浮点数表示法来表示数值。

(二)浮点数

小数点的位置在数中是可以变动的,这种数值表示法称为浮点表示法。目前的计算机大多采用的是浮点表示法。浮点表示法与我们日常生活中的科学记数法类似,它将任意一个二进制数表示成阶码和尾数两部分。

例如,二进制数 110.011 可以写成下列各种不同的形式:

$0.110011 \times 2^{11}$　　$1.10011 \times 2^{10}$　　$11.0011 \times 2^{1}$　　$110.011 \times 2^{0}$

$1100.11 \times 2^{-1}$　　$11001.1 \times 2^{-10}$　　$110011 \times 2^{-11}$

**注意**　在上述各式中,2 的指数也是二进制数。因此,二进制数 $N$ 的浮点表示法的一般形式为 $N = \pm M \times 2^{\pm E}$,其中:

$E$——$N$ 的阶码(Exponent,又称指数),$E$ 前的正负号称为阶符;

$M$——$N$ 的尾数(Mantissa),为数值的有效数字部分,$M$ 前的正负号称为数符;

2——二进制数的基数。

浮点数在计算机中的一般表示形式如图 2-17 所示。

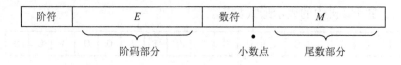

图 2-17　浮点数表示

由上述表示形式可见,小数点的位置隐含在数符与尾数之间,即尾数总是一个小于 1 的数。数符占一位,用于确定该浮点数的正负。阶码总为整数,用于确定小数点浮动的位数。阶符也占一位,用于确定小数点浮动的方向。若阶符为正,则小数点向左浮动;若阶符为负,则小数点向右浮动。

为了保证精度,浮点小数通常需要进行规格化处理。所谓规格化处理指的是保证尾数部分的最高位为 1。

例如:在字长为 16 位的计算机中用浮点小数表示二进制数 $(-110.011)_2$。

因为 $(-110.011)_2 = -0.110011 \times 2^{11}$,所以 $(-110.011)_2$ 在机器中的表示形式如下(在 16 位中,阶码用 4 位表示,尾数用 10 位表示,阶符和数符各占一位):

| 0 | 0011 | 1 | 1100110000 |
|---|------|---|------------|

### 三、原码、反码和补码

从上面对机器数的介绍可以看出,二进制数在计算机中以机器数形式存放时,由符号位和数值两部分组成,符号和数值全部数字化。符号位占一位,用"0"表示正数,"1"表示负数,因此,计算机在进行数值运算时,也应考虑到符号位的处理。为了便于计算,机器数一般有三种表示方法:原码、反码和补码。

#### (一)原码

原码是机器数的一种简单表示法。用 $n$ 位二进制数的最高位 $a^n$ 作为符号位,符号位的"0"表示正号,"1"表示负号,其余位表示二进制数的数值。设有一个数 $N$ 的绝对值是 $|N| = a_{n-1}a_{n-2}\cdots a_1a_0$,则数 $N$ 的机器数的原码可表示为

$[N]_原 = a_n a_{n-1} a_{n-2} \cdots a_1 a_0$

当 $N > 0$ 时,$a_n = 0$;

当 $N < 0$ 时,$a_n = 1$;

当 $N = 0$ 时,$a_n = 0$ 或 1。

例如:当计算机的字长 $n = 8$ 时,有:

$[+1]_原 = [+0000001]_原 = 00000001$

$[-1]_原 = [-0000001]_原 = 10000001$

$[+127]_原 = [+1111111]_原 = 01111111$

$[-127]_原 = [-1111111]_原 = 11111111$

在原码表示法中,"0"有两种表示法:

$[+0]_原 = [+0000000]_原 = 00000000$

$[-0]_原 = [-0000000]_原 = 10000000$

因为在原码中,最高位是符号位,从次高位开始的其余位才是有效数值位,所以 $n$ 位原码能够表示的数值范围是:$-(2^{n-1}-1) \sim (2^{n-1}-1)$。如字长 8 位的原码能够表示的整数范围是:$-(2^{8-1}-1) = -(128-1) = -127 \sim +(2^{8-1}-1) = +(128-1) = +127$。

#### (二)反码

机器数的反码表示可以很容易地从原码得到。当机器数为正数时,其反码与原码相同;当机器数为负数时,符号位保持不变(仍为"1"),其余数值位全部按位取反,得到的就是反码。

例如:当计算机的字长 $n = 8$ 时,有:

$[+1]_反 = [+0000001]_反 = 00000001$   $[-1]_反 = [-0000001]_反 = 11111110$

$[+127]_反 = [+1111111]_反 = 01111111$   $[-127]_反 = [-1111111]_反 = 10000000$

在反码表示法中,"0"也有两种表示法:

$[+0]_反 = [+0000000]_反 = 00000000$   $[-0]_反 = [-0000000]_反 = 11111111$

反码通常作为求补码的中间过程。

### (三) 补码

机器数的补码表示也同样可以通过原码得到。当机器数为正数时,其补码与原码相同;当机器数为负数时,符号位保持不变(仍为"1"),其余数值位全部按位取反后再加1,得到的就是补码。简单地说,负数的补码就等于该数的反码加1。

例如:当计算机的字长 $n=8$ 时,有:

$[+1]_{补} = [+0000001]_{补} = 00000001$　　$[-1]_{补} = [-0000001]_{补} = 11111111$

$[+127]_{补} = [+1111111]_{补} = 01111111$　　$[-127]_{补} = [-1111111]_{补} = 10000001$

在补码表示法中,"0" 只有一种表示法:因为 $[+0]_{补} = [+0000000]_{补} = 00000000$,而 $[-0]_{补} = [-0000000]_{补} = 11111111 + 1 = 00000000$,所以 $[+0]_{补} = [-0]_{补} = 00000000$。使用补码表示法的优点是:不仅可以使符号位和有效数值位同时参与数值运算,而且可以使减法运算转换成加法运算,从而简化计算机运算器的电路设计。所以,在计算机中,带符号的数一般都用补码表示。

【例 2.3.15】 已知计算机字长为 8 位,机器数的真值 X = −1011011,求该数的原码、反码和补码。

**解**　$[-1011011]_{原} = 11011011$,$[-1011011]_{反} = 10100100$,$[-1011011]_{补} = 10100101$

实际上,由一个机器数的原码求补码和由一个机器数的补码求原码的过程是一样的。即:当 $N$ 为正数时,$[A]_{原} = [A]_{补}$;当 $N$ 为负数时,$[A]_{原} = [[A]_{补}]_{补}$。

【例 2.3.16】 已知机器数 X 的补码是 $[X]_{补} = 10011010$,求原码。

**解**　$[[X]_{补}]_{反} = 11100101$
　　　　　　　　　　$+1$
　　　　$[X]_{原} = 11100110$

【例 2.3.17】 补码的加法运算如图 2-18 所示。

|  | 十进制 | 原码、补码 | 二进制 |
|---|---|---|---|
| (1) | 25 | $[25]_{原} = [25]_{补} = 00011001$ | 00011001 |
|  | +) 32 | $[32]_{原} = [32]_{补} = 00100000$ | +00100000 |
|  | 57 | $[57]_{原} = [57]_{补} = 00111001$ | 00111001 |
| (2) | 32 |  | 00100000 |
|  | +) −25 | $[-25]_{补} = 11100111$ | +11100111 |
|  | 7 | $[7]_{原} = [7]_{补} = 00000111$ | 1←00000111 |
| (3) | 25 |  | 00011001 |
|  | +) −32 | $[-32]_{补} = 11100000$ | +11100000 |
|  | −7 | $[-7]_{补} = 11111001$ | 11111001 |
| (4) | −25 |  | 11100111 |
|  | +) −32 |  | +11100000 |
|  | −57 | $[-57]_{补} = 11000111$ | 1←11000111 |

图 2-18　补码的加法运算

由上述 4 个例子可以看出,采用补码加法运算得到的计算结果都是正确的。在(2)和(4)两个例子中,作为符号位的最高位,参加运算后向高位的进位虽然因机器字长的限制而自动丢失，但并未影响运算结果的正确性。

**【例 2.3.18】** 补码的减法运算如图 2-19 所示。

|     | 十进制 | 二进制 |     | 十进制 | 二进制 |
| --- | --- | --- | --- | --- | --- |
| (1) | 25 | 00011001 | (2) | 32 | 00100000 |
|     | -) 32 | + 11100000 |     | -) -25 | + 00011001 |
|     | -7 | 11111001 |     | -57 | 00111001 |
| (3) | -25 | 11100111 | (4) | -25 | 11100111 |
|     | -) 32 | + 11100000 |     | -) -32 | + 00100000 |
|     | -57 | 1←11000111 |     | 7 | 1←00000111 |

图 2-19 补码的减法运算

由上述 4 个例子可以看出，补码的减法运算实际上是通过对减数求补的方法把减法运算转换成了加法运算，得到的计算结果也都是正确的。在(3)和(4)两个例子中，与补码加法运算一样，作为符号位的最高位，参加运算后向高位的进位虽然因机器字长的限制而自动丢失，但同样未影响运算结果的正确性。

## 2.3.6 非数值型数据在计算机中的表示

计算机中的数据可以分为数值型数据和非数值型数据两大类。数值型数据用于表示数量的多少，可以参与数值计算。非数值型数据则包括英文字母、阿拉伯数字、各种标点符号、专用符号、汉字符，以及表示声音、图形、图像等音频、视频信息的数据。所有这些数据，在计算机中也都只能采用二进制数的编码形式来表示，所以必须对各种数据进行编码。所谓编码，指的是使用某种符号的组合，表示特定对象信息的过程，如车辆牌号、路牌号码、运动员号码等。

### 一、二-十进制数字编码（BCD 码）

在日常的工作、生活中人们习惯于使用十进制，但因为二进制的优点，在计算机内部都使用二进制进行数值运算和信息处理。所以数据在输入计算机前应将十进制转换成二进制，计算机的运算、处理结果也应转换成十进制再输出。在计算机输入、输出数据，对二进制和十进制进行转换时，常使用二-十进制编码。

所谓二-十进制编码（Binary Coded Decimal，简称 BCD 码）指的是将每一位十进制数用四位二进制数来表示。因为 4 位二进制数共有十六种状态组合，取其中的十种状态组合即可表示十进制数的 10 个数码，所以 BCD 的编码方案很多。如有 8421 码、2421 码、5211 码、余 3 码、格雷码、余 3 循环码、右移码等。最常用的是 8421 码。

8421BCD 码的编码方式最简单，每一位十进制数用四位二进制数表示，自左向右每一位二进制数对应的位权分别是 8、4、2、1。在 8421BCD 码中，在 4 位二进制数的 16 种状态组合中，用 0000~1001 十个状态组合表示十进制数 0~9，而 1010~1111 六个状态组合未使用。8421BCD 码与十进制数、二进制数的对应关系见表 2-5。

例如：$(29)_{10} = (00101001)_{BCD} = (11101)_2$

表 2-5  8421BCD 码与十进制数、二进制数的对应关系

| BCD 码 | 十进制数 | 二进制数 | BCD 码 | 十进制数 | 二进制数 | BCD 码 | 十进制数 | 二进制数 |
|---|---|---|---|---|---|---|---|---|
| 0000 | 0 | 0000 | 0110 | 6 | 0110 | 0001 0010 | 12 | 1100 |
| 0001 | 1 | 0001 | 0111 | 7 | 0111 | 0001 0011 | 13 | 1101 |
| 0010 | 2 | 0010 | 1000 | 8 | 1000 | 0001 0100 | 14 | 1110 |
| 0011 | 3 | 0011 | 1001 | 9 | 1001 | 0001 0101 | 15 | 1111 |
| 0100 | 4 | 0100 | 0001 0000 | 10 | 1010 | 0001 0110 | 16 | 10000 |
| 0101 | 5 | 0101 | 0001 0001 | 11 | 1011 | | | |

## 二、ASCII

字符数据主要指大小写的英文字母、数字、各种标点符号、控制符号、汉字符等。在计算机中,它们都被转换成能被计算机识别和接受的二进制编码的形式。除了汉字符,在字符编码中使用最多、最普遍的是 ASCII。其全称是 American Standard Code for Information Interchange(美国信息交换标准码)。ASCII 现在已经成为西文字符编码的国际通用标准。标准 ASCII 用 7 位二进制数表示一个字符。因为 $2^7=128$,所以可以表示 128 个不同的字符。在这 128 个字符中有 95 个编码,对应着使用计算机终端设备(如标准键盘)能够输入并且可以显示,也可以在打印机上打印出来的 95 个字符。这 95 个字符包括:大小写各 26 个英文字母;0~9 十个阿拉伯数字符;常用的标点符号,如逗号、点号、分号、引号、问号、各种括号等;运算符号,如加号、减号、等于号、大于号、小于号等;特殊符号,如"@""#""$""∧""&"等。它们的二进制编码值范围为 0100000~1111110,对应的十进制编码值范围为 32~126。另外,还有 33 个字符,它们的二进制编码值范围为 0000000~0011111 和 1111111,对应的十进制编码值范围为 0~31 和 127。这些字符不能被显示或打印出来。它们被用作控制字符,以控制计算机某些外围设备的工作特性和某些计算机软件的运行情况。

在计算机中,因为每个 ASCII 字符占用一个字节,故被称为单字节字符。标准 ASCII 字符只使用低 7 位,最高位为 0。有时最高位可以用来存放奇偶校验的值,因此该位也可称为校验位。二进制和十六进制的 ASCII 值与 128 个字符的对应关系如表 2-6 所示。

在表 2-6 中,最上边一行的三位二进制数是 7 位 ASCII 中的高三位,最左边一列的四位二进制数是低四位,两者按高低位的顺序依次排列组合起来,就得到它们所在的行、列所对应格中字符的 ASCII 值。例如,大写字母"A",位于表中第四行第七列的格中,其对应的高三位是 100,低四位是 0001,所以,"A"的二进制 ASCII 值为 1000001B;对应十六进制 ASCII 值为 41H;对应十进制 ASCII 值为 65D。

表 2-6  ASCII 表

| 低位($d_3d_2d_1d_0$) | 高位($d_6d_5d_4$) | | | | | | | |
|---|---|---|---|---|---|---|---|---|
| | 000 | 001 | 010 | 011 | 100 | 101 | 110 | 111 |
| 0000 | NUL | DLE | SP | 0 | @ | P | ` | p |
| 0001 | SOH | DC1 | ! | 1 | A | Q | a | q |
| 0010 | STX | DC2 | " | 2 | B | R | b | r |
| 0011 | ETX | DC3 | # | 3 | C | S | c | s |
| 0100 | EOT | DC4 | $ | 4 | D | T | d | t |
| 0101 | ENQ | NAK | % | 5 | E | U | e | u |
| 0110 | ACK | SYN | & | 6 | F | V | f | v |
| 0111 | BEL | ETB | ' | 7 | G | W | g | w |
| 1000 | BS | CAN | ( | 8 | H | X | h | x |
| 1001 | HT | EM | ) | 9 | I | Y | i | y |
| 1010 | LF | SUB | * | : | J | Z | j | z |
| 1011 | VT | ESC | + | ; | K | [ | k | { |
| 1100 | FF | FS | , | < | L | \ | l | \| |
| 1101 | CR | GS | - | = | M | ] | m | } |
| 1110 | SO | RS | . | > | N | ^ | n | ~ |
| 1111 | SI | US | / | ? | O | _ | o | DEL |

表 2-6 中常用控制字符的意义如下：

NUL 空　　　　　　FF 走纸控制　　　CAN 作废
SOH 标题开始　　　CR 回车　　　　　EM 纸尽
STX 正文开始　　　HT 水平制表　　　ESC 换码
ETX 正文结束　　　VT 垂直制表　　　DEL 删除
EOT 结束传输　　　LF 换行　　　　　SP 空格字符
BS 退格

### 三、中文字符编码

英文和其他西文都是拼音文字，其基本符号比较少，编码较为容易，如上面介绍的 ASCII，仅用了一个字节中的低 7 位即可表示出来。而且在一个计算机系统中，字符的输入、内部处理、存储、输出等都可以使用同一代码。用计算机系统处理中文字符，同样需要将中文字符代码化。但由于汉字是一种象形表意文字，字的数量巨大，不可能像英文那样使用字母拼写出来，也难以用少量的符号表示出来。而且在一个计算机的汉字处理系统中，中文字符的输入、内部处理、存储和输出等的要求不尽相同，使用的代码也不尽相同，因此中文字符必须有自己特殊的编码方式。根据汉字在计算机处理过程中的不同要求，汉字的编码主要分为四类：汉字交换码、汉字机内码、汉字输入码和汉字字形码。

（一）汉字交换码

汉字交换码又简称国标码（GB）。它是由国家制定的用于汉字信息交换的标准汉字编码。1980 年国家标准局公布了 GB2312—80 标准，其全称是《信息交换用汉字编码字符集：基本集》。该基本集中包含了一、二级汉字 6 763 个，其他各种字母、标点、图形符号 682 个，共计 7 445 个字符。其中一级汉字 3 755 个，按拼音字母顺序排序；二级汉字 3 008 个，按部首顺序排序。

交换码规定：每个汉字符采用两个字节表示，故被称为双字节字符。为了与 ASCII 兼容，交换码只使用了两个字节的低 7 位，各字节的最高位也为 0。前一个字节称为区码，后一个字节称为位码。有了统一的国标码，不同系统之间的汉字信息就可以互相进行交换了。

为了统一地表示世界各国的文字，1992 年 6 月，国际标准化组织（ISO）公布了"通用多八位编码字符集"国际标准 ISO/IEC10646，简称 UCS（Universal Multiple-Octet Coded Character Set）。我国则于 1993 年公布了与 ISO/IEC10646 相适应的国家标准 GB13000。此后，又于 2000 年 3 月发布了最新的国家标准 GB18030—2000，又称《信息技术 信息交换用汉字编码字符集基本集扩充》。GB18030 标准采用单字节、双字节和四字节三种方式对字符进行编码，全面兼容 GB2312 和 GB13000，收录了包括中、日、韩（CJK）统一汉字字符在内的繁、简汉字，和其他符号共计 27 000 余字。总编码空间达到 150 万个码位以上，为彻底解决邮政、户政、金融、地理信息系统等迫切需要的人名、地名用字问题提供了解决方案，也为汉字研究、古籍整理等领域提供了一个统一的信息平台。这项标准还同时收录了藏、蒙、维、彝等多个少数民族的文字，为今后计算机中文信息处理的进一步发展和应用奠定了基础。

（二）汉字机内码

汉字机内码就是汉字符在计算机内部存储、处理时的表示代码。每个汉字符仍用两个字节表示，但为了与 ASCII 字符相互区分，避免混淆，汉字机内码将各字节的最高位设置为 1。因此汉字机内码与汉字交换码之间有确定的对应关系。汉字交换码和机内码的二进制、十六进制编码及其相互关系如表 2-7 所示。

表 2-7　汉字交换码和机内码的二进制、十六进制表示

| 汉字符 | 国标码（交换码） | | 机内码 | |
| --- | --- | --- | --- | --- |
| | 二进制 | 十六进制 | 二进制 | 十六进制 |
| 啊 | 00110000 00100001 | 30 21 | 10110000 10100001 | B0 A1 |
| 国 | 00111001 01111010 | 39 7A | 10111001 11111010 | B9 FA |

（三）汉字输入码

输入码指的是直接使用计算机终端的西文标准键盘将汉字符输入计算机的各种汉字输入编码，如拼音输入码、区位码、五笔字型输入码、表形码、自然码等。输入方法不同，输入码也不同。输入码又常称为外码。

根据输入方法的不同，汉字输入码可以分为四大类：数字码、拼音码、字形码和音形码。

1. 数字码

数字码就是使用数字组合作为汉字符的输入编码。常用的有区位码、国标码、电报码等。区位码将汉字字符分成 94 个区，每个区分成 94 位，区和位构成一个二维表，表中每个格内有一个汉字符。使用各两位十进制数字分别代表区码和位码。例如，"国"字，位于 25 区，90 位，则其区位码是 2590。

国标码则使用各两位十六进制数字分别表示机内码的第一字节和第二字节。

电报码使用四位十进制数字表示一个汉字符。

数字码的优点是输入四位数字就可以直接输入一个汉字符，输入码等长，没有重码，并可输入一些特殊的图形符号；而且区位码和国标码与机内码有确切的对应关系，转换简单方便。但缺点是输入码为数字串，难以记忆。

2. 拼音码

拼音码是以汉字读音为基础的输入编码。拼音输入码的使用简单方便，易于学习掌握。但因为拼音输入码不等长，汉字的同音字较多，在输入时重码率较高，经常需要进行同音字选择，所以影响了输入速度。随着计算机软硬件技术的不断提高，多种采用简拼、双拼的方法以缩短输入码长，使输入码等长；能够辨识南方等地方口音的模糊音识别法；使用自动组词、组句方法，以词组、语句为输入单位的智能拼音输入法相继问世，大大提高了拼音输入法的输入速度。拼音输入法因此而成为使用最为广泛的输入方法。

3. 字形码

汉字是一种象形表意文字，数量虽多，但都是由一些基本笔画和用笔画构成的部件组合而成的。据此可以将汉字分解成若干个笔画和部件，用标准键盘上的字母和数字表示。按照一定的规则输入这些笔画和部件，就可以输入汉字。这种汉字输入法称为字形码。字形码具有输入码等长、重码率低、输入速度快的特点。但要掌握拆分汉字的方法与规律，熟悉字形码与键盘的对应关系，需要付出较多的精力去学习。五笔字型码、表形码等均属于字形码。其中五笔字型输入法是最有影响的字形输入法之一。

4. 音形码

音形码是将拼音码与字形码相结合的编码方法。根据是以拼音为主、字形为辅，还是以字形为主、拼音为辅又可以分为音形码和形音码。自然码、太极码等都属于音形码。

(四) 汉字字形码

汉字字形码是用于表示汉字字体形态的字模数据代码，用于汉字符的显示和打印。通常用字形点阵或者矢量函数表示。用点阵表示字形时，将汉字符分解成在由 $n$ 行×$n$ 列构成的一个点阵中的若干个点。例如：在 16×16 的点阵中，划分了 256 个格。有字形笔画的格对应黑点，用二进制数 1 表示；无笔画的格对应白点，用 0 表示；每行 2 个字节，16 行共 32 字节，构成一个汉字符的 16×16 点阵的字形代码。图 2-20 所示是汉字"次"的点阵字形。

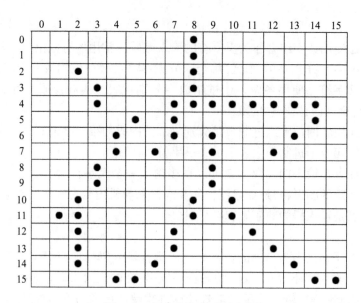

图 2-20　汉字"次"的点阵字形

从汉字的输入到计算机内部的处理,再到汉字输出,需要多种汉字编码的支持和相互转换才能完成。汉字处理系统的工作流程如图 2-21 所示。

图 2-21　汉字处理系统的工作流程

### 2.3.7　数据在计算机中的存储

**一、名词术语**

（一）位（bit）

位（bit）是二进制数字（Binary digit）的缩写。一个位可以用来表示两个不同的状态,如电路中一个开关的断开与接通。因此位是存储在计算机中的最小的数据单位,也就是二进制数的最小单位:有 0 和 1 两个值的一位二进制数。位用小写字母 b 表示。在计算机网络通信中,常用 bit per second（bps,每秒多少位）来衡量数据传输速率的快慢。

（二）位模式

一个位并不能解决数据的表示问题,因为它只能表示 0 或者 1 两个不同的值或者状态。要存储或者表示更大的数据需要使用位模式。位模式指的是由若干位组成的一个序列。位模式的长度取决于要表示的数据的数量。

例如,ASCII 字符一共有 128 个符号,则可以用长度是 7 的位模式表示。

（三）字节（Byte）

通常将长度为 8 的位模式称为字节（Byte）。即一个字节由 8 位二进制数构成：1 Byte＝8 bit。字节用大写字母 B 表示。字节是用于表示、衡量内存储器或者其他存储设备容量大小的基本单位,常用单位还有 KB、MB、GB、TB、PB、EB 等,换算关系如下：

1 KB = $2^{10}$ B = 1 024 B
1 MB = $2^{10}$ KB = 1 024 KB = $2^{20}$ B = 1 024$^2$ B
1 GB = $2^{10}$ MB = 1 024 MB = $2^{30}$ B = 1 024$^3$ B
1 TB = $2^{10}$ GB = 1 024 GB = $2^{40}$ B = 1 024$^4$ B
1 PB = $2^{10}$ TB = 1 024 TB = $2^{50}$ B = 1 024$^5$ B
1 EB = $2^{10}$ PB = 1 024 PB = $2^{60}$ B = 1 024$^6$ B

### (四) 字(Word)与字长(Word Length)

字指的是CPU进行数据处理和运算的单位,字长则是字的长度。字长取决于CPU中寄存器存储单元的长度,即CPU一次能够直接处理的二进制数据的位数。它的长度直接关系到计算机的计算精度、运算速度和功能的强弱,常用于衡量CPU的性能。在一般情况下,字长越长,计算精度越高,处理能力越强。微处理器的字长已从早期的4位发展到了64位。

### (五) 内存地址(Memory Address)

内存地址指的是内存储器中用于区分、识别各个存储单元的标识符。内存地址使用无符号的二进制整数表示。地址空间指的是内存储器中可标识的独立地址单元的总数。例如,一个64 KB字节、字长为1字节的内存储器的地址空间需要使用16位($2^{16}$)的位模式来表示。用无符号二进制整数表示的起止地址为0000 0000 0000 0000~1111 1111 1111 1111;其对应的十进制起止地址为0~65535;通常采用十六进制表示为0000H~FFFFH。

## 二、数据存储

数据在内存储器中是以字为单位存储的。当计算机CPU的字长与内存储器存储单元的字长相同时,则每个存储单元可以存储一个数据(字)。当CPU的字长大于存储单元的字长时,则将一个字按存储单元的字长拆分后按顺序存储到连续的存储单元中。例如,某计算机CPU的字长为16位,而内存储器的字长为1字节。现在要将一个字(1234H)存入存储器时,需要占用两个连续的存储单元。字的低位字节(34H)存入低地址(0002H)中,高位字节(12H)存入高地址(0003H)中,两个存储单元中保存了一个字的数据,如表2-8所示。字的存储地址则用存储单元的低地址(0002H)表示。

表2-8 存储单元和内存地址

| 内存地址 | 存储单元 |
| --- | --- |
| 0000H | |
| 0001H | |
| 0002H | 34H |
| 0003H | 12H |
| 0004H | |
| ... | ... |

### 知识拓展

#### 二进制的由来

说到计算机,大家必然会想到二进制,那么二进制起源于哪里呢?

显然这个问题存在争议。有人主张它起源于中国。他们认为,二进制在我国古代就已被广泛运用。中国古代的二进制运用与现代电子计算机中二进制的运用是一致的。

《易经》系辞上说:"是故,易有太极,是生两仪,两仪生四象,四象生八卦,八卦定吉凶,吉凶生大业。""天一地二,天三地四,天五地六,天七地八。""乾之策,二百一十有六。坤之策,百四十有四。凡三百有六十,当期之日。二篇之策,万有一千五百二十,当万物之数也。"两仪即为二进制的位 0 与 1,四象即两位二进制组合的 4 种状态,八卦即 3 位二进制组合的 8 种状态。"万有一千五百二十,当万物之数也"是二进制通过运算后所得的一个数,此数总计一万一千五百二十,相当于万物的数字。可见,《易经》是通过二进制来研究天地之间万物的一门科学,是二进制最早的运用。

我国老子是将二进制数深化运用的一位圣人。老子将二进制数运用于"道德"的研究,形成了我国浓厚的朴素的唯物主义和辩证法。老子认为:"道"是宇宙万物的本原,"道生一、一生二、二生三、三生万物。万物负阴而抱阳,冲气以为和。"这就是二进制的深化运用。老子总结道:"天下皆知美之为美,斯恶已。皆知善之为善,斯不善已。故有无相生,难易相成,长短相形,高下相盈,音声相和,前后相随。恒也。"这就是二进制的求反逻辑,是二进制的典型应用。

由此,中国古代将二进制运用于天地、人事、哲学研究,而现代的信息系统领域将二进制运用于电子数字化研究。

但又有人认为德国天才大师莱布尼茨(Gottfried Wilhelm Leibniz,1646—1716)发明了二进制,并称之为神奇美妙的数字系统。

1945 年,冯·诺依曼为首的研制小组在共同讨论的基础上,发表了一个全新的"存储程序通用电子计算机方案"——EDVAC(Electronic Discrete Variable Automatic Computer)。冯·诺依曼以"关于 EDVAC 的报告草案"为题,起草了长达 101 页的总结报告。报告广泛而具体地介绍了制造电子计算机和程序设计的新思想。这份报告是计算机发展史上一个划时代的文献,它向世界宣告:电子计算机的时代开始了。

EDVAC 方案明确了新机器由五个部分组成,包括运算器、逻辑控制装置、存储器、输入和输出设备,并描述了这五个部分的职能和相互关系。报告中,冯·诺依曼对 EDVAC 中两大设计思想做了进一步的论证,为计算机的设计树立了一座里程碑。

设计思想之一是二进制,他根据电子元件双稳工作的特点,建议在电子计算机中采用二进制。报告提到了二进制的优点,并预言,二进制的采用将大大简化机器的逻辑线路。

实践证明了冯·诺依曼预言的正确性。如今,逻辑代数的应用已成为设计电子计算机的重要手段,在 EDVAC 中采用的主要逻辑线路也一直沿用着,只是对实现逻辑线路的工程方法和逻辑电路的分析方法做了改进。

可以这么说,二进制既起源于东方,又起源于西方,东西方的先哲们同时发现了二进制,这是东西方文明的交会点。

## 2.4 练习题

1. 二进制数 110000 对应的十六进制数是( )。
   A. 77　　　　　B. D7　　　　　C. 7　　　　　D. 30
2. 二进制数 110101 对应的十进制数是( )。
   A. 44　　　　　B. 65　　　　　C. 53　　　　　D. 74
3. 为解决某一特定问题而设计的指令序列称为( )。
   A. 文件　　　　B. 语言　　　　C. 程序　　　　D. 软件

4. 两个软件都属于系统软件的是(　　)。
   A. DOS 和 Excel　　　　　　　　B. DOS 和 UNIX
   C. UNIX 和 WPS　　　　　　　　D. Word 和 Linux
5. 能把汇编语言源程序翻译成目标程序的程序称为(　　)。
   A. 编译程序　　　　　　　　　　B. 解释程序
   C. 编辑程序　　　　　　　　　　D. 汇编程序
6. 下列 4 种不同数制表示的数，其中数值最小的是(　　)。
   A. 八进制数 247　　　　　　　　B. 十进制数 169
   C. 十六进制数 A6　　　　　　　　D. 二进制数 11111110
7. 16 个二进制位可表示整数的范围是(　　)。
   A. 0~65535　　　　　　　　　　B. -32768~32767
   C. -32768~32768　　　　　　　D. -32768~32767 或 0~65535
8. 《计算机软件保护条例》中所称的计算机软件(简称软件)是指(　　)。
   A. 计算机程序　　　　　　　　　B. 源程序和目标程序
   C. 源程序　　　　　　　　　　　D. 计算机程序及其有关文档
9. 下列关于系统软件的叙述正确的是(　　)。
   A. 系统软件的核心是操作系统
   B. 系统软件是与具体硬件逻辑功能无关的软件
   C. 系统软件是使用应用软件开发的软件
   D. 系统软件并不具体提供人机界面
10. 以下不属于系统软件的是(　　)。
    A. DOS　　　B. Windows 3.2　　C. Windows 98　　D. Excel
11. 下列不属于计算机软件组成部分的是(　　)。
    A. 软件载体　　B. 程序　　　C. 数据　　　D. 文档
12. 下列关于自由软件的叙述错误的是(　　)。
    A. 自由软件没有版权　　　　　　B. 自由软件允许修改其源代码
    C. 自由软件可以销售　　　　　　D. 自由软件允许随意拷贝
13. 应用软件分为通用应用软件和定制应用软件两类。下列软件中全部属于通用应用软件的是(　　)。
    A. WPS,Window,Word　　　　　B. PowerPoint,MSN,UNIX
    C. ALGOL,Photoshop,PORTRAN　D. PowerPoint,Photoshop,Word
14. 下列属于开源软件的是(　　)。
    A. WPS　　　B. Access　　　C. Linux　　　D. 微信
15. 以下所列软件,不是数据库管理系统软件的是(　　)。
    A. ORACLE　　B. SQL Server　　C. Excel　　　D. Access
16. 程序设计语言的语言处理程序属于(　　)。
    A. 系统软件　　B. 应用软件　　C. 实时系统　　D. 分布式系统
17. 下面所列功能,(　　)功能不是操作系统所具有的。
    A. CPU 管理　　B. 成本管理　　C. 文件管理　　D. 存储管理

18. 十进制数 215 可用二进制数表示为(　　)。
A. 1100001　　　　B. 110111101　　　　C. 11001　　　　D. 11010111

19. 十进制数 53.375 可用二进制形式表示为(　　)。
A. 101011.011　　B. 101011.1011　　　C. 110101.011　　D. 110101.1011

20. 十进制数 -65 可用 8 位二进制补码表示为(　　)。
A. 11000001　　　B. 10111110　　　　C. 10111111　　　D. 1000001

**【参考答案】**

1—5　D C C B D　　　　　　　　6—10　C D D A D
11—15　A A D C C　　　　　　　16—20　A B D C C

# 第3章　信息技术基础

信息技术(Information Technology, IT),是主要用于管理和处理信息所采用的各种技术的总称。它主要是应用计算机科学和通信技术来设计、开发、安装和实施信息系统及应用软件。它也常被称为信息通信技术(Information and Communications Technology, ICT)。主要包括传感技术、计算机与智能技术、通信技术和控制技术。

##  3.1　通信技术

### 3.1.1　通信技术概述

通信技术和通信产业是现代发展最快的领域之一。通信就是互通信息。通信在远古时代就已经存在。比如人与人之间的对话是通信,用手势表达是通信,用烽火、旗语传递信息是通信,快马与驿站传送文件也是通信。

通信技术关注的是通信过程中的信息传输和信号处理的原理和应用,主要研究以电磁波、声波或光波的形式把信息通过电脉冲,从发送端(信源)传输到一个或多个接收端(信宿)。接收端能否正确辨认信息,取决于传输中的损耗功率高低。信号处理是通信工程中一个重要环节,其包括过滤、编码和解码等。

### 3.1.2　通信技术发展历程

近代通信的产生以1835年莫尔斯研发电报为标志。以下是通信技术大致的发展历程：

1837年,莫尔斯电码的出现,促使莫尔斯电磁式有线电报问世。

1896年,马可尼发明无线电报机。

1876年,贝尔发明电话机。

1878年,人工电话交换局出现。

1892年,史瑞桥自动交换局设立。

1912年,美国Emerson公司制造出世界上第一台收音机。

1925年,英国人约翰·贝德发明了世界上第一台电视机。

20世纪30年代,控制论、信息论等理论形成。

20世纪80年代,电报发展为用户电报和智能电报;电话发展为自动电话、程控电话、可视图文电话和 IP 电话；移动无线通信、多媒体技术和数字电视等多种通信技术出现。

塞缪尔·芬利·布里斯·莫尔斯（Samuel Finley Breese Morse）(1791—1872 年)是一名享有盛誉的美国画家，被称为电报之父。1791 年 4 月 27 日出生在美国马萨诸塞州的查尔斯顿。莫尔斯最初的职业是画家。1839 年，他发布了他的第一项发明"莫尔斯码"。他的同行发明的电报就是运用"莫尔斯码"来传递信号的。1844 年，莫尔斯从华盛顿向巴尔的摩成功发出了世界上第一份长途电报。

### 3.1.3　信息通信技术

通信技术包括数据传输信道、数据传输技术。数据传输信道包括同轴电缆、双绞线、光纤、越洋海底电缆、微波信道、短波信道、无线通信和卫星通信等。数据传输技术包括基带传输、频带传输及调制技术、同步技术、多路复用技术、数据交换技术、编码、加密、差错控制技术和数据通信网、设备、协议等。近年来，以计算机为核心的信息通信技术凭借网络的飞速发展，迅速渗透到社会生活的各个领域。不同于传统通信技术，ICT 产生的背景是行业间的融合及对信息社会的需求。

### 3.1.4　信息传输技术

信息传输技术主要包括光纤通信、数字微波通信、卫星通信、移动通信及图像通信。

#### 一、光纤通信

利用光波作载波，以光纤作为传输媒介将信息从一处传至另一处的通信方式称为光纤通信。光纤通信以其传输频带宽、抗干扰性强和信号衰减小而远优于电缆、微波通信，已成为世界通信中主要传输方式。

#### 二、数字微波通信

数字微波通信是指利用波长在 0.1 毫米至 1 米范围内的电磁波，通过中继站传输信号的一种通信方式。其主要特点如下：

（1）信号可以"再生"；
（2）便于数字程控交换机的连接；
（3）便于采用大规模集成电路；
（4）保密性好；
（5）占用频带较宽。

因此，虽然数字微波通信只有 20 多年的历史，却与光纤通信、卫星通信一起被国际公认为最有发展前途的三大传输手段。数字微波通信如图 3-1 所示。无线电波的划分如表 3-1 所示。

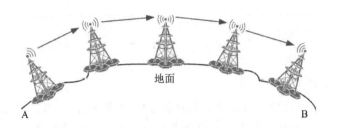

图 3-1 数字微波通信

表 3-1 无线电波的划分

| 频段名称 | 频率范围 | 波段名称 | 波长范围 |
|---|---|---|---|
| 甚低频(VLF) | 3~30 kHz | 万米波、甚长波 | 10~100 km |
| 低频(LF) | 30~300 kHz | 千米波、长波 | 1~10 km |
| 中频(MF) | 300~3 000 kHz | 百米波、中波 | 100~1 000 m |
| 高频(HF) | 3~30 MHz | 十米波、短波 | 10~100 m |
| 甚高频(VHF) | 30~300 MHz | 米波、超短波 | 1~10 m |
| 特高频(UHF) | 300~3 000 MHz | 分米波 | 10~100 cm |
| 超高频(SHF) | 3~30 GHz | 厘米波 | 1~10 cm |
| 极高频(EHF) | 30~300 GHz | 毫米波 | 1~10 mm |
| 极高频(EHF) | 300 GHz~3 THz | 亚毫米波 | 0.1~1 mm |

## 三、卫星通信

卫星通信是指地球上(包括地面和低层大气中)的无线电通信站间利用地球卫星作为中继而进行的通信,如图 3-2 所示。卫星通信具有以下优点:通信距离远,且投资费用和通信距离无关;工作频带宽,通信容量大,适用于多种业务的传输;通信线路稳定可靠;通信质量高;等等。

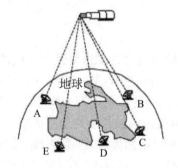
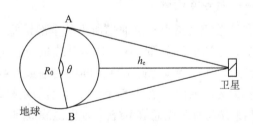

图 3-2 卫星通信

## 四、移动通信

早期的通信形式属于固定点之间的通信。随着人类社会的发展,信息传递日益频繁。移动通信是在移动的时候可以进行通信的技术。正是因为具有信息交流灵活、经济效益明显等优势,移动通信得到了迅速的发展。移动通信是无线通信的现代化技术,是电子计算机与移动互联网发展的重要成果之一。

现代通信技术的发展历程：

1962年，实现第一次跨大西洋的电视转播。1962年7月11日，"电星1号"在美国缅因州的安多弗站与英国的贡希斯站和法国的普勒默-博多站之间成功地进行了横跨大西洋的电视转播和传送多路电话试验。

1963年7月26日，美国国家航空宇航局发射了"同步2号"（Syncom Ⅱ）通信卫星，在非洲、欧洲和美国之间进行电话、电报、传真通信。

1963年8月23日，肯尼迪总统引用莫尔斯拍发的第一份公众电报报文"上帝创造了何等奇迹"结束了他与尼日利亚总理的会话。这是经Syncom通信卫星的第一次电话会话，声音传播了72 000多千米。

1964年，世界上第一颗地球同步静止轨道通信卫星诞生。

1964年8月20日，以美国通信卫星有限公司为首的"国际通信卫星财团"成立。次年更名为"国际通信卫星组织"，即著名的INTELSAT。

1965年的4月6日，国际卫星通信组织发射了一颗半试验、半实用的静止通信卫星——"晨鸟"（Early Bird）。这颗卫星又称为"国际通信卫星-Ⅰ（Intelsat 1）"，是世界上第一颗实用型商业通信卫星。"晨鸟"标志着卫星通信从试验阶段转入实用阶段，同步卫星通信时代的开始。

1999年，全球海上遇险和安全系统(GMDSS)开通。它由卫星通信系统和地面无线电通信系统两大部分组成。GMDSS是建立在先进的卫星通信技术、数字技术和计算机技术的基础上的先进系统，在船只遇难时，不仅能向更大的范围更迅速、更可靠地发出救难信息，还能以自动或半自动的方式取代以前的人工报警方式。

### 3.1.5 通信系统

**一、通信系统概述**

通信系统是指点对点通信所需的全部设施，而通信网是由许多通信系统组成的多点之间能相互通信的全部设施。通信系统是用以完成信息传输过程的技术系统的总称。现代通信系统主要借助电磁波在空间的传播或在导引媒体中的传输原理来实现信息传输，前者称为无线通信系统，后者称为有线通信系统。当电磁波的波长达到光波范围时，这样的通信系统特称为光通信系统，其他电磁波范围的通信系统则称为电磁通信系统，简称为电信系统。由于光的导引媒体采用特制的玻璃纤维，因此有线光通信系统又称光纤通信系统。通信系统中信源（发端设备）、信宿（收端设备）和信道（传输媒介）被称为通信系统的三要素。

**二、通信系统分类**

1. 按所用传输媒介分类

通信系统按所用传输媒介可分为两类：

（1）有线电通信系统，即以金属导体（如常用的通信线缆等）为传输媒介的通信系统。

（2）无线电通信系统，即利用无线电波在大气、空间、水或岩、土等传输媒介中传播而进行通信的通信系统。

2. 按信道中传输的信号分类

通信系统按照信道中传输的信号可以分为模拟通信系统、数字通信系统。

3. 按信输媒介分类

通信系统按照传输媒介可以分为有线通信系统和无线通信系统。

4. 按工作波段分类

通信系统按照工作波段可以分为长波通信、中波通信、短波通信。

5. 按信号复用方式分类

通信系统按照信号复用方式可以分为频分复用、时分复用、码分复用、空分复用。

6. 按信号调制方式分类

通信系统按照信号调制方式可以分为基带传输系统、带通(调制)传输系统。

7. 按信号通信方式分类

通信系统按照信号通信方式可以分为单工、半双工、全双工。

8. 按信号传输方式分类

通信系统按照信号传输方式可以分为并行传输、串行传输。

9. 按信号是否一致分类

通信系统按照信号是否一致可以分为同步通信系统和异步通信系统。

### 小知识

模拟通信：在信道上把模拟信号从信源传送到信宿的一种通信方式。模拟通信的优点是直观且容易实现，但保密性差，抗干扰能力弱。由于模拟通信在信道传输的信号频谱比较窄，因此可通过多路复用使信道的利用率提高。

数字通信：在信道上把数字信号从信源传送到信宿的一种通信方式。它与模拟通信相比，其优点为：抗干扰能力强，没有噪声积累；可以进行远距离传输并能保证质量；能适应各种通信业务要求，便于实现综合处理；传输的二进制数字信号能直接被计算机接收和处理；便于采用大规模集成电路实现，通信设备利于集成化；容易进行加密处理，安全性更容易得到保证。为了充分利用通信信道、扩大通信容量和降低通信费用，很多通信系统采用多路复用方式。

有线系统：用于长距离电话通信的载波通信系统，是按频率分割进行多路复用的通信系统。它由载波电话终端设备、增音机、传输线路和附属设备等组成。

微波系统：长距离、大容量的无线电通信系统，因传输信号占用频带宽，一般工作于微波或超短波波段。在这些波段中一般仅在视距范围内具有稳定的传输特性，因而在进行长距离通信时须采用接力(也称中继)通信方式，即在信号由一个终端站传输到另一个终端站所经的路由上，设立若干个邻接的、转送信号的微波接力站(又称中继站)，各站间的空间距离为20~50千米。接力站又可分为中间站和分转站。

卫星系统：在微波通信系统中，若以位于对地静止轨道上的通信卫星为中继转发器，转发各地球站的信号,则构成一个卫星通信系统。卫星通信系统的特点是覆盖面积很大,在卫星天线波束覆盖的大面积范围内可根据需要灵活地组织通信联络,有的还具有一定的变换功能,故已成为国际通信的主要手段,也是许多国家国内通信的重要手段。卫星通信系统主要由通信卫星、地球站、测控系统和相应的终端设备组成。卫星通信系统既可作为一种独立的通信手段(特别适用于对海上、空中的移动通信业务和专用通信网),又可与陆地的通信系统结合、相互补充,构成更完善的通信系统。

### 3.1.6 网络传输介质

**一、介质分类**

网络传输介质是信息在网络中传输的载体。常用的传输介质有双绞线、同轴电缆、光纤、无线传输媒介。常用的传输介质分为有线传输介质和无线传输介质两大类。

(一)有线传输介质

有线传输介质是指在两个通信设备之间实现的物理连接部分,它能将信号从一方传输到另一方。有线传输介质主要有双绞线、同轴电缆和光纤。双绞线和同轴电缆传输电信号,光纤则传输光信号。

(二)无线传输介质

无线传输介质是指我们周围的自由空间。我们利用无线电波在自由空间的传播可以实现多种无线通信。在自由空间传输的电磁波根据频谱可分为无线电波、微波、红外线等。信息被加载在电磁波上进行传输。

**二、介质介绍**

不同的传输介质,其特性也各不相同。不同的特性对数据通信质量和通信速度也有不同影响。任何信息传输和共享都需要有传输介质。一般用户无须了解细节,但是对于网络设计人员或网络开发者来说,了解网络底层的结构和工作原理则是必要的。当需要决定使用哪一种传输介质时,必须将联网需求与介质特性进行匹配。选择传输介质所需要考虑的重要指标有吞吐量和带宽、成本、尺寸和可扩展性、抗噪性等。

(一)双绞线

双绞线(Twisted Pair,TP)由两根绝缘铜导线相互扭绕而成。双绞线可分为非屏蔽双绞线(Unshieded Twisted Pair,UTP)和屏蔽双绞线(Shieded Twisted Pair,STP),适合于短距离通信,如图 3-3 所示。

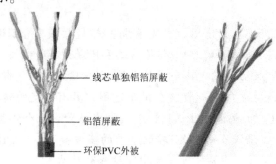

图 3-3　STP 和 UTP

非屏蔽双绞线价格便宜,传输速度偏低,抗干扰能力较差。屏蔽双绞线抗干扰能力较好,具有更高的传输速度,但价格相对较贵。双绞线一般用于星型网的布线连接,两端安装有 RJ-45 头(水晶头),连接网卡与集线器,最大网线长度为 100 米。如果要加大网络的范围,可在两段双绞线之间安装中继器,最多可安装 4 个中继器。4 个中继器连 5 个网段,最大传输距离可达 500 米。

(二)同轴电缆

同轴电缆由绕在同一轴线上的两种导体组成。具有抗干扰能力强,连接简单等特点。按直径可分为粗缆和细缆两种。同轴电缆结构如图 3-4 所示。

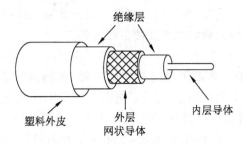

图 3-4　同轴电缆结构

(三)光纤

光纤又称为光缆或光导纤维,由光导纤维纤芯、玻璃网层和能吸收光线的外壳组成。应用光学原理,由光发送机产生光束,将电信号变为光信号,再把光信号导入光纤,在另一端由光接收机接收光纤上传来的光信号,并把它变为电信号,经解码后再处理。

与其他传输介质比较,光纤的电磁绝缘性能好、信号衰小、频带宽、传输速度快、传输距离大。主要用于传输距离较长、布线条件特殊的主干网连接。具有不受外界电磁场的影响、带宽无限制等特点,可以实现每秒万兆位的数据传送,但价格昂贵。光纤结构如图 3-5 所示。

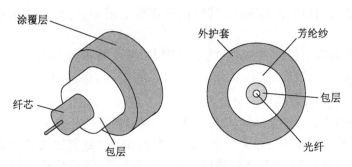

图 3-5　光纤结构

光纤又分为单模光纤和多模光纤。单模光纤,由激光作光源,仅有一条光通路,传输距离长,范围在 20~120 km。多模光纤,由二极管发光,进行低速、短距离传输,距离范围在 2 km 以内。

(四)无线电波

无线电波是指在自由空间(包括空气和真空)传播的射频频段的电磁波。无线电技术是通过无线电波传播声音或其他信号的技术。

其工作原理:导体中电流强弱的改变会产生无线电波,利用这一现象,通过调制可将信息加载于无线电波之上。当电波通过空间传播到达收信端时,电波引起的电磁场变化又会在导体中产生电流。通过解调将信息从电流变化中提取出来,就达到了信息传递的目的。

（五）微波

微波是指频率为 300 MHz~300 GHz 的电磁波,是无线电波中一个频带的简称,即波长在 1 m(不含 1 m)到 1 mm 之间的电磁波,是分米波、厘米波、毫米波和亚毫米波的统称。微波频率比一般的无线电波频率高。微波作为一种电磁波也具有波粒二象性。微波的基本性质通常呈现穿透、反射、吸收三个特性。对于玻璃、塑料和瓷器,微波几乎是穿越而不被吸收;水和食物等就会吸收微波而使自身发热。

（六）红外线

红外线是太阳光线中众多不可见光线中的一种,由德国科学家霍胥尔于 1800 年发现,又称为红外热辐射。太阳光谱中,红光的外侧存在看不见的光线,这就是红外线,也可以当作传输媒介。太阳光谱上红外线的波长大于可见光线,波长为 0.75~1 000 μm。红外线可分为三部分:近红外线,波长为 0.75~1.50 μm;中红外线,波长为 1.50~6.0 μm;远红外线,波长为 6.0~1 000 μm。

### 3.1.7 网络互联设备

数据在网络中是以"包"的形式传递的(在 OSI 的七层模型中,不同的层有不同称呼和定义),但不同网络层的"包",其格式也是不一样的。信息包在网络间的转换,与 OSI 的七层模型关系密切。如果两个网络间的差别程度小,则需转换的层数也少。例如,以太网与以太网互连,因为它们属于一种网络,数据包仅需转换到 OSI 的第二层(数据链路层),所需网间连接设备的功能也简单(如网桥);若以太网与令牌环网相连,数据信息需转换至 OSI 的第三层(网络层),所需中介设备也比较复杂(如路由器);如果连接两个完全不同结构的网络 TCP/IP 和 SAN,其数据包需做七层的转换,需要的连接设备也更复杂。

网络互联设备有中继器、集线器、网桥、交换机、路由器、网关设备等。

#### 一、中继器

中继器是局域网互联的最简单设备,如图 3-6 所示。它工作在 OSI 体系结构的物理层,接收并识别网络信号,然后再生信号并将其发送到网络的其他分支上。要保证中继器能够正确工作,首先要保证每一个分支中的数据包和逻辑链路协议是相同的。例如,在 802.3 以太局域网和 802.5 令牌环局域网之间,中继器是无法使它们通信的。但是,中继器可以用来连接不同的物理介质,并在各种物理介质中传输数据包。某些多端口的中继器很像多端口的集线器,它可以连接不同类型的介质。中继器没有隔离和过滤功能,不能阻挡含有异常的数据包从一个分支传到另一个分支。这意味着,一个分支出现故障可能影响到其他的每一个网络分支。

图 3-6　中继器

### 二、集线器

集线器(HUB)是多端口的中继器。它是一种以星型拓扑结构将通信线路集中在一起的设备,相当于总线,工作在物理层。2010 年以后,市场上 HUB 逐步被淘汰。

### 三、网桥

数据链路层根据帧(对 OSI 中数据链路层数据的称呼)物理地址进行网络之间的信息转发,可缓解网络通信繁忙度,提高效率。网桥是属于数据链路层的一种设备,它的作用是扩展网络和通信手段,在各种传输介质中转发数据信号,扩展网络的距离,同时又有选择地将有地址的信号从一个传输介质发送到另一个传输介质。

### 四、交换机

交换机工作在 OSI 的第二层(数据链路层)。交换机厂商根据市场需求,推出了三层甚至四层交换机。但无论如何,其核心功能仍是二层的以太网数据包交换,只是带有了一定的处理 IP 层甚至更高层数据包的能力。网络交换机能为网络提供更多的连接端口,以便连接更多的计算机。它具有性价比高、高度灵活、相对简单等特点。

根据采用技术,交换机有以下分类:

(1)直通式交换机:一旦收到信息包中的目标地址,在收到全帧之前便开始转发。它适用于同速率端口和碰撞误码率低的环境。

(2)存储转发式交换机:确认收到的帧,过滤处理坏帧。它适用于不同速率端口和碰撞、误码率高的环境。

交换机如图 3-7 所示。

图 3-7　交换机

### 五、路由器

路由器工作在 OSI 体系结构中的网络层,这意味着它可以在多个网络上交换和路由数据包。路由器通过在相对独立的网络中交换具体协议的信息来实现这个目标。相比网桥,路由器不但能过滤和分隔网络信息流、连接网络分支,还能访问数据包中更多的信息。

路由器存在路由表。路由表包含网络地址、连接信息、路径信息等。路由器如图 3-8 所示。

图 3-8 路由器

路由器主要用于广域网之间或广域网与局域网的互联,用于连接多个逻辑上分开的网络。逻辑网络是指一个单独的网络或一个子网。数据从一个子网传输到另一个子网可通过路由器来完成。因此,路由器具有判断网络地址和选择路径的功能,它能在多网络互联环境中建立灵活的连接,可用完全不同的数据分组和介质访问方法连接各种子网。

### 六、网关设备

网关设备简称网关,如图 3-9 所示,其功能体现在 OSI 模型的高层。它将协议进行转换,将数据重新分组,以便在两个不同类型的网络系统之间进行通信,如图 3-9 所示。

图 3-9 网关设备

## 3.2 计算机网络基础

### 3.2.1 计算机网络概述

计算机网络是指将不同地理位置、具有独立功能的多台计算机及网络设备通过通信线路(包括传输介质和网络设备)连接起来,在网络操作系统、网络管理软件及网络通信协议的共同管理和协调下实现资源共享和信息传递的计算机系统。

#### 一、计算机网络的发展历史

(一)第一代:面向终端的计算机网络

第一代计算机网络以 1946 年第一台数字计算机问世为标志,是以单个计算机为中心的远程联机系统。它的缺点是:可用性低,中心计算机负荷重,对终端系统响应慢,甚至会崩溃;可靠性低,一旦主机瘫痪,将导致整个计算机网络系统瘫痪。

(二) 第二代:分组交换式的计算机网络

第二代计算机网络的主要标志是分组交换,它的优点是:

(1) 增强了可用性和可靠性;

(2) 基于通信子网,终端用户可共享其中的线路、设备资源、硬件和软件资源;

(3) 性能大大提高,传输方式采用"存储—转发"。

它的缺点是没有统一的网络体系架构和协议标准。

(三) 第三代:标准化的计算机网络

第三代计算机网络采用了标准化的体系架构和协议标准。国际标准是 OSI 七层模型,但应用最广泛的是 TCP/IP 体系结构。

1. OSI/RM 模型

OSI/RM 模型如图 3-10 所示,有以下七层:

(1) 物理层:将比特流放到物理介质上传送;

(2) 数据链路层:在链路上无差错地传输一帧一帧的信息;

(3) 网络层:分组传输和路由选择;

(4) 传输层:端到端透明地传输报文;

(5) 会话层:会话管理和数据同步;

(6) 表示层:进行数据格式转换;

(7) 应用层:网络与用户应用进程的接口。

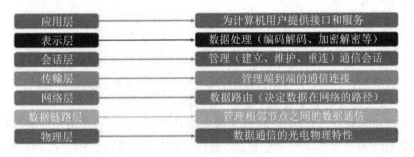

图 3-10　OSI/RM 模型

虽然 OSI/RM 的诞生大大促进了计算机网络的发展,但主要表现在局域网范围。OSI 没有成为全球计算机市场的标准的原因:

(1) OSI/RM 的专家缺乏实际经验;

(2) OSI/RM 的标准制定的周期过长,按照 OSI/RM 标准生产的设备无法及时进入市场;

(3) OSI/RM 模型设计不合理,一些功能在多层中重复出现。

2. TCP/IP 模型

TCP/IP 模型如图 3-11 所示。相对 OSI/RM 模型而言,TCP/IP 模型的设计更合理(图 3-12),所以它在广域网(包括互联网)中的应用更加广泛并远超 OSI/RM,它也成为 Internet 体系结构上的实际标准。

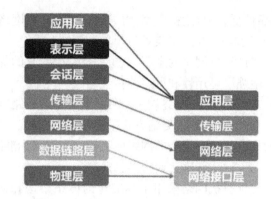

图 3-11　TCP/IP 模型　　　图 3-12　TCP/IP 模型与 OSI 模型的对应关系

TCP/IP 协议体系结构能成为全球计算机市场的标准的原因：

（1）协议簇庞大，功能完善且实用，用户基础好；

（2）曾经的 Internet 投资者不会轻易放弃在 TCP/IP 协议体系的巨大投资；

（3）设计相对合理，分层较少。

（四）第四代：国际化的计算机网络

将多个具有独立工作能力的计算机系统通过通信设备和线路由功能完善的网络软件实现资源共享和数据通信的系统。Internet 的雏形就是 DARPA 的 ARPANET，所采用的协议标准就是 TCP/IP 协议规范。

二、计算机网络定义及应用

（一）计算机网络的简单定义

计算机网络的简单定义：一些互联的、自治的计算机的集合。其中，"互联"是指计算机之间可以通过有线或无线的方式进行数据通信；"自治"是指每个计算机都是独立的，有自己的硬件和软件，可以单独运行使用；"集合"是指至少需要两台计算机。

（二）计算机网络的完整定义

计算机网络主要是由一些通用的、可编程的硬件（一定包含 CPU）互联而成的，而这些硬件并非专门用来实现某一特定目的（如传送数据或视频信号）。这些可编程的硬件能够用来传送多种不同类型的数据，并能支持广泛的和日益增长的应用。

计算机网络所连接的硬件，并不限于一般的计算机，而是包括了智能手机等智能硬件。

计算机网络并非专门用来传送数据，而是能够支持很多种应用（包括今后可能出现的各种应用）。

还需要注意以下几点：

（1）计算机网络不是软件概念，还包括硬件设备；

（2）计算机网络不仅仅是用于信息通信，还可以支持广泛的应用；

（3）根据网络的作用范围，可以将计算机网络简单分为广域网（WAN）、城域网（MAN）、局域网（LAN），如图 3-13 所示。

| 分类 | 英文 | 范围 | 区域 |
|---|---|---|---|
| 广域网 | WAN(Wide Area Network) | 几十到几千千米 | 跨省、跨国 |
| 城域网 | MAN(Metropolitan Area Network) | 5~50千米 | 城市间 |
| 局域网 | LAN(Local Area Network) | 1千米以内 | 地区内 |

图 3-13　广域网、城域网与局域网

（三）计算机网络的一些主要应用

（1）商用；

（2）资源共享：共享物理设备（打印机、传真机等）、数据文件、软件资源等；

（3）网络通信：远程网络互联、远程培训、远程会议、直播等；

（4）数据传输：邮件收发、文件传输等；

（5）协同工作：远程访问和管理、电子商务；

（6）家庭应用。

### 3.2.2　计算机网络组成

**一、从组成部分上划分**

一个完整的计算机网络包含硬件、软件、协议三大组成部分，它们缺一不可。

（一）硬件

硬件主要由计算机（如主机、终端）、通信处理机（如变换机）、传输介质（如同轴电缆、双绞线、光纤）、网络连接设备（如路由器、调制解调器）等构成。

1. 主机

主机通常被称为服务器，是一台高性能计算机，用于网络管理、运行应用程序、连接一些外部设备（如打印机、调制解调器）等。根据服务器在网络中所提供的服务不同，可将其划分为打印服务器、通信服务器、数据库服务器、应用程序服务器（如 WWW 服务器、E-mail 服务器、FTP 服务器）等。

2. 终端

终端是用户访问网络、进行网络操作、实现人机对话的重要工具，有时也称为客户机、工作站等。它可以通过主机联入网内，也可以通过通信控制处理机联入网内。

3. 通信处理机

通信处理机主要负责主机与网络的信息传输控制，其主要功能包括线路传输控制、错误检测与恢复、代码转换等。

4. 传输介质

传输介质是指传输数据信号的物理通道，可将各种设备连接起来。网络中的传输介质是多种多样的，可以是无线传输介质（如微波），也可以是有线传输介质（如双绞线）。

5. 网络连接设备

网络连接设备用来实现网络中各计算机之间的连接、网络与网络之间的互联、数据信号的变换和路由选择，如交换机、路由器、调制解调器、无线通信接收和发送器、用于光纤通信的编码解码器等。

（二）软件及协议

软件主要包括各种实现资源共享的软件，方便用户使用的各种工具软件，如网络操作系统、邮件收发程序、FTP 程序、聊天程序等。软件部分多属于应用层。

协议是计算机网络的核心，规定了网络传输数据所遵循的规范。

### 二、从工作方式上划分

计算机网络（这里主要指 Internet）可以分为边缘和核心两个部分，如图 3-14 所示。

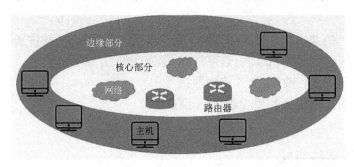

图 3-14　计算机网络的边缘部分和核心部分

边缘部分由所有连接在因特网上、供用户直接使用的主机组成，用来进行通信（如传输数据、音频或视频）和资源共享。

核心部分由大量的网络和连接这些网络的路由器组成。它为边缘部分提供连通性和交换服务。

### 三、从功能组成上划分

计算机网络由通信子网和资源子网组成，如图 3-15 所示。

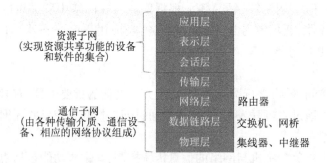

图 3-15　资源子网和通信子网

（一）通信子网

通信子网由各种传输介质、通信设备和相应的网络协议组成，它使网络具有数据传输、交换、控制和存储的能力，实现联网计算机之间的数据通信。网桥、交换机和路由器都属于通信子网。

（二）资源子网

资源子网是实现资源共享功能的设备及其软件的集合，向网络用户提供共享其他计算机上的硬件资源、软件资源和数据资源的服务。资源子网主要由计算机系统、终端、联网外部设备、各种软件资源和信息资源等组成。资源子网负责全网的数据处理业务,负责向网络用户提供各种网络资源与网络服务。计算机软件属于资源子网。

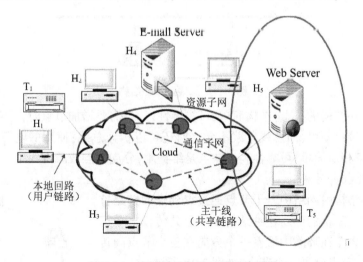

图 3-16 资源子网和通信子网的构成

图 3-16 所示的是资源子网和通信子网的构成。可以看出:虚线线路和节点所构成的通信子网主要由通信控制处理机、网络连接设备、网络通信软件、网络管理软件等构成,主要负责网络的数据通信,为网络用户提供数据传输、转接、加工和变换等数据通信工作。实线线路和节点所构成的资源子网主要由终端、服务器、传输介质、网络应用软件和数据资源构成,负责全网的数据处理业务,并向网络用户提供各种网络资源和网络服务。

### 3.2.3 计算机网络分类

计算机网络的分类除了按地理覆盖范围方式分类,还可按网络的拓扑结构、网络的交换方式、网络的用途和网络的连接范围进行分类。

#### 一、按网络的拓扑结构分类

拓扑是将各种物体的位置表示成抽象位置,是一种研究与大小、形状无关的线和面的特性的方法。用拓扑的观点研究计算机网络,就是抛开网络中的具体设备,把网络中的计算机等设备抽象为点,把网络中的通信介质抽象为线。拓扑形象地描述了网络的安排和设置,拓扑图中各种节点和节点之间的相互关系,清晰地展示了这些网络设备是如何连接在一起的。这种采用拓扑学方法描述的各个网络设备之间的连接方式称为网络的拓扑结构。

计算机网络的拓扑结构主要有总线型结构、环型结构、星型结构、树型结构和网状结构 5 种。在计算机网络的实际构造过程中,通常采用的方法是将几种不同的拓扑结构连接,形成一个混合型结构的网络。

(一)总线型拓扑结构

总线型拓扑结构是指各节点均挂在一条总线上,地位平等,无中心节点控制,其传递方向总是从发送消息的节点开始向两端扩散,如同广播电台发散的信息一样,因此又称广播式计算机网络,如图 3-17 所示。

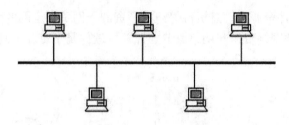

图 3-17　总线型拓扑结构

总线型拓扑结构的特点:结构简单,可扩展性好;当需要增加节点时,只需要在总线上增加一个分支接口便可,当总线负载不允许时还可以扩充总线;使用的电缆少,且安装容易;使用的设备相对简单,可靠性高。缺点是维护难,分支节点故障查找难。

(二) 环型拓扑结构

环型拓扑结构由网络中若干节点通过点到点的链路首尾相连形成一个闭合的环。这种结构使用公共传输电缆组成环形连接。数据在环路中沿着一个方向在各个节点间传输,信息从一个节点到另一个节点,如图 3-18 所示。

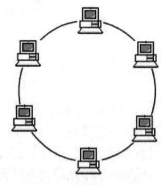

环型拓扑结构的特点:信息流在网络中是沿着固定方向流动的,两个节点仅有一条道路,简化了控制机制,故控制软件简单。缺点在于信息在环路中是串行地穿过各个节点,当环中节点过多时,势必影响信息传输速率,使网络的响应时间延长;环路是封闭的,不便于扩充;可靠性低,一个节点故障,将会造成全网瘫痪;维护难,分支节点故障定位较难。

图 3-18　环型拓扑结构

(三) 星型拓扑结构

星型拓扑结构是指各工作站以星型方式连接成网,实际上可以看作在总线型拓扑结构的公用总线缩成一个点形成的网络结构。星型拓扑结构有中央节点,其他工作站、服务器等节点都与中央节点直接相连。这种结构以中央节点为中心,因此称为集中式网络,如图 3-19 所示。

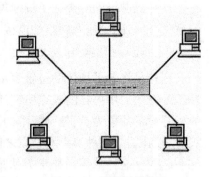

星型拓扑结构的特点:结构简单,便于管理;控制简单,便于建网;网络延迟时间较小,传输误差小。传统星型拓扑结构的缺点是成本高、可靠性较低、资源共享能力也较差,但由于作为中心节点的设备近年来可靠性大幅提高、价格下降,因此星型拓扑结构网络目前在小型网络中占据较大的比例。

图 3-19　星型拓扑结构

(四) 树型拓扑结构

树型拓扑结构是分级的集中控制式网络,与星型拓扑结构相比,它的通信线路总长度短,成本较低,节点易于扩充,寻找路径比较方便,但除了叶节点及其相连的线路外,任一节点或其相连的线路故障都会使得系统受到影响,如图 3-20 所示。

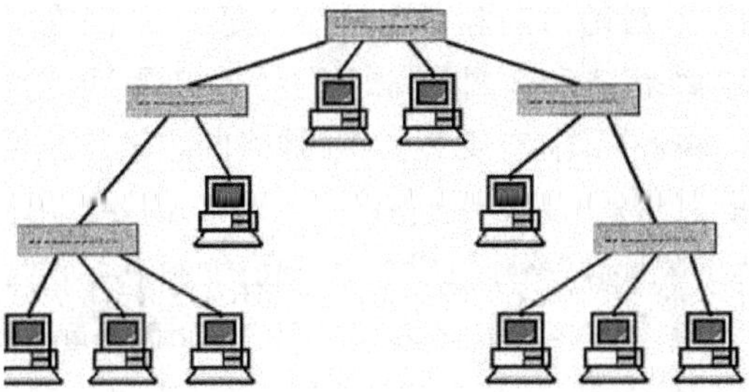

图 3-20　树型拓扑结构

（五）网状拓扑结构

在网状拓扑结构中，网络中的每台计算机设备之间均有点到点的链路连接，这种连接不经济，只有每个站点都要频繁地发送信息时才使用这种方法。它的安装配置也很复杂，但系统可靠性高，容错能力强。网状结构有时也称为分布式结构，如图 3-21 所示。

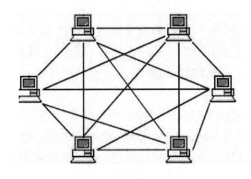

图 3-21　网状拓扑结构

（六）混合型拓扑结构

混合型拓扑结构是将两种单一拓扑结构混合起来，取两者的优点构成的网络拓扑结构。一种是星型拓扑和环型拓扑混合而成的"星-环"拓扑，另一种是星型拓扑和总线型拓扑混合而成的"星-总"拓扑，如图 3-22 所示。

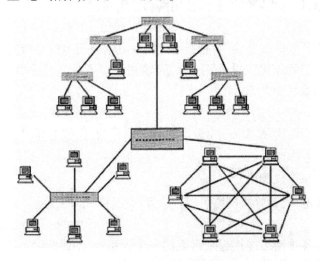

图 3-22　混合型拓扑结构

混合型拓扑结构的优点:故障诊断和隔离较为方便,一旦网络发生故障,只要诊断出哪个网络设备有故障,将该网络设备和全网隔离即可;易于扩展,可以加入新的网络设备,也可在每个网络设备中留出一些备用端口;安装方便,网络的主链路只要连通汇聚层设备,然后再通过分支链路连接汇聚层设备和接入层设备即可。缺点:需要选用智能网络设备,实现网络故障自动诊断和故障节点的隔离,网络建设成本比较高;依赖中心节点。如果连接中心的设备出现故障,则整个网络会瘫痪,混合型拓扑结构故对中心设备的可靠性和冗余性要求都很高。

## 二、按网络的交换方式分类

按网络的交换方式,计算机网络可以分为电路交换网、报文交换网、分组交换网和信元交换网。

### (一)电路交换网

电路交换与传统的电话转接相似,就是在两台计算机相互通信时,使用一条实际的物理链路,在通信过程中自始至终使用这条线路进行信息传输,直至传输完毕。

### (二)报文交换网

报文交换网的原理有点类似电报,转接交换机实现将接收的信息予以存储,当所需要的线路空闲时,再讲该信息转发出去。这样就可以充分利用线路的空闲,减少"拥塞",但是由于信息不是及时发送,显然增加了延时。

### (三)分组交换网

通常一个报文包含的数据量较大。转接交换机需要有较大容量的存储设备,而且需要的线路空间时间也较长,实时性差。因此,分组交换便产生了,即把每个报文分成有限长度的小分组,发送和交换均以分组为单位,接收端把收到的分组再拼装成一个完整的报文。

### (四)信元交换网

随着线路质量和速度的提高,新的交换设备和网络技术的出现,以及人们对视频、话音等多媒体信息传输的需求,人类在分组交换的基础上又发展了信元交换。信元交换是异步传输模式中采用的交换方式。

## 三、按网络的用途分类

按网络的用途,计算机网络可分为公用网和专用网。

### (一)公用网

公用网也称为公众网或公共网,是指由国家的电信公司出资建造的大型网络,一般都由国家政府电信部门管理和控制,网络内的传输和转接装置可提供给任何部门和单位使用。公用网属于国家基础设施。

### (二)专用网

专用网是指一个政府部门或一个公司组建并经营的,仅供本部门或单位使用,不向本单位外的人提供服务的网络。

## 四、按网络的连接范围进行分类

按网络的连接范围,计算机网络可以分为互联网、内联网和外联网。

### (一)互联网

互联网是指将各种网络连接起来形成的一个大系统。在该系统中,任何一个用户都可以使用网络的线路或资源。

## （二）内联网

内联网是基于互联网的 TCP/IP 协议，使用 WWW 工具，采用防止入侵的安全措施，为企业内部服务，并有连接互联网功能的企业内容网络。内联网是根据企业内部的需求设置的，它的规模和功能是根据企业经营和发展的需求而确定的。可以说，内联网是互联网更小的版本。

## （三）外联网

外联网是指基于互联网的安全专用网络，其目的在于利用互联网把企业和其贸易伙伴的内联网安全地互联起来，实现企业和其贸易伙伴之间共享信息资源。

### 3.2.4 计算机网络体系结构

计算机网络是个非常复杂的系统。比如，连接在网络上的两台计算机需要进行通信时，由于计算机网络的复杂性和异质性，需要考虑很多复杂的因素。为了解决这些问题，人类制定了计算机网络体系结构标准，让两台计算机能够准确地进行网络通信。为了合理地组织网络的结构，以保证其具有结构清晰、设计与实现简化、易于更新和维护、具有较强的独立性和适应性，我们采用分层思想，解决下面的问题：

（1）网络体系结构应该具有哪些层次，每个层次又负责哪些功能(分层与功能)？
（2）各个层次之间的关系是怎样的，它们又是如何进行交互的(服务与接口)？
（3）要想确保通信的双方能够达成高度默契，它们又需要遵循哪些规则(协议)？

所以针对上面的问题，计算机网络体系结构必须包括三个内容，即分层结构与每层的功能、服务与层间接口以及协议。目前，由国际化标准组织（ISO）制定的网络体系结构国际标准是 OSI 参考模型，但应用最广泛的是 TCP/IP 体系结构。

#### 一、OSI 参考模型体系结构

在 OSI 参考模型的体系结构中，由低层至高层分别称为物理层、数据链路层、网络层、运输层、会话层、表示层和应用层，如图 3-23 所示，其功能表示如图 3-24 所示。

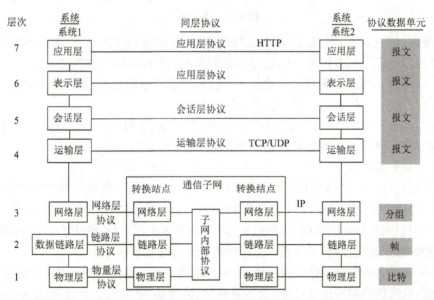

图 3-23　OSI 参考模型体系结构

| 层名 | 功能 | 相应问题 |
| --- | --- | --- |
| 应用层 | 网络与用户应用进程的接口 | "做什么" |
| 表示层 | 数据格式的转换 | "对方看起来像什么" |
| 会话层 | 会话管理与数据传输同步 | "该谁讲话""从哪儿讲起" |
| 传输层 | 端到端可靠的数据传输 | "对方在哪儿" |
| 网络层 | 分组传送,路由选择,流量控制 | "走哪条路可以到达对方" |
| 数据链路层 | 相邻节点间无差错地传送帧 | "每一步该怎么走" |
| 物理层 | 在物理媒体上透明传输位流 | "怎样利用物理媒体" |

图 3-24　OSI 参考模型功能表示

### 二、OSI 参考模型各层次概述

（一）物理层

在 OSI 参考模型中,物理层(图 3-25)是参考模型的最低层,也是第一层。它实现了相邻计算机节点之间比特流的透明传送,并尽可能地屏蔽掉具体传输介质和物理设备的差异,使其上层(数据链路层)不必关心网络的具体传输介质。

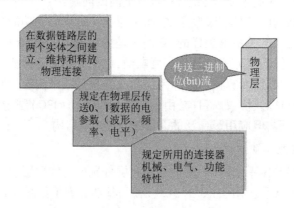

图 3-25　物理层

任务:在物理介质上正确地、透明地传送比特流(就是由 1、0 转化为电流强弱来进行传输,到达目的地后再转化为 1、0,也就是我们常说的数模转换与模数转换)。

协议(标准):规定了物理接口的各种特性和物理设备的标准,如网线的接口类型、光纤的接口类型、各种传输介质的传输速率等。

功能:实现相邻计算机节点之间比特流的透明传送,尽可能屏蔽掉具体传输介质和物理设备的差异,使数据链路层不必关心网络的具体传输介质。

（二）数据链路层

数据链路层(图 3-26)是 OSI 参考模型的第二层,负责建立和管理节点间的链路,控制网络层与物理层之间的通信。它完成了数据在不可靠的物理线路上的可靠传递。这一层在物理层提供的比特流的基础上,通过差错控制、流量控制方法,使有差错的物理线路变为无差错的数据链路,即提供可靠的通过物理介质传输数据的方法。

任务:通过各种数据链路层控制协议,实现数据在不可靠的物理线路上的可靠传递。

协议:负责提供物理地址寻址、数据的成帧、流量控制、差错控制等功能,确保数据的可靠传输。

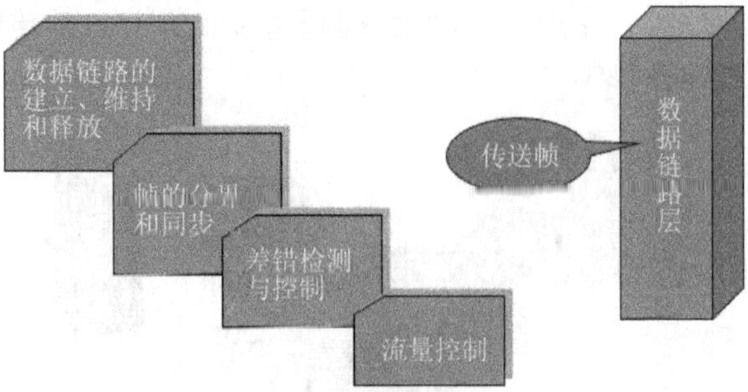

图 3-26 数据链路层

功能与服务：接收来自物理层的位流形式的数据，并封装成帧，传送到上一层；同样，也将来自上层的数据帧拆装为位流形式的数据转发到物理层。此外，该层还负责提供物理地址寻址、数据的成帧、流量控制、差错控制等功能。

差错控制是指处理接收端发回的确认帧的信息（对等层通信），以便提供可靠的数据传输；流量控制是指抑止发送方的传输速率，使接收方来得及接收。

（三）网络层

网络层（图 3-27）是 OSI 参考模型的第三层。它是 OSI 参考模型中最复杂的一层，也是通信子网的最高一层，在下两层的基础上向资源子网提供服务。

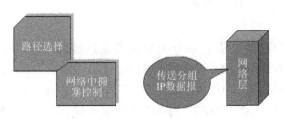

图 3-27 网络层

任务：将网络地址翻译成对应的物理地址，并通过路由选择算法为分组通过通信子网选择最适当的路径。

协议：提供无连接数据报服务的 IP 协议。

产品：路由器。

路由选择：网络层最重要的一个功能就是路由选择。网络层会依据速度、距离（步跳数）和拥塞程度等因素在多条通信路径中找一条最佳路径。所谓路由，一般包括路由表和路由算法两个方面。事实上，每个路由器都必须建立和维护其路由表。维护路由表的方式有两种：一种是静态维护，也就是人工设置，只适用于小型网络；另一种是动态维护，是在运行过程中根据网络情况自动地维护路由表。

（四）传输层

传输层是 OSI 模型的第四层，是通信子网和资源子网的接口和桥梁，起到承上启下的作用，如图 3-28 所示。

传输协议同时进行流量控制，即基于接收方可接收数据的快慢程度规定适当的发送速率。除此之外，传输层按照网络能处理的最大尺寸将较大的数据进行强制分割（如以太网无法接收大于 1 500 字节的数据包）。发送方节点的传输层将数据分割成较小的数据片,同时给每一数据片安排一序列号,以便数据到达接收方节点的传输层时,能以正确的顺序重组,这个过程也叫作排序。

图 3-28 传输层

任务:在源端与目的端之间提供可靠的透明数据传输,使上层服务用户不必关系通信子网的实现细节。

功能与服务:传输层提供会话层和网络层之间的传输服务。这种服务从会话层获得数据,并在必要时对数据进行分割。然后,传输层将数据传递到网络层,并确保数据能正确无误地传送到网络层。因此,传输层负责提供两节点之间数据的可靠传送。当两节点的联系确定之后,传输层则负责监督工作。

传输层的主要功能如下:

(1)传输连接管理:提供建立、维护和拆除传输连接的功能,在网络层的基础上为高层提供"面向连接"和"面向无接连"的两种服务。

(2)处理传输差错:提供可靠的"面向连接"和不太可靠的"面向无连接"的数据传输服务、差错控制和流量控制。在提供"面向连接"服务时,通过这一层传输的数据将由目标设备确认。如果在指定的时间内未收到确认信息,那么数据将被重发。

传输层的特点:

(1)传输层以上各层面向应用,本层及以下各层面向传输。

(2)实现源主机到目的主机"端到端"的连接。

(五)会话层

会话层(图 3-29)是 OSI 参考模型的第五层,是用户应用程序和网络之间的接口,负责在网络中的两节点之间建立、维持和终止通信。

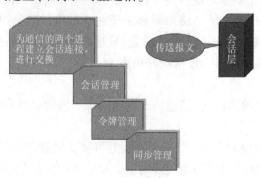

图 3-29 会话层

会话层的功能包括:建立通信链接,保持会话过程通信链接的畅通,同步两个节点之间的对话,决定通信是否被中断及在通信中断时决定从何处重新发送。

(六)表示层

表示层是 OSI 参考模型的第六层,它对来自应用层的命令和数据进行解释,以确保一个系统的应用层所发送的信息可以被另一个系统的应用层读取,如图 3-30 所示。例如,PC 程序与另一台计算机进行通信,其中一台计算机使用扩展二-十进制交换码,而另一台则使用美国信息交换标准码来表示相同的字符。这时表示层会实现多种数据格式之间的转换。也就是说,表示层的主要功能是处理用户信息的表示问题,如编码、数据格式转换、加密、解密等。

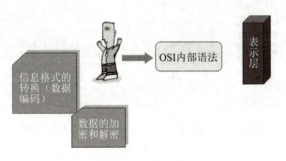

图 3-30 表示层

表示层的具体功能如下:

(1)数据格式处理:协商和建立数据交换的格式,解决各应用程序之间在数据格式表示上的差异。

(2)数据的编码:处理字符集和数字的转换。

(3)压缩和解压缩:为了减少数据的传输量,这一层负责数据的压缩与恢复。

(4)数据的加密和解密:可以提高网络的安全性。

(七)应用层

应用层(图 3-31)是 OSI 参考模型的最高层,它是计算机用户及各种应用程序和网络之间的接口,其功能是直接向用户提供服务并完成用户希望在网络上完成的各种工作。

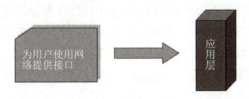

图 3-31 应用层

任务:为用户的应用进程提供网络通信服务。

服务:该层具有的各种应用程序,可以完成用户请求的各种服务。

功能:是用户应用程序与网络间的接口,使用户的应用程序能够与网络进行交互式联系。

协议:VTP、MHS、FTAM、DS 等。

应用层为用户提供的服务有文件服务、目录服务、文件传输服务、远程登录服务、电子邮件服务、打印服务、安全服务、网络管理服务、数据库服务、域名服务等。

### 三、TCP/IP 体系结构

TCP/IP 是 Internet 上的标准通信协议集。该协议集由数十个具有层次结构的协议组成，其中 TCP 和 IP 是该协议集中的两个最重要的核心协议。TCP/IP 协议族按层次可分为以下四层：应用层、传输层、网络层和网络接口层，如图 3-32 所示。

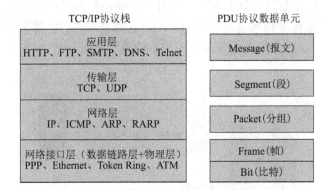

图 3-32　各层对应的 PDU 协议数据单元的名称

**（一）网络接口层**

网络接口层用来处理连接网络的硬件部分，包括硬件的设备驱动、网卡（Network Interface Card，NIC）及光纤等物理可见部分，还包括连接器等一切传输媒介。也就是说，硬件上的范畴均在该层的作用范围内。

功能：实现了网卡接口的网络驱动程序，以处理数据在物理媒介（如以太网、令牌环等）上的传输。

对应设备：网线、网桥、集线器、交换机。

常用协议：ARP（地址解析协议），它实现从 IP 地址到物理地址（通常是 MAC 地址，通俗的理解就是网卡地址）的转换；RARP（逆地址解析协议），它和 ARP 是相反的，它实现从物理地址到 IP 地址的转换。

**（二）网络层**

网络层用来处理在网络上流动的数据包，其中，数据包是网络传输的最小数据单位。该层规定了通过怎样的路径（所谓的传输路线）到达对方计算机，并把数据包传送给对方。与对方计算机之间通过多台计算机或网络设备进行传输时，网络层所起的作用就是在众多的选项内选择一条传输路线。也就是说，网络层的主要功能是把数据包通过的最佳路径送到目的端。

功能：实现数据包的选路和转发。

对应设备：路由器。

常用协议：IP、ICMP。

**（三）传输层**

传输层对上层应用层提供处于网络连接中的两台计算机之间的数据传输。

功能：为两台主机上的应用程序提供端到端的通信。与网络层使用的逐跳通信方式不同，传输层只关心通信的起始端和目的端，而不在乎数据包的中转过程。

主要协议：TCP、UDP、SCTP。

（四）应用层

应用层决定了向用户提供应用服务时通信的活动。

功能：负责处理应用程序的逻辑，比如文件传输、名称查询和网络管理等。

常用协议：OSPF（开放最短路径优先）协议、DNS（域名服务）协议、Telnet 协议、HTTP（超文本传输协议）。

## 3.3 局域网

局域网在计算机网络中是重要而活跃的领域。局域网历经近 50 年的发展，速度已经提高至目前的 10 Gbps。以太网是局域网的主流网络，全世界大部分的局域网都是以太网。

### 3.3.1 局域网简介

局域网（Local Area Network，LAN）用于连接一个较小地域（如大厦的一层、一座大厦或一个园区）内的网络。局域网中有个人计算机、文件服务器、集线器、网桥、交换机、路由器、多层交换机、语音网关、防火墙及其他设备。局域网使用的介质类型包括以太网、快速以太网、吉比特以太网、令牌环网和光纤分布式数据接口等。

### 3.3.2 以太网

**一、以太网历史**

施乐（Xerox）公司在 20 世纪 70 年代初开发了以太网。"以太网"（Ethernet）这个名字是由鲍勃·麦特卡尔夫（Bob Metcalfe）提出的。"Ether"源于物理名词，借用"以太"这个名词来描述以太网系统的特征：通过物理媒介（有线和无线）将信号传播到网络的每一个角落。根据以太网系统的这一特征，人们将以太网形象地称为"广播型"网络，如图 3-33 所示。

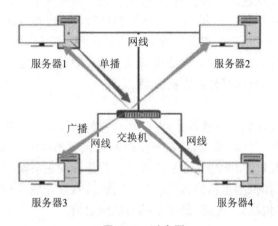

图 3-33　以太网

1980年，DEC、Intel与Xerox三家公司宣布了一个10 Mbps以太网标准。该标准的名称由这三家公司的英文首写字母组合起来，即DIX以太网标准。它成为世界上第一个开放式的、多销售商参加的局域网标准。开放式的特点是以太网成为目前使用最为广泛的局域网技术的重要原因之一。1985年，IEEE在DIX以太网标准的基础上制定了IEEE 802.3标准，它公布的名称为"IEEE 802.3 CSMA/CD访问方法和物理层规范"，"CSMA/CD"（载波侦听多路访问/碰撞检测）描述了以太网的本质内容。IEEE 802.3已被国际化标准组织接收并作为国际标准，因此以太网技术已成为一种世界性的标准。现在IEEE 802.3已成为以太网的代名词。

### 二、以太网原理

#### （一）工作机制

以太网是一种局域网技术，它的工作原理可以简单地概括为以下几个部分：

1. 帧封装

以太网采用帧封装方式对数据进行处理。在发送方的计算机中，将要传输的数据添加上一个以太网头（Ethernet Header）和一个以太网尾（Ethernet Trailer），形成以太网帧（Ethernet Frame）。其中，以太网头包括目标MAC地址、源MAC地址、类型等信息；以太网尾则包括循环冗余校验码（CRC）等信息。

2. 信号传输

以太网使用多种物理媒介（包括同轴电缆、双绞线、光纤等）来传输信号。发送方向网络上传输数据的过程中会生成一个所谓的"载波"信号。其他节点会通过物理层监听这个信号，从而得知当前是否有节点正在占用该媒介。如果检测到该媒介正被占用，则会等待一段时间，再重新发送数据。

3. 接收方处理

接收方从媒介中抽取帧内容，并对其进行解码。首先根据目标MAC地址判断该帧是不是发给自己的。如果不是，则将该帧丢弃；如果是，则进行CRC校验，以判断该帧是否在传输过程中遭受了损坏。若校验通过，则将该帧的有效数据部分传递给上层应用程序；否则，这个帧会被丢弃。

4. 冲突检测

多个节点同时想要发送数据时，会产生冲突。为了解决这个问题，以太网采用了一种冲突检测机制，即CSMA/CD。该机制的工作原理是每个节点在发送前会先监听媒介，若发现媒介空闲，则立即发送数据；若发现媒介正在被占用，则等待随机的一段时间后再次监听媒介，继续进行前述的操作。若发现冲突，则立即停止发送，并向其他节点发送"JAM"信号，以通知它们当前媒介正在被占用。

5. 重传机制

如果一个节点在发送数据时遇到了冲突，那么它就会停止发送数据，并使用指数退避算法来计算一个随机的等待时间，然后在等待时间结束后再次尝试发送数据。如果一次发送数据的尝试次数超过了预设的上限，则该节点将放弃发送该帧。

总之，以太网的工作机制包括帧封装、信号传输、接收方处理、冲突检测和重传机制等步骤，其设计目的是实现高效、可靠、低成本的局域网通信。

## (二)冲突域

冲突域(Collision Domain)是指一个或多个节点共享同一物理媒介时可能发生数据冲突的范围。两个或更多节点在相同的时间内尝试将数据发送到同一网络媒介上时,就会产生冲突。因此,任何两个或多个节点之间共享同一物理媒介的情况都会创建一个冲突域。

在以太网中,冲突域通常由集线器(Hub)创建。集线器是一种简单的网络设备,其作用是将一个物理媒介划分成若干个端口,使得多个计算机可以同时连接到同一个物理媒介上,并实现数据交换。当一个节点通过集线器向网络发送数据时,数据会被广播到所有与该集线器相连的节点上。因此,如果多个节点同时向网络发送数据,则这些数据包就可能在集线器的物理媒介上发生冲突,从而导致数据包的重传和数据传输延迟等问题。

除了集线器,同轴电缆、双绞线等物理媒介也会形成冲突域。当多个节点通过同一根物理媒介(如同轴电缆或双绞线)进行通信时,节点之间的数据传输也可能会出现冲突。因此,在设计网络时需要注意将物理媒介划分成若干个小的冲突域,以减少节点之间的数据冲突,提高网络的传输效率。例如,通过使用交换机,可以将网络划分为多个虚拟局域网,从而使不同的冲突域相互独立,减少数据冲突的发生。冲突域如图3-34所示。

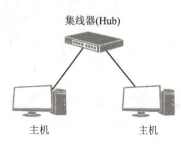

图3-34 冲突域

## (三)帧格式

在以太网中,数据通过帧的形式在网络间传输。每个帧由多个字段(Field)组成。这些字段用于标识帧的类型、发送者和接收者的地址、数据长度等信息。下面是以太网帧格式的详细介绍。

1. 帧前导码(Preamble)

帧前导码包含7字节。每个字节为10101010,用于同步接收方的时钟,使其能够正确接收后续的数据。

2. 目标地址(Destination Address)

目标地址为6字节,表示接收方的物理地址,用于标识该帧的接收者。

3. 源地址(Source Address)

源地址为6字节,表示发送方的物理地址,用于标识该帧的发送者。

4. 类型/长度字段(Type / Length)

类型/长度字段为2字节,表示后续数据部分的类型或长度。值小于或等于1 500表示该字段指明了数据部分的长度;否则,表示该字段指明了数据部分的类型。

5. 数据部分(Data)

数据部分为46~1 500字节,表示实际传输的数据内容。

6. 帧校验序列(FCS)

帧校验序列为4字节,用于检验帧中所有字段的完整性。FCS是由CRC算法生成的,可以检测到任何单比特或双比特错误。

帧格式总长度为64~1518字节。其中,帧前导码、目标地址、源地址和类型/长度字段共占 14 字节,因此数据部分的最小长度为 46 字节。如果数据部分长度小于 46 字节,那么需要进行填充(Padding),使其达到最小长度要求。

IEEE 802.3 帧格式如图 3-35 所示。

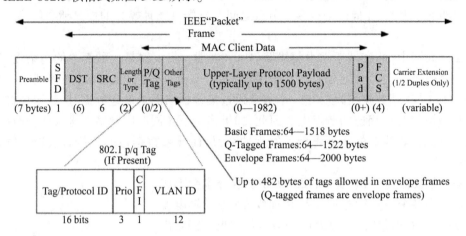

图 3-35　IEEE 802.3 帧格式

字段说明如下:

Preamble(前导码):用于接收方与发送方的同步,占 7 字节,每个字节的值固定为 0xAA。

SFD(Start Frame Delimiter):帧起始定界符,用于标识一个以太网帧的开始,值固定为 0xAB。

DST、SRC:分别表示标识目标地址和源地址。它们均为 6 字节。如果传输出去的目标地址第一位是 0,那么表示这是一个普通地址;如果是 1,那么表示这是一个组地址。

Length/Type:通常这个字段用于指定报文头后所接的数据类型。通常使用的值包括:IPv4(0x0800)、IPv6(0x86DD)、ARP(0x0806)。而值 0x8100 代表一个 Q-tagged 帧(802.1q)。通常一个基础的以太网帧长为 1 518 字节,但是更多的新标准把这个值扩展为 2 000 字节。

MAC Client Data:数据主体,最小长度为 48 字节(加上帧头 12 字节、CRC 4 字节刚好为 64 字节),当数据主体小于 48 字节时,会添加 pad 字段。选取最小长度是出于冲突检测的考虑(CSMA/CD)。而数据字段最大长度为 1 502 字节。

FCS(Frame Check Sequence):也叫 CRC(Cyclic Redundancy Check)。CRC 是差错检测码,用来确定接收到的帧比特是否正确。

目前在 IEEE 802.3 标准中,这个字段被称为长度/类型字段,那么何时表示长度,何时表示类型呢? 由于以太网帧中数据字段的最大长度定义为 1 500 字节,协议规定若该字段中的数值小于或等于 1 500,则作为长度字段使用,若大于或等于 1 536(对应十六进制 0x600),则作为类型字段使用(因为不可能有这么长的以太网帧)。字段中的数值用十六进制表示。因此,在当前的 IEEE 802.3 标准中这两种格式是共存的。

注:1 501 至 1 535 区间的数值保留未用。

数据字段(Data field)DIX 以太网标准:接在类型字段后面的是数据字段,这个字段的长度范围为 46~1 500 字节。

**IEEE 802.3 标准**：IEEE 802.3 规范中这部分内容与 DIX 以太网标准相同，但是它的数据字段中包含 LLC 协议头的内容，它占用数据字段来提供控制信息。而 DIX 以太网标准中没有相应内容。

（四）10 Mbps 以太网家族成员

针对不同的介质类型，IEEE 开发了多种以太网技术。下面根据大概的时间顺序做简要介绍（所列为一些常见的 10 兆以太网技术）：如表 3-2 所示。

表 3-2　常见的 10 兆以太网技术

| 类型 | 衰减距离/m | 介质 | 最大带宽/Mbps | 物理拓扑 |
| --- | --- | --- | --- | --- |
| 10Base5 | 500 | 同轴电缆 | 10 | 总线型 |
| 10Base2 | 185 | 同轴电缆 | 10 | 总线型 |
| 10BaseT | 100 | 非屏蔽双绞线 | 10 | 星型 |
| 10BaseF | 2 000 | 光纤 | 10 | 星型 |

1. 10Base5

它表示基于粗同轴电缆的以太网系统。其中，"10" 表示传输速率为 10 Mbps，"Base" 代表基带（Baseband）传输，"5" 表示最大电缆段长度（衰减距离）为 500 m。所谓 "基带传输" 是指信号未经调制的传输方式。

2. 10Base2

它表示基于细同轴电缆的以太网系统。其中，"10" 表示传输速率为 10 Mbps，"Base" 代表基带传输，而它的最大电缆段长度（衰减距离）为 185 m，但是标识符简写为 "2"，这样可以使标识符短小易读。

3. 10Base-T

它的前一部分与上述内容相同，工作于 10 Mbps 传输速率，采用基带传输方式。其中的 "T" 表示 "绞合" 的含义。显而易见它是针对双绞线电缆的标准。电缆段长度（衰减距离）为 100 m。

4. 10Base-F

"F" 代表光纤介质中的 "纤维（Fiber）"。10Base-F 是关于光纤以太网的标准。这种标准目前应用得不多，基本上被 100Base-FX 和千兆以太网技术替代了。电缆段长度（衰减距离），多模光纤的为 2 000 m，单模光纤的衰减距离根据收发器的不同而不一，总的来讲要超过多模光纤的衰减距离。

5. 快速以太网

（1）快速以太网概述。

20 世纪 90 年代初期快速以太网技术应运而生。1995 年 5 月，IEEE 正式通过了快速以太网 100Base-T 的标准。它对应的 IEEE 规范名称是 IEEE 的 802.3 u。快速以太网与 10 Mbps 以太网的规范兼容，10 Mbps 以太网设备可以不经修改地与快速以太网设备共存。这就为 10 Mbps 用户升级到 100 Mbps 提供了极大的方便。这些兼容性的优点，进一步扩大了以太网的市场规模。

（2）快速以太网的特点。

为了保证 10 Mbps 以太网能够平滑地升级，快速以太网标准在帧格式、帧长度及媒介访问控制机制（CSMA/CD）方面都与 10 Mbps 以太网的规范兼容。我们再来看一看它与 10 Mbps 以太网的不同之处：首先，它的帧发送速率比 10 Mbps 以太网的帧发送速率提高 9 倍，达到 100 Mbps。其次，快速以太网的信号编码与 10 Mbps 以太网不同。由于信号编码的不同，两种以太网物理设备存在兼容性的问题。快速以太网的兼容性更强。还有一个不同之处是快速以太网中碰撞域范围的限制问题。快速以太网依然遵守 CSMA/CD 的法则，所以它也要检测碰撞。出于兼容性的考虑，快速以太网中设备进行碰撞检测消耗的时间比 10 Mbps 以太网缩短了近 10 倍。显然快速以太网中碰撞域的范围要比 10 兆以太网的范围要小。

（五）快速以太网家族成员

1. 100Base-TX

"100"表示传输速率为 100 Mbps，"Base"代表基带传输，"T"代表介质类型为双绞线。100Base-TX 要求使用高质量的 5 类双绞线。双绞线的衰减距离为 100 m。这一技术在快速以太网中使用得最为广泛。

2. 100Base-FX

"F"代表光纤介质中的"纤维"。100Base-FX 的传输介质是光纤。它可以支持多模和单模光纤。多模光纤的衰减距离为 2 000 m，单模光纤的衰减距离根据收发器的不同而不一，总的来讲要超过多模光纤的衰减距离。

3. 100Base-T4

它支持 3 类双绞线介质，这样就降低了网络的成本，但是 3 类双绞线的质量不如 5 类线，它不可能在一对双绞线上达到 100 Mbps 的速率，因此标准定义了使用 4 对线缆传输信号，故而命名为"T4"。前面提到的 10Base-T 和 100Base-TX 都只使用 2 对线缆传输信号。100Base-T4 没有被广泛使用，只有少数厂商生产它的设备。

注意：2010 年左右快速以太网已经普及。

（六）1 000 Mbps 以太网家族成员

1. 1000Base-SX

1000Base-SX 规定用波长为 850 nm（1 nm = $10^{-9}$ m）的多模光纤作为传输介质，为得到更好的传输特性，使用 8 B/10 B 的编码方式。规范要求衰减距离可达 500 m。

2. 1000Base-LX

1000Base-LX 规定了两种标准：一种用波长为 1 300 nm 的单模光纤作为传输介质；另一种用波长为 1 300 nm 的多模光纤作为传输介质。两种都采用 8 B/10 B 的编码方式。对于波长为 1 300 nm 的多模光纤，传输距离可达 500 m。对于波长 1 300 nm 单模光纤，衰减距离可达 5 000 m。

3. 1000Base-CX

1000Base-CX 规定用屏蔽双绞线作为传输介质，采用 8 B/10 B 的编码方式。衰减距离为 25 m。由于传输距离过短，实际应用较少。

以上三种千兆以太网技术对应于 IEEE 的 802.3z 规范。

### 4. 1000Base-T

1000Base-T 规定用 5 类(或更高)非屏蔽双绞线作为传输介质,采用 PAM-5 的编码方式。衰减距离为 100 m。它与 10Base-T 及 100Base-TX 以太网兼容。1000Base-T 技术对应了 IEEE 的 802.3ab 规范。

#### 1. 自动协商

100Base-TX 的连接器和 10Base-T 的相同,产生了问题:虽然在物理上两者看起来是一样的,但由于信号编码的不同,它们之间互联时并不能互操作。由此产生的后果,最乐观的情况是系统无法正常工作,更坏的情况是整个网络瘫痪(如整个集线器失效)。为了解决此类问题,人们开发了一种自动配置方法,可用于使用 RJ-45 连接器的双绞线链路,称为"自动协商"。自动协商机制可以让网络设备之间相互确定对方的能力,并把自己自动设置成双方共同支持的功能状态。

#### 2. 千兆以太网

随着用户在网络上业务的急剧增长,对网络带宽的要求也在不断增加。千兆以太网是以太网技术的一种演进。同时千兆以太网的信号编码与快速以太网和 10 Mbps 以太网的都不相同。为了保护用户已有的投资,当用户网络升级或迁移到千兆以太网时,原有的设备不能舍弃。因此,千兆以太网仍然与 10 Mbps 以太网和 100 Mbps 以太网的规范兼容,它在使用同样的以太网帧格式的同时提供了 1 000 Mbps 的基本速率。它同样遵守 CSMA/CD 的访问方式。

#### 3. 双绞线及线序

TIA/EIA 568 标准按照不同的特性对双绞线进行分类,目前 10 兆及 100 兆以太网通常使用 5 类双绞线,而千兆以太网 1000Base-T 建议使用 5e(超五类)或 6 类(该标准 2002 年 6 月通过)双绞线。

典型的双绞线电缆由 8 根电线组成,使用它连接设备时这些电线的排列顺序非常重要,如果失序将会造成严重的连通性故障。TIA/EIA568 标准规定了两种连线顺序:TIA/EIA568A 和 TIA/EIA568B,如图 3-36 所示。

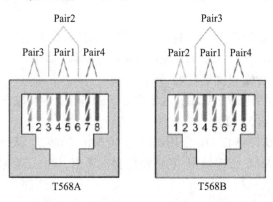

图 3-36　TIA/EIA568A 和 TIA/EIA568B

在连接网络设备时,选择线缆的线序非常重要。首先要明确网卡中各针脚的定义。我们以 RJ-45 接口的网卡为例,对于 10Base-T 和 100Base-TX 的标准,网卡中 1、2 针脚定义为发送信号,3、6 针脚定义为接收信号。

### 3.3.3 无线局域网

事实上,简单的无线网络比有线局域网更简单,因为要让基本的无线网络正常运行,只需两台主要设备:无线接入点和无线网卡。

#### 一、无线接入点

大多数有线网络中都有诸如交换机等设备。它将主机连接起来,让它们能够彼此通信。无线网络亦如此,它们也包含将所有无线设备连接起来的组件,只是这种组件被称为无线接入点。无线接入点至少有一根天线,但为更好地接收信号,通常有两根天线,或者更多;它还有一个以太网端口,用于连接到有线网络。无线接入点是到有线网络的桥梁,让无线工作站能够访问有线网络和因特网。小型办公室/家庭办公室无线接入点有两类:独立无线接入点和无线路由器。它们可能(通常也会)提供 NAT 和 DHCP 等功能。可将无线接入点比作集线器(虽然这种类比不完全正确),因为它不像交换机那样,让每条连接都是一个独立的冲突域,但无线接入点确实比集线器聪明。无线接入点是一种转发设备,将网络数据流转发到有线主干或无线区域。无线接入点还保存无线帧中的 MAC 地址信息。

#### 二、无线网络接口卡

要连接到无线网络,主机必须有无线网络接口卡(也称为无线网卡)。无线网卡所做的工作与传统以太网网卡基本相同,但没有用于插入电缆的插口/端口,而装备了无线天线。目前市面上的笔记本电脑几乎都内置了无线网卡。

#### 三、无线规范

要让无线设备能够彼此通信,它们必须明白各种调制方法,对帧进行编码,帧中应包含的报头类型及使用的物理传输机制等还必须准确地定义它们,否则这些设备将无法彼此通信。以上内容都是由 IEEE 规定的。

IEEE 802.11a 规范:802.11a 使用 5G Hz 频段,如果使用 802.11h 扩展,可获得 23 个互不重叠的频道。

802.11a 的最大传输速度为 54 Mbps,但仅当距离接入点不超过 15.24 m 时才能达到。

IEEE 802.11b 规范:IEEE 802.11b 使用 2.4 GHz 频段,提供多个互不重叠的频道。其传输距离很长,但最大传输速度只有 11 Mbps。

IEEE 802.11g 规范:IEEE 802.11g 也使用 2.4 Hz 频段,但传输速度更高,在离接入点不超过 30.48 m 时,可达 54 Mbps。

IEEE 802.11n 的组件:802.11n 使用宽度为 40 MHz 的频道,从而提供了更高的带宽;它使用块确认以提高 MAC 传输效率;它还使用多进多出,提高了吞吐量、传输距离和传输速度。

## 3.4 Internet

### 3.4.1 Internet 简介

**一、Internet 的概念**

把许许多多的局域网和广域网联起来构成一个世界性的网络，就是 Internet，或者因特网。Internet 是全球最大的、开放的、由众多网络互联而成的计算机互联网。狭义上的 Internet 指上述网中所有采用 TCP/IP 协议的网络互联的集合，其中 TCP/IP 协议的分组可通过路由选择相互传送。广义上的 Internet 指所有能通过路由选择至目的站的网络。

**二、Internet 的发展**

Internet 的前身是 ARPA 网，即美国国防部高级研究计划局(DARPA)为军事目的而建立的网络，这是一种无中心的网络，能将使用不同计算机和操作系统的网络连接在一起。

1972 年，美国 50 所大学和研究机构的主机连入这个网络，1977 年扩充到 100 多台。为了能在异构机之间实现正常的通信，DARPA 制定了一个名为 TCP/IP(Transmission Control Protocol/Internet Protocol)的通信协议，供联网用户共同遵守。1980 年，DARPA 又投资把 TCP/IP 装入 UNIX 内核，使之成为 UNIX 的标准通信模块。这一举措把 TCP/IP 推广到所有使用 UNIX 服务器的局域网，使这些网络很容易与 ARPA 网相连。

在 ARPA 网发展的同时，美国国会科学基金会(NSF)、能源部和美国宇航局(NASA)等政府部门，在 TCP/IP 的基础上相继建立或扩充了自己的网络，特别是 NSF 的 NSFNET，它不仅面向全美的大学和研究机构，而且允许非学术和研究领域的用户连接入网，因而吸引了一批又一批的商业用户。以 NSFNET 为基础，美国国内外的许多 TCP/IP 网络都陆续与 NSFNET 相连。经过十几年的发展，到 1986 年，终于发展形成 Internet。

20 世纪 90 年代是 Internet 的快速发展年代。1991 年，美国解除了对 Internet 的商业限制，成立了商业互联网交换协会(Commercial Internet Exchange Association)，推动了 Internet 的商业应用。1993 年 9 月，美国政府率先提出建设国家信息基础设施(National Information Infrastructure, NII)的计划，即"信息高速公路"，这对于 Internet 在美国的发展有极大的推动作用，也推动了 Internet 在世界的快速发展。

**三、Internet 的层次**

Internet 主要分为三个层次：底层网、中间层网、主干网。底层网为大学校园网或企业网；中间层网为地区网络和商用网络；最高层为主干网，一般由国家或大型公司投资组建。目前美国高级网络服务(Advanced Network Services, ANS)公司所建设的 ANSNET 为 Internet 的主干网。

**四、Internet 的特点**

Internet 之所以获得如此迅猛的发展，主要归功于以下的特点：

(1) 它是一个全球计算机互联网络。

(2) 它是一个巨大的信息资料网络。

(3) 它是一个开放的大家庭,有几十亿人参与,共同享用着人类自己创造的财富(即资源)。

### 3.4.2　IP 地址

IP 地址是指互联网协议地址,又译为网际协议地址。它有以下几个特点:

(1) IP 地址是 IP 协议提供的一种统一的地址格式,它为互联网上的每一个网络和每一台主机分配一个逻辑地址,以此来屏蔽物理地址的差异。

(2) 在 TCP/IP 协议中,每台主机都被分配了一个 32 位数作为该主机 IP 地址。每个 IP 地址由两个部分组成,即网络标识 netid 和主机标识 hostid。

(3) IP 地址的层次结构具有两个重要特性:第一,每台主机都有一个唯一的地址;第二,网络标识号的分配必须全球统一,但主机标识号可由本地分配,不需要全球一致。

(4) IPv4 地址是一个 32 位的二进制数,通常被分割为 4 组,而每组是一个 8 位二进制数。通常用"点分十进制"表示。

例如:点分十进制 IP 地址 100.4.152.61,实际上是 32 位二进制数(01100100.00000100.10011000.00111101)的十进制写法。

(5) IP 地址根据网络 ID 的不同分为 5 种类型,A 类地址、B 类地址、C 类地址、D 类地址和 E 类地址,如图 3-37 所示。

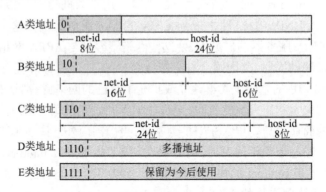

图 3-37　IP 地址分类

A 类:1.0.0.1 至 126.255.255.254 可能的网络数有 126 个,主机部分有 1 677 216 台。
B 类:128.0.0.1 至 191.255.255.254 可能的网络数有 16 384 个,主机有 65 536 台。
C 类:192.0.0.1 至 223.255.255.254 可能的网络数有 2 097 152 个,主机有 256 台。
D 类:用于广播传送至多个目的地址用 224—239。
E 类:用于保留地址 240—255。

RFC1918 将 10.0.0.0 至 10.255.255.255、127.16.0.0 至 172.31.255.255、192.168.0.0 至 192.168.255.255 的地址作为预留地址,用作内部地址,不能直接连接到公共因特网上。

(6) IP 地址可分为静态 IP 地址和动态 IP 地址。

静态 IP 地址又称为"固定 IP 地址"。静态 IP 地址是长期固定分配给一台计算机使用的 IP 地址,也就是说机器的 IP 地址保持不变。一般是特殊的服务器才拥有静态 IP 地址。现在静态 IP 地址比较昂贵,可以通过主机托管、申请专线等方式来获得。

动态 IP 地址和静态 IP 地址相对。对于大多数上网的用户，由于其上网时间和空间的离散性，为每个用户分配一个固定的 IP 地址（静态 IP）是非常不可取的，因为这将造成 IP 地址资源的极大浪费。为了节省 IP 资源，用户会自动获得一个由 ISP 动态临时分配的 IP 地址。用户任意两次连接时的 IP 地址很可能不同，但是在每次连接时间内 IP 地址不变。

### 3.4.3 常用 Internet 服务

**一、域名服务**

因特网上的节点都可以用 IP 地址来唯一标识，并且可以通过 IP 地址来访问，但 IP 地址不太容易记忆。因此，人们发明了域名（Domain Name，DN）。域名可将一个 IP 地址关联到一组有意义的字符上去。例如，某个网站 Web 服务器的 IP 地址是 207.46.230.229，其对应的域名是 www.abc.com；域名系统会及时把用户输入的域名转换成相应的 IP 地址，然后用户的主机通过 IP 资质访问网络中的站点。

域名的名字空间的层次结构是树状结构，如图 3-38 所示。最上层的结点的域名称为顶级域名，第二层的称为二级域名，以此类推。

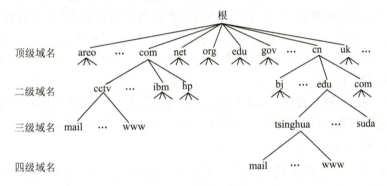

图 3-38　域名层次结构

不同的国家或地区设置了相应的顶级域名，比如 uk 代表英国，fr 代表法国，jp 代表日本，cn 中国；com、top 用于企业，edu 用于教育，gov 用于政府，net 用于互联网络及信息中心。

DNS 用来完成域名解析工作，即将域名翻译成对应的 IP 地址，负责管理和存放域名与 IP 地址相互映射的分布式数据库。每个域名服务器仅存放着一部分的域名数据库信息。

**二、FTP 文件传输协议**

FTP 文件传输协议用来在不同的计算机系统之间传送文件。通过 FTP 可以进行文件的下载，即从远程计算机上复制文件到本地计算机上；也可以进行文件的上传，即将本地计算机上的文件复制到远程计算机上。具体过程如图 3-39 所示。

FTP 的工作模式是客户机/服务器（C/S）模式。常见的 FTP 下载工具软件有 CuteFTP、LeapFTP、Netants（网络蚂蚁）等。

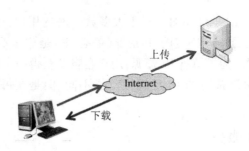

图 3-39　FTP 传输过程

### 三、万维网服务

万维网(World Wide Web,WWW)是 Internet 上集文本、声音、图像、视频等多媒体信息于一身的全球信息资源网络,是 Internet 上的重要组成部分。浏览器是用户通向 WWW 的桥梁和获取 WWW 信息的窗口,通过浏览器,用户可以在浩瀚的 Internet 海洋中漫游,搜索和浏览自己感兴趣的所有信息。

WWW 的网页文件是用超文件标记语言 HTML(Hyper Text Markup Language)编写,并在超文件传输协议 HTTP(Hype Text Transmission Protocol)支持下运行的。超文本中不仅含有文本信息,还包括图形、声音、图像、视频等多媒体信息(故超文本又称超媒体)。更重要的是超文本中隐含着指向其他超文本的链接,这种链接称为超链接(Hyper Links)。利用超文本,用户能轻松地从一个网页链接到其他相关内容的网页上,而不必关心这些网页分散在何处的主机中。

HTML 并不是一种一般意义上的程序设计语言,它将专用的标记嵌入文档中,对一段文本的语义进行描述,经解释后产生多媒体效果,并可提供文本的超链接。

### 四、电子邮件服务

E-mail 是 Internet 上使用最广泛的一种服务。用户只要能与 Internet 连接,具有能收发电子邮件的程序及 E-mail 地址,就可以与 Internet 上具有的 E-mail 所有用户方便、快速、经济地收发电子邮件,可以在两个用户间收发,也可以向多个用户发送同一封邮件,或将收到的邮件转发给其他用户。电子邮件中除文本外,还可包含声音、图像、应用程序等各类计算机文件。此外,用户还可以电子邮件方式在网上订阅电子杂志、获取所需文件、参与有关的公告和讨论组,甚至还可浏览 WWW 资源。

电子邮件系统工作模式为客户机/服务器(C/S)模式。收发电子邮件必须有相应的软件支持。常用的收发电子邮件的软件有 Exchange、Outlook Express 等。这些软件提供邮件的接收、编辑、发送及管理功能。大多数 Internet 浏览器也都包含收发电子邮件的功能,如 Internet Explorer 和 Navigator/Communicator。

电子邮件地址格式为用户名@电子邮件服务器域名。电子邮件通常由信头、正文、附件组成。常见的电子邮件协议有以下三个:

SMTP(Simple Mail Transfer Protocol):简单邮件传输协议,是发送邮件使用的协议。

POP3(Post Office Protocol Version 3):邮局协议第 3 版,是接收邮件使用的协议。

IMAP4(Internet Mail Access Protocol Version 4):Internet 邮件访问协议第 4 版,是接收邮件使用的协议。

## 3.4.4 移动互联网

移动互联网是移动和互联网融合的产物,继承了移动随时、随地、随身和互联网开放、分享、互动的优势,是一个全国性的、以宽带IP为技术核心的、可同时提供话音、传真、数据、图像、多媒体等高品质电信服务的新一代开放的电信基础网络,由运营商提供无线接入,互联网企业提供各种成熟的应用。

整个移动互联网发展历史可以归纳为四个阶段:萌芽阶段、培育成长阶段、高速发展阶段和全面发展阶段。

### 一、萌芽阶段

萌芽阶段的移动应用终端主要是基于WAP(无线应用协议)的应用模式。该时期由于受限于移动2G网速和手机智能化程度,中国移动互联网发展处在一个简单WAP应用期。WAP应用把Internet上HTML的信息转换成用WML描述的信息,显示在移动电话的显示屏上。WAP只要求移动电话和WAP代理服务器的支持,而不要求现有的移动通信网络协议做任何的改动,因而被广泛地应用于GSM、CDMA、TDMA等多种网络中。在移动互联网萌芽期,利用手机自带的支持WAP协议的浏览器访问企业WAP门户网站是当时移动互联网发展的主要形式。

### 二、培育成长阶段

2009年1月7日,工业和信息化部为中国移动、中国电信和中国联通发放3张第三代移动通信(3G)牌照,此举标志着中国正式进入3G时代。3G移动网络建设掀开了中国移动互联网发展新篇章。随着3G移动网络的部署和智能手机的出现,移动网速的大幅提升初步破解了手机上网带宽瓶颈,移动智能终端丰富的应用软件也让移动上网的娱乐性得到大幅提升。同时,我国在3G移动通信协议中制定的TD SCDMA协议得到了国际的认可和应用。

### 三、高速发展阶段

随着手机操作系统生态圈的全面发展,智能手机规模化应用促进了移动互联网的快速发展,具有触摸屏功能的智能手机的大规模普及应用使上网更加方便,安卓智能手机操作系统的普遍安装和手机应用程序商店的出现极大地丰富了手机上网功能,移动互联网应用呈现爆发式增长。进入2012年之后,由于移动上网需求大增,安卓智能操作系统的大规模商业化应用,传统功能手机进入了一个全面升级换代期,传统手机厂商普遍推出了触摸屏智能手机和手机应用商店。触摸屏智能手机由于上网浏览方便、移动应用丰富,受到了市场的欢迎。同时,手机厂商之间竞争激烈,使得智能手机价格快速下降,千元以下的智能手机大规模量产。这推动了智能手机在中低收入人群中的大规模普及应用。

### 四、全面发展阶段

移动互联网的发展永远都离不开移动通信网络的技术支撑,而4G网络建设将中国移动互联网发展推上快车道。随着4G网络的部署,移动上网网速得到极大提高,上网网速瓶颈限制基本被破除,移动应用场景得到极大丰富。2013年12月4日,工信部正式向中国移动、中国电信和中国联通三大运营商发放了TD-LTE4G牌照,中国4G网络正式大规模铺开。

4G网络造就了繁荣的互联网经济,解决了人与人之间随时随地通信的问题。随着移动互联网的快速发展,新服务、新业务不断涌现,移动数据业务流量呈现爆炸式增长,4G 移动通信系统难以满足未来移动数据流量暴涨的需求,急需研发下一代移动通信(5G)系统。

2021 年,我国已建成 5G 基站超过 115 万个(占全球数量的 70%以上),形成了全球规模最大、技术最先进的 5G 独立组网网络。全国所有地级市城区、超过 97%的县城城区和 40%的乡镇镇区实现 5G 网络覆盖;5G 终端用户达到 4.5 亿户,占全球数量的 80%以上。中国在 5G 技术领域处于世界领先地位。

## 3.5 信息安全

随着互联网的发展,一个国家的疆域已经从传统的领土、领海、领空、太空,拓展到网络。2021 年 1 月 1 日起实施的《中华人民共和国国防法》第三十条明确规定:"国家采取必要的措施,维护在太空、电磁、网络空间等其他重大安全领域的活动、资产和其他利益的安全。"

### 3.5.1 信息安全概述

信息安全是一门涉及计算机科学、网络技术、通信技术、密码技术、信息安全技术、应用数学、数论、信息论等的综合性学科。

国际标准化委员会对计算机安全的定义:计算机安全是为数据处理系统所建立和采用的技术及管理的安全保护,保护计算机硬件、软件、数据不因偶然的或恶意的原因而遭到破坏、更改、显露。

我国公安部计算机管理监察司对计算机安全的定义:计算机安全是指计算机资产安全,即计算机信息系统资源和信息资源不受自然和人为有害因素的威胁和危害。

信息安全是广义的,计算机安全在其范畴内,而我们通常所了解的网络安全(第五空间),在空间层面包含信息安全。

信息安全强调信息(数据)本身的安全属性,主要包括以下内容:
(1) 秘密性:信息不被未授权者知晓的属性。
(2) 完整性:信息是正确的、真实的、未被篡改的、完整无缺的属性。
(3) 可用性:信息可以随时正常使用的属性。

信息必须依赖其存储、传输、处理及应用的载体(媒介)而存在,因此针对信息系统,安全可以划分为以下四个层次:设备安全、数据安全、内容安全、行为安全。其中数据安全即是传统的信息安全。

### 3.5.2 法律体系

**一、网络安全法律**

我国的法律体系由法律、行政法规、地方性法规三个层次组成。《中华人民共和国宪法》作为我国的根本法,确定了公民通信自由和通信保密受到法律的保护。《中华人民共和国刑法》《中华人民共和国网络安全法》等相关法律从不同的角度对网络安全中的相关行为进行了要求和界定。相关法律及施行时间如下:

2005 年 4 月 1 日，《中华人民共和国电子签名法》施行；
2017 年 6 月 1 日，《中华人民共和国网络安全法》施行；
2019 年 1 月 1 日，《中华人民共和国电子商务法》施行；
2020 年 1 月 1 日，《中华人民共和国密码法》施行；
2021 年 9 月 1 日，《中华人民共和国数据安全法》施行；
2021 年 11 月 1 日，《中华人民共和国个人信息保护法》施行。

### 二、《中华人民共和国网络安全法》

随着《中华人民共和国网络安全法》在 2017 年 6 月 1 日正式实施，我国网络安全法律法规体系一直以来基本法缺位的问题得到了彻底的解决。我国初步构建了以《中华人民共和国网络安全法》为基础的网络空间安全法律法规体系。

《中华人民共和国网络安全法》第二十一条表明国家实行网络安全等级保护制度，明确了网络安全等级保护制度在我国网络安全工作中的地位，并要求网络运营者应当按照网络安全等级保护制度的要求，履行安全保护义务。

### 三、其他网络安全相关法律及条款

《中华人民共和国刑法》第二百八十五条  违反国家规定，侵入国家事务、国防建设、尖端科学技术领域的计算机信息系统的，处三年以下有期徒刑或者拘役。

《中华人民共和国国家安全法》第五十九条  国家建立国家安全审查和监管的制度和机制，对影响或者可能影响国家安全的外商投资、特定物项和关键技术、网络信息技术产品和服务、涉及国家安全事项的建设项目，以及其他重大事项和活动，进行国家安全审查，有效预防和化解国家安全风险。

《中华人民共和国保守国家秘密法》第三十四条  从事国家秘密载体制作、复制、维修、销毁，涉密信息系统集成，或者武器装备科研生产等涉及国家秘密业务的企业事业单位，应当经过保密审查，具体办法由国务院规定。

机关、单位委托企业事业单位从事前款规定的业务，应当与其签订保密协议，提出保密要求，采取保密措施。

《中华人民共和国反恐怖主义法》第十九条  电信业务经营者、互联网服务提供者应当依照法律、行政法规规定，落实网络安全、信息内容监督制度和安全技术防范措施，防止含有恐怖主义、极端主义内容的信息传播；发现含有恐怖主义、极端主义内容的信息的，应当立即停止传输，保存相关记录，删除相关信息，并向公安机关或者有关部门报告。

网信、电信、公安、国家安全等主管部门对含有恐怖主义、极端主义内容的信息，应当按照职责分工，及时责令有关单位停止传输、删除相关信息，或者关闭相关网站、关停相关服务。有关单位应当立即执行，并保存相关记录，协助进行调查。对互联网上跨境传输的含有恐怖主义、极端主义内容的信息，电信主管部门应当采取技术措施，阻断传播。

### 3.5.3 计算机与思政教育

#### 一、科技力量

（一）信息论之父——克劳德·艾尔伍德·香农（Claude Elwood Shannon，1916—2001）

克劳德·艾尔伍德·香农，美国数学家，信息论的创始人，提出了信息熵的概念，为信息论和数字通信奠定了基础。其研究的通信理论和保密系统被美军采用,参与制作的通信加密设备被用于二战中盟军最高领袖罗斯福、丘吉尔、艾森豪威尔、蒙哥马利等人之间的绝密通信,保护了盟军的情报安全。

(二)计算机科学之父——艾伦·麦席森·图灵(Alan Mathison Turing,1912—1954)

艾伦·麦席森·图灵,英国数学家、逻辑学家,被称为计算机科学之父,人工智能之父。第二次世界大战期间,他参与了世界上最早计算机的研制,曾协助军方破解德国的著名密码系统恩尼格码(Enigma),帮助盟军取得了二战的胜利。

(三)现代计算机之父——约翰·冯·诺依曼(John Von Neumann,1903—1957)

冯·诺依曼在二战期间曾参与曼哈顿计划,为第一颗原子弹的研制做出了贡献。

二、案例

网络安全大型专题片《第五空间》。

2014年3月,中国某海事机构一台办公计算机出现异常:运行缓慢,CPU、内存占用率极高,原因不明。

造成上述异常情况的不是一个普通的病毒,它是一种以窃密为目的,意图盗取国家机密的病毒。在网络攻击的过程中,黑客至少使用了4套不同类型的病毒代码,注册了70个以上的域名,服务器遍布全球13个国家。该黑客组织被命名为"海莲花"。迄今为止,海莲花组织的黑客攻击还在继续。我国由于及时防御,部署得当,才避免了大规模网络安全事件的发生。

三、思考

网络安全问题与每个人息息相关,任何人都无法置身事外。网络空间的竞争归根到底是人才的竞争。网络安全为人民,网络安全靠人民。我们每个人都是网络空间的用户,也是维护网络空间安全的参与人,只有掌握了一定的网络安全知识和技能,同时具备良好的信息安全意识,才能真正构建网络空间安全的钢铁长城,为中华民族伟大复兴贡献一份力量。

## 3.5.4 计算机与道德教育

一、道德概述

道德是社会意识形态之一,是人们共同生活及其行为的准则和规范。道德通过社会或一定阶级的舆论对社会生活起约束作用。我们应做到"不以善小而不为,不以恶小而为之"。道德和法律都很重要,道德是底线,法律是红线。二者相辅相成,缺一不可。

二、计算机职业道德

计算机职业道德涉及行为守则和伦理原则。美国计算机学会(ACM)、英国计算机学会(BCS)和澳大利亚计算机学会(ACS)对此较早、较完善地进行了论述、规范。

计算机伦理十戒:

(1)不要使用计算机危害他人;

(2) 不要妨碍他人的计算机工作；
(3) 不要四处窥探他人的文件；
(4) 不要利用计算机进行偷窃；
(5) 不要利用计算机做伪证；
(6) 不要使用或复制没有付费的软件；
(7) 不要在未经许可的情况下使用他人的计算机资源；
(8) 不要侵占他人的技术成果；
(9) 不要不考虑自己编写的程序对社会的影响；
(10) 不要以不能表现出体贴和尊重的方式使用计算机。

### 3.5.5 信息安全威胁和网络安全术语

#### 一、信息安全面临的主要威胁

造成信息安全受到威胁的因素既有自然因素，也有人为因素，其中多数为人为因素。

（一）黑客恶意攻击

"360"创始人在第九届互联网安全大会上首次披露："360"曾捕获境外 46 个国家级黑客，监测到 3 600 多次攻击，而这些涉及 2 万余个攻击目标；仅 2021 年上半年，"360"就捕获针对我国发起攻击的 APT 组织 12 个。

2022 年 1 月国家互联网应急中心报告称：境内感染木马或僵尸网络恶意程序的终端数为 446 万余个；境内被篡改网站数量为 4 327 个，其中被篡改政府网站数量为 24 个；境内被植入后门的网站数量为 1 812 个，其中政府网站有 2 个；针对境内网站的仿冒页面数量为 187 个。

（二）系统、软件本身的漏洞

随着软件系统规模的不断扩大，产品/系统中的安全漏洞或者"后门"也不可避免地存在。常用的操作系统，无论是 Windows、Linux 或 UNIX 都或多或少存在安全漏洞，各类服务器、浏览器等也都存在安全隐患。2021 年 1 月，国家信息安全漏洞共享平台（CNVD）（https://www.cnvd.org.cn/）收集整理信息系统安全漏洞 2 072 个，其中，高危漏洞有 631 个，可被利用来实施远程攻击的漏洞有 1 719 个。

（三）网络的缺陷

互联网的共享性、开放性使其安全性存在先天不足。TCP/IP 作为 Internet 标准协议集，是黑客实施网络攻击的重点目标。

（四）管理的缺失

目前信息安全普遍存在信息安全防范不强、缺乏整体安全方案、没有安全管理机制、系统本身不安全、缺少安全人才等问题。

（五）内部攻击

内网用户拥有系统的一般访问权限，较易了解系统的安全状况，相对外部人员而言，更易规避信息系统的安全策略，也更易利用系统安全防御措施的漏洞或管理体系的弱点，从内部发起攻击。

（六）缺乏安全意识

根据安全公司的研究报告，已发现的经过验证的敏感数据泄露事件超过 63.1 万次，其中这些"事件"中有17%具有重大风险。该研究调查了全球398个顶级安全供应商,检索了暗网、深网网站,包括黑客论坛和市场、公共代码存储库及社交网络等。报告显示员工安全意识薄弱是造成这种糟糕局面的主要原因。

### 二、网络安全术语

肉鸡:指的是被黑客成功入侵并取得控制权限的计算机或终端。黑客们可以随意地控制肉鸡,就像在使用自己的计算机一样。只要黑客不对肉鸡进行破坏,使用者很难发现。

后门:指的是可绕过安全软件等的防护,从一条比较隐蔽的通道获取对计算机的控制权限的通道。黑客在入侵一台计算机成功后,很可能会再留下一个后门,将其发展成肉鸡。

弱口令:如123456、aBcd等简单密码都属于弱口令,弱口令通常容易被破解。

扫描:黑客会用一些工具来进行扫描,大多扫描的是IP、端口、漏洞等一切有利于入侵的信息。

嗅探:指的是对局域网中流经的数据包进行截取及分析,从中获取有效信息。

木马:伪装成正常程序的程序,可以捆绑在任何正常的软件中,运行后会在用户的计算机上安装客户端或者执行特定的任务,黑客就能轻松地利用正在运行的木马程序来取得用户计算机的控制权。

计算机病毒:编制或者在计算机程序中插入的破坏计算机功能或者毁坏数据,影响计算机使用,并能自我复制的一组计算机指令或者程序代码。

加壳:给捆绑了木马的程序穿一层马甲,进行压缩及代码加密,使得杀毒软件无法真实辨别出其恶意属性,特意绕过安全软件进入计算机。加壳也用于开发者对软件代码的保护等。

脱壳:脱壳指加壳的反向操作——去掉程序的壳。

## 3.5.6 网络安全防御技术

### 一、防火墙

防火墙(Firewall)技术是通过有机结合各类用于安全管理与筛选的软件和硬件设备,在计算机网络内、外网之间构建一道相对隔绝的保护屏障,以保护用户资料与信息安全、实现对计算机不安全因素阻断的一种技术。只有在防火墙同意的情况下,用户才能够访问网络/计算机。用户通过防火墙还能够对信息数据的流量实施有效查看,并且还能掌握数据信息的上传和下载速度,便于对计算机使用的情况有良好的控制判断,计算机的内部情况也可以通过这种防火墙进行查看。

### 二、入侵检测与防护

1. 入侵检测

入侵检测综合采用了统计技术、规则方法、网络通信技术、人工智能、密码学、推理等技术和方法,其作用是监控网络和计算机系统是否出现被入侵或滥用的征兆。经过不断发展和完善,作为监控和识别攻击的标准解决方案,入侵检测系统(IDS)已经成为安全防御系统的重要组成部分。

IDS 是防火墙的合理补充,帮助系统对付网络攻击,扩展了系统管理员的安全管理能力(包括安全审计、监视、进攻识别和响应),提高了信息安全基础结构的完整性。它从计算机网络系统中的若干关键点收集信息,并分析这些信息,看看网络中是否有违反安全策略的行为和遭到袭击的迹象。IDS 被认为是防火墙之后的第二道安全闸门,在不影响网络性能的情况下能对网络进行监测,从而提供实时保护。

入侵检测作为一种积极主动的安全防护技术,提供了对内部攻击、外部攻击和误操作的实时监测,在网络系统受到危害之前拦截和响应入侵。从网络安全立体纵深、多层次防御的角度出发,入侵检测越来越受到人们的重视。

2. 入侵防护

入侵防护是一种可识别潜在的威胁并迅速地做出响应的网络安全防范办法。与入侵检测系统(IDS)一样,入侵防护系统(IPS)也可监视网络数据流通。一旦不法分子侵入系统,此时,部署在网络出入口端的 IPS 就会大显身手,依照网络管理员所订立的规则,采取相应的措施。比如说,一旦检测到攻击企图,它将会自动地将夹带着恶意病毒或嗅探程序的攻击包丢掉,或采取措施将攻击源阻断,切断网络与该 IP 地址或端口之间进一步的数据交流。与此同时,合法的信息包仍按正常情况传送到接收者的手中。

三、VPN

VPN 属于远程访问技术,简单地说就是利用公用网络架设专用网络。例如,某公司员工出差到外地,他想访问企业内网的服务器资源,这种访问就属于远程访问。

让外地员工访问内网资源的解决方法就是在内网中架设一台 VPN 服务器。外地员工在当地连上互联网后,通过互联网连接 VPN 服务器,然后通过 VPN 服务器进入企业内网。为了保证数据安全,VPN 服务器和客户机之间的通信数据都进行了加密处理。有了数据加密,就可以认为数据是在一条专用的数据链路上进行安全传输,就如同专门架设了一个专用网络一样,但实际上 VPN 使用的是互联网上的公用链路,因此 VPN 称为虚拟专用网络,其实质上就是利用加密技术在公网上封装出一个数据通信隧道。有了 VPN 技术,用户无论是在外地出差还是在家中办公,只要能上互联网,就能利用 VPN 访问内网资源,而这就是 VPN 在企业中应用得如此广泛的原因。

四、安全扫描

安全扫描包括漏洞扫描、端口扫描、密码类扫描(发现弱口令密码)等。

安全扫描可利用被称为扫描器的软件来完成。扫描器是最有效的网络安全检测工具之一,它可以自动检测远程或本地主机、网络系统的安全弱点及可能被利用的系统漏洞。安全扫描技术与防火墙、安全监控系统互相配合能够提供安全性很高的网络。

安全扫描工具源于黑客在入侵网络系统时采用的工具。商品化的安全扫描工具为网络安全漏洞的发现提供了强大的支持。安全扫描工具通常分为基于服务器和基于网络的扫描器。基于服务器的扫描器主要扫描服务器相关的安全漏洞,如 password 文件、目录和文件权限、共享文件系统、敏感服务、软件、系统漏洞等,并给出相应的解决办法建议。通常与相应的服务器操作系统紧密相关。基于网络的扫描器主要扫描设定网络内的服务器、路由器、网桥、变换机、访问服务器、防火墙等设备的安全漏洞,并可设定模拟攻击,以测试系统的防御能力。通常该类扫描器限制使用范围(IP 地址或路由器跳数)。

### 五、蜜罐技术

蜜罐(Honeypot)技术是一种主动防御技术,是入侵检测技术的一个重要发展方向,也是一个"诱捕"攻击者的陷阱。蜜罐系统是一个包含漏洞的诱骗系统,它通过模拟一个或多个易受攻击的主机和服务,给攻击者提供一个容易攻击的目标。攻击者往往在蜜罐上浪费时间,延缓对真正目标的攻击。蜜罐技术的特性和原理使得它可以为入侵的取证提供重要的信息和有用的线索,便于研究入侵者的攻击行为。

### 六、无线网络安全技术

特别需要指出的是,随着无线网络和移动互联网的广泛应用,无线网络的安全防护越来越重要。与有线网络相比,无线网络所面临的安全威胁更加严重:所有常规有线网络中存在的安全威胁和隐患都依然存在于无线网络中;无线网络传输的信息容易被窃取、篡改和插入;无线网络容易受到拒绝服务攻击和干扰;内部员工可以设置无线网卡以端对端模式与外部员工直接连接。

常见的无线网络安全技术包括:无线公开密钥基础设施(WPKl)、有线对等加密协议(WEP)、Wi-Fi网络安全接入(WPA/WPA2)、无线局域网鉴别与保密体系(WAPI)、802.11i(802.11工作组为新一代WLAN制定的安全标准)等。

### 七、加密技术

保密通信、计算机密钥、防复制软盘等都属于信息加密技术。通信过程中的加密主要是采用密码,在数字通信中可利用计算机加密算法,改变承载信息的数码结构。计算机信息保护则以软件加密为主。目前世界上最流行的几种加密体制和加密算法有RSA算法和CCEP算法等。由于计算机软件的非法复制、解密及盗版问题日益严重,甚至引发国际争端,因此对信息加密技术和加密手段的研究与开发,受到各国计算机界的重视。

(一)加密原理

加密就是通过加密算法对数据进行转化,使之成为没有正确密钥任何人都无法读懂的报文。而这些以无法读懂的形式出现的报文一般被称为密文。为了读懂报文,密文必须重新转变为它的最初形式——明文。而密钥就是用来以数学方式转换报文的双重密码的。

(二)加密算法

根据国际上通行的惯例,按照双方收发的密钥是否采用相同的标准,加密算法可划分为以下两大类:

1. 常规算法

常规算法,也叫私钥加密算法或对称加密算法,其特征是收信方和发信方使用相同的密钥,即加密密钥和解密密钥是相同或等价的。比较著名的常规加密算法有:美国的DES及其各种变形,比如3DES、GDES、New DES和DES的前身Lucifer;欧洲的IDEA;日本的FEAL-N、LOKI-91、Skipjack、RC4、RC5及以代换密码和转轮密码为代表的古典密码等。在众多的常规密码中影响最大的是DES密码。常规密码的优点是有很强的保密强度,且能经受住时间的检验和攻击,但其密钥必须通过安全的途径传送。因此,其密钥管理成为系统安全的重要因素。

2. 公钥加密算法

公钥加密算法也叫非对称加密算法,其特征是收信方和发信方使用的密钥互不相同,而且几乎不可能从加密密钥推导解密密钥。比较著名的公钥加密算法有:RSA、背包密码、McEliece 密码、Diffe Hellman、Rabin、Ong-FiatShamir、零知识证明的算法、椭圆曲线、ElGamal 算法等。最有影响的公钥加密算法是 RSA,它能抵抗到目前为止已知的所有密码攻击。公钥密码的优点是可以适应网络的开放性要求,且密钥管理问题也较为简单,尤其可方便地实现数字签名和验证。但其算法复杂,加密数据的速率较低。尽管如此,但随着现代电子技术和密码技术的发展,公钥加密算法将是一种很有前途的网络安全加密体制。

### 3.5.7 计算机病毒及其防治

#### 一、计算机病毒

计算机病毒(Computer Virus)在《中华人民共和国计算机信息系统安全保护条例》中被明确定义,是指编制或者在计算机程序中插入的破坏计算机功能或者毁坏数据,影响计算机使用,并能自我复制的一组计算机指令或者程序代码。

计算机病毒具有传染性、隐蔽性、感染性、潜伏性、可激发性、表现性或破坏性。计算机病毒的生命周期:开发期—传染期—潜伏期—发作期—发现期—消化期—消亡期。

计算机病毒是人为制造的,有破坏性,又有传染性和潜伏性的,对计算机信息或系统起破坏作用的程序。它不是独立存在的,而是隐蔽在其他可执行的程序之中。计算机中病毒后,轻则影响机器运行速度,重则死机,系统被破坏。

计算机病毒按存在的媒体分类可分为引导型病毒、文件型病毒和混合型病毒;按链接方式分类可分为源码型病毒、嵌入型病毒和操作系统型病毒;按计算机病毒攻击的系统分类可分为攻击 DOS 系统病毒、攻击 Windows 系统病毒、攻击 UNIX 系统的病毒。如今的计算机病毒正在不断地推陈出新,其中包括一些独特的新型病毒,其暂时无法按照常规的类型进行分类,如互联网病毒、电子邮件病毒等。

计算机病毒被公认为数据安全的头号大敌。目前,新型病毒正向更具破坏性、更加隐秘、感染率更高、传播速度更快等方向发展。因此,我们必须深入学习计算机病毒的基本常识,加强对计算机病毒的防范。

#### 二、防治

计算机病毒无时无刻不在关注着计算机,时时刻刻准备发出攻击,但计算机病毒也不是不可控制的,可以通过下面几个方面来减少计算机病毒对计算机带来的破坏:

(1)安装最新的杀毒软件,每天升级杀毒软件病毒库,定时对计算机进行病毒查杀,上网时要开启杀毒软件,培养良好的上网习惯,如慎重打开不明邮件及附件、不登录非法网站、尽可能使用较为复杂的密码等。

(2)不要执行从网络下载后未经杀毒处理的软件等;不要随便浏览或登录陌生的网站,加强自我保护。现在有很多非法网站植入了恶意的代码,一旦被用户打开,即会在用户计算机中植入木马或其他病毒。

(3)培养自觉的信息安全意识。在使用移动存储设备时,尽可能不要共享这些设备,因为移动存储设备是计算机病毒攻击的主要目标之一。在信息安全要求比较高的场所,应将计算机上面的 USB 接口封闭,在有条件的情况下应做到专机专用。

(4)安装系统补丁,同时将应用软件升级到最新版本,避免病毒以网页木马的方式入侵系统或者通过其他应用软件漏洞来进行病毒的传播;将受到病毒侵害的计算机尽快隔离;在使用计算机的过程中,若发现计算机上存在病毒或者异常情况时,应该及时中断网络;当发现计算机网络一直中断或者网络异常时,应立即切断网络,以免病毒在网络中传播。

## 3.6 练习题

1. Internet 中,主机的域名和主机的 IP 地址两者之间的关系是(　　)。
   A. 完全相同,毫无区别　　　　　　　B. 一一对应
   C. 一个 IP 地址对应多个域名　　　　D. 一个域名对应多个 IP 地址
2. IP 地址用(　　)个字节表示。
   A. 2　　　　　B. 3　　　　　C. 4　　　　　D. 5
3. 计算机网络的目标是实现(　　)。
   A. 数据处理　　　　　　　　　　　　B. 文献检索
   C. 资源共享和信息传输　　　　　　　D. 信息传输
4. 把计算机与通信介质相连并实现局域网通信协议的关键设备是(　　)。
   A. 串行输入口　　B. 多功能卡　　C. 电话线　　D. 网卡
5. HTTP 是一种(　　)。
   A. 高级程序设计语言　　　　　　　　B. 域名
   C. 超文本传输协议　　　　　　　　　D. 网址
6. 下列 4 种表示方法中,(　　)用来表示计算机局域网。
   A. LAN　　　　B. MAN　　　　C. WWW　　　　D. WAN
7. 网络操作系统除了具有通常操作系统的四大功能外,还具有的功能是(　　)。
   A. 文件传输和远程键盘操作　　　　　B. 分时为多个用户服务
   C. 网络通信和网络资源共享　　　　　D. 远程源程序开发
8. 以下关于病毒的描述不正确的是(　　)。
   A. 对于病毒,最好的方法是采取"预防为主"的方针
   B. 杀毒软件可以抵御或清除所有病毒
   C. 恶意传播计算机病毒可能是犯罪
   D. 计算机病毒都是人为制造的
9. 计算机病毒可以按照感染的方式进行分类,但(　　)不是其中一类。
   A. 引导区型病毒　　B. 文件型病毒　　C. 混合型病毒　　D. 附件型病毒
10. 下列比较著名的国外杀毒软件是(　　)。
    A. 瑞星杀毒　　B. KV3000　　C. 金山毒霸　　D. 诺顿
11. 下列通信介质中,传输速率最快、传输距离最大的是(　　)。
    A. 光纤　　　　B. 无屏蔽双绞线　　C. 屏蔽双绞线　　D. 同轴电缆
12. 下列传输介质中,抗干扰能力最强的是(　　)。
    A. 微波　　　　B. 双绞线　　　　C. 同轴电缆　　　　D. 光纤

13. 下列通信方式中,( )不属于无线通信。
   A. 光纤通信    B. 微波通信    C. 移动通信    D. 卫星通信
14. 以( )将计算机网络化分为广域网(WAN)、城域网(MAN)和局域网(LAN)。
   A. 接入的计算机多少        B. 接入的计算机类型
   C. 拓扑类型              D. 地理范围
15. 国际标准化组织(ISO)提出的网络体系结构是( )。
   A. 系统网络体系结构(SNA)    B. 开放系统互联参考模型(OSI/RM)
   C. TCP/IP 体系结构        D. 数字网络体系结构(DNA)
16. 路由器工作在 OSI 参考模型中的( )。
   A. 物理层      B. 数据链路层    C. 网络层    D. 传输层
17. 在计算机网络的主要组成部分中,网络协议( )。
   A. 负责注明本地计算机的网络配置
   B. 负责协调本地计算机中网络硬件与软件
   C. 规定网络中所有主机的网络硬件基本配置要求
   D. 规定网络中计算机相互通信时所要遵守的格式及通信规程
18. 广域网和局域网是按照( )来分的。
   A. 网络使用者    B. 信息交换方式    C. 网络作用范围    D. 传输控制协议
19. 木马病毒可通过多种渠道进行传播。下列操作中一般不会感染木马病毒的是( )。
   A. 打开电子邮件的附件              B. 打开 MSN 即时传输的文件
   C. 安装来历不明的软件              D. 安装生产厂家的设备驱动程序
20. 下列关于计算机病毒预防措施的叙述错误的是( )。
   A. 不使用来历不明的程序和数据
   B. 不轻易打开来历不明的电子邮件(特别是附件)
   C. 开发具有先知先觉功能的可以消除一切病毒的杀毒软件
   D. 经常性地、及时地做好系统及关键数据的备份工作
21. 下列通信介质中,传输速率最快、传输距离最大的是( )。
   A. 光纤          B. 无屏蔽双绞线
   C. 屏蔽双绞线     D. 同轴电缆
22. 多选通信系统中,( )、( )和( )被称为通信系统的三要素。
   A. 信源    B. 信宿    C. 信道    D. 信号
23. 在两段双绞线之间可安装中继器,最多可安装( )个中继器,连 5 个网段,最大传输距离可达 500 m。
   A. 4#    B. 3#    C. 5#    D. 6#
24. 光纤又分为( )光纤。
   A. 单和双              B. 单模和多模
   C. 单模和双模          D. 多模和双模
25. ( )是多端口的中继器,简称 HUB。
   A. 路由器    B. 交换机    C. 集线器    D. 中继器

26. 交换机属于( )层设备,它的作用是扩展网络和通信手段,在各种传输介质中转发数据信号,扩展网络的距离。

    A. 物理　　　　　B. 数据链路　　　　C. 网络　　　　　D. 传输

27. 路由器工作在 OSI 体系结构中的( ),这意味着它可以在多个网络上交换和路由数据包。

    A. 物理层　　　　B. 数据链路层　　　C. 网络层　　　　D. 传输层

28. (多选)信息安全强调信息本身的安全属性,主要包括( )。

    A. 秘密性　　　　B. 完整性　　　　　C. 可用性　　　　D. 时效性

29. ( )是指信息不被未授权者知晓的属性。

    A. 秘密性　　　　B. 完整性　　　　　C. 可用性　　　　D. 时效性

30. ( )《中华人民共和国网络安全法》施行。

    A. 2017 年 6 月 1 日　　　　　　　　B. 2017 年 1 月 1 日

    C. 2016 年 6 月 1 日　　　　　　　　D. 2016 年 1 月 1 日

31. ( )在计算机网络内、外网之间构建一道相对隔绝的保护屏障,以保护用户资料与信息安全,实现对计算机不安全因素的阻断。

    A. VPN　　　　　B. 防火墙　　　　　C. IPS　　　　　　D. IDS

32. 蜜罐技术是一种( )防御技术。

    A. 防火墙　　　　B. 加密　　　　　　C. 被动　　　　　D. 主动

33. 最远的两个站点之间中继器(集线器)最多不能超过( )个。

    A. 4　　　　　　　B. 5　　　　　　　C. 6　　　　　　　D. 不限

34. 下列关于无线局域网的叙述正确的是( )。

    A. 由于不使用有线通信,无线局域网绝对安全

    B. 无线局域网的传播介质是高压电

    C. 无线局域网的安装和使用的便捷性吸引了很多用户

    D. 无线局域网在空气中传输数据,速度不限

35. 以太网的工作机制是( )。

    A. MA　　　　　　B. CD　　　　　　C. 802.11a　　　　D. CSMA/CD

【参考答案】

1—5　B　C　C　D　C　　　　　　6—10　A　C　B　D　D

11—15　A　D　A　D　B　　　　16—20　C　D　C　D　C

21—25　A　(ABC)　A　B　C　　26—30　B　C　(ABC)　A　A

31—35　B　D　A　C　D

# 第 4 章　计算机新技术

随着计算机的快速发展及人们对计算机新功能的需求,新技术、新理论也随之出现,技术的不断创新催生了新的业态,给人们的生活、工作带来了极大的便利。本章对大数据、云计算、物联网、人工智能等计算机新技术进行简单介绍。

**本章学习目标**

1. 熟悉大数据、云计算、人工智能、物联网、虚拟现实等计算机新技术的概念。
2. 了解各项计算机新技术的特点、应用领域及发展趋势。

## 4.1　大数据

随着云时代的来临,大数据(Big Data)吸引了越来越多人的关注。对大数据的分析常和云计算联系到一起,因为实时的大型数据集分析需要像 MapReduce 一样的框架来向数十、数百甚至数千台计算机分配工作。

大数据是人类认知世界的技术理念,是在信息技术支撑下,利用全新的数据分析处理方法,在海量、复杂、散乱的数据集合中提取有价值信息的技术处理过程,其核心就是对数据进行智能化的信息挖掘,并发挥其作用。

大数据并不在于"大",而在于"有用"。价值含量、挖掘成本比数量更为重要。对于很多行业而言,利用好这些大规模数据是赢得竞争的关键。

### 4.1.1　大数据的概念及特征

**一、大数据概念**

无论是 2001 年梅塔集团分析师道格·莱尼(Doug Laney)提出的大数据技术萌芽,还是 2008 年 IBM 公司的史密斯首次以"Big Data"的名词初步定义了大数据的含义,时至今日,科学家对大数据还没有给出一个完整、准确的定义。不同领域的科学家们都从不同的视角诠释了大数据的基本含义。

对于大数据,研究机构 Gartner 给出了这样的定义:大数据是指无法在一定时间范围内用常规软件工具进行捕捉、管理和处理的数据集合,需要新处理模式才能具有更强的决策力、洞察发现力和流程优化能力来适应海量、高增长率和多样化的信息资产。

麦肯锡全球研究所给出的定义是：一种规模大到在获取、存储、管理、分析方面大大超出了传统数据库软件工具能力范围的数据集合。

大数据技术的战略意义不在于掌握庞大的数据信息，而在于对这些含有意义的数据进行专业化处理。换言之，如果把大数据比作一种产业，那么这种产业实现盈利的关键在于增强对数据的"加工能力"，通过"加工"实现数据的"增值"。

从技术上看，大数据与云计算就像一枚硬币的正反面一样密不可分。大数据必然无法用单台的计算机进行处理，必须采用分布式架构。它的特色在于对海量数据进行分布式数据挖掘。但它必须依托云计算的分布式处理、分布式数据库和云存储、虚拟化技术。

大数据需要特殊的技术。适用于大数据的技术，包括大规模并行处理（MPP）数据库、数据挖掘、分布式文件系统、分布式数据库、云计算平台、互联网和可扩展的存储系统。

### 二、大数据的特征

IBM 提出大数据具有如下"5V"特点：Volume（大量）、Velocity（高速）、Variety（多样）、Value（低价值密度）、Veracity（真实性）。

（一）Volume

大数据最大的特征自然就是数据量巨大。大数据的起始计量单位至少是 PB（1 PB = 1 024 TB）、EB（1 EB = 1 024 PB）或 ZB（1 ZB = 1 024 EB）。海量的数据规模具有当前任何一种单体设备难以直接存储、管理和使用的数据量，大数据中所说的"大"也包括数据的全面性。这也意味着大数据阶段，无论是数据的存储还是加工计算等过程，用到的处理技术也会完全不同，例如 Hadoop、Spark 等。

（二）Variety

种类和来源多样化，包括结构化、半结构化和非结构化数据，具体表现为网络日志、音频、视频、图片、地理位置信息等，多类型的数据对数据的处理能力提出了更高的要求。

（三）Value

数据价值密度相对较低，或者说是浪里淘沙却弥足珍贵。随着互联网及物联网的广泛应用，信息感知无处不在。信息海量，但价值密度较低。如何结合业务逻辑并通过强大的机器算法来挖掘数据价值，是大数据时代最需要解决的问题。

数据就是资源。许多看似杂乱无章的数据，因为体量巨大，其潜在蕴含着巨大的价值，数据的价值是由不同的应用目的体现的。

（四）Velocity

数据增长速度快，处理速度也快，时效性要求高。比如搜索引擎要求几分钟前的新闻能够被用户查询到，个性化推荐算法尽可能要求实时完成推荐。这是大数据区别于传统数据挖掘的显著特征。

（五）Veracity

真实性指数据的准确性和可信赖度。

## 4.1.2 大数据的关键技术

### 一、大数据处理主要环节

大数据来源于互联网、企业系统和物联网等信息系统，经过大数据处理系统的分析挖掘，产生新的知识，用以支撑决策或业务的自动智能化运转。从数据在信息系统中的生命周期看,大数据处理一般需要经过五个主要环节,包括数据准备、存储管理、计算处理、数据分析和知识展现,技术体系如图 4-1 所示。每个环节都面临不同程度的技术上的挑战。

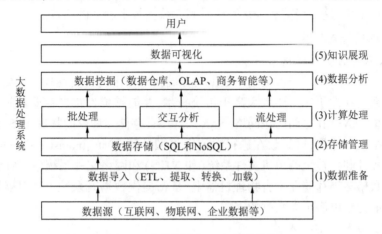

图 4-1 大数据处理五个主要环节

（一）数据准备环节

进行存储和处理之前,需要对数据进行清洗、整理,即传统数据处理体系中所称的 ETL(Extracting Transforming Loading)过程。与以往数据分析相比,大数据的来源多种多样,包括企业内部数据库、互联网数据和物联网数据,不仅数量庞大、格式不一,质量也良莠不齐。这就要求数据准备环节一方面要规范格式,便于后续存储管理；另一方面要在尽可能保留原有语义的情况下去粗取精、消除噪声。

（二）存储管理环节

当前全球数据量正以每年超过 50% 的速度增长,存储技术的成本和性能面临非常大的压力。大数据存储系统不仅需要以极低的成本存储海量数据,还要适应多样化的非结构化数据管理需求,具备数据格式上的可扩展性。

（三）计算处理环节

计算处理环节需要根据处理的数据类型和分析目标,采用适当的算法模型,快速处理数据。海量数据处理要消耗大量的计算资源,对于传统单机或并行计算技术来说,速度、可扩展性和成本上都难以适应大数据计算分析的新需求。分而治之的分布式计算成为大数据的主流计算架构,但在一些特定场景下的实时性还需要大幅提升。

（四）数据分析环节

数据分析环节需要从纷繁复杂的数据中发现规律,提取新的知识,是大数据价值挖掘的关键。传统数据挖掘对象多是结构化、单一对象的小数据集,挖掘更侧重根据先验知识预先人工建立模型,然后依据既定模型进行分析,对于非结构化、多源异构的大数据集的分析,往往缺乏先验知识,很难建立显式的数学模型。这就需要发展更加智能的数据挖掘技术。

（五）知识展现环节

在大数据服务于决策支撑场景下,以直观的方式将分析结果呈现给用户,是大数据分析的重要环节。如何让复杂的分析结果易于理解是主要挑战。在嵌入多业务中的闭环大数据应用中,一般是由机器根据算法直接应用分析结果而无须人工干预,这种场景下知识展现环节则不是必需的。

总的来看,大数据对数据准备环节和知识展现环节来说只是量的变化,并不需要根本性的变革。但大数据对存储管理、计算处理、数据分析三个环节影响较大,需要对技术架构和算法进行重构,这是当前和未来一段时间大数据技术创新的焦点。

## 二、大数据关键技术

### (一) 大数据存储管理技术

数据的海量化和快增长特征是大数据对存储技术提出的首要挑战。这要求底层硬件架构和文件系统在性价比上要大大高于传统技术,并能够弹性扩展存储容量。以往网络附着存储系统(NAS)和存储区域网络(SAN)等体系,存储和计算的物理设备分离,它们之间要通过网络接口连接,这导致在进行数据密集型计算(Data Intensive Computing)时I/O容易成为瓶颈;同时,传统的单机文件系统(如 NTFS)和网络文件系统(如 NFS)要求一个文件系统的数据必须存储在一台物理机器上,且不提供数据冗余性,可扩展性、容错能力和并发读写能力难以满足大数据的需求。

1. 数据计算和存储技术

谷歌文件系统(GFS)和 Hadoop 的分布式文件系统 HDFS(Hadoop Distributed File System)奠定了大数据存储技术的基础。与传统系统相比,GFS/HDFS 将计算和存储节点在物理上结合在一起,从而避免在数据密集计算中易形成的 I/O 吞吐量的制约,同时这类分布式存储系统的文件系统也采用了分布式架构,能达到较高的并发访问能力。大数据存储架构的变化如图 4-2 所示。

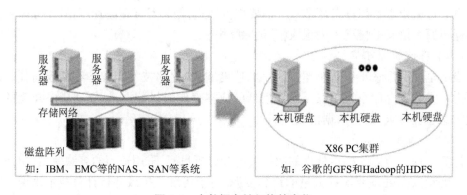

图 4-2 大数据存储架构的变化

当前随着应用范围不断扩展,GFS 和 HDFS 也面临瓶颈。虽然 GFS 和 HDFS 在大文件的追加写入和读取时能够获得很高的性能,但随机访问、海量小文件的频繁写入性能较低,因此其适用范围受限。业界当前和下一步的研究重点主要是在硬件上基于 SSD 等新型存储介质的存储体系架构,对现有分布式存储的文件系统进行改进,以提高随机访问、海量小文件存取等性能。

2. 多种数据格式存储技术

大数据对存储技术提出的另一个挑战是多种数据格式的适应能力。格式多样化是大数据的主要特征之一,这就要求大数据存储管理系统能够适应对各种非结构化数据进行高效管理的需求。数据库的一致性、可用性和分区容错性不可能都达到最佳,因此设计存储系统时,需要在一致性、可用性、分区容错性三者之间做出权衡。传统关系型数据库管理系统以支持事务处理为主,采用了结构化数据表的管理方式,为满足强一致性要求而牺牲了可用性。

为大数据设计的新型数据管理技术,如谷歌 BigTable 和 Hadoop HBase 等非关系型数据库,通过使用键值(Key-Value)对、文件等非二维表的结构,具有很好的包容性,适应了非结构化数据多样化的特点。同时,这类 NoSQL 数据库主要面向分析型业务,一致性要求可以降低,只要保证最终一致性即可,给并发性能的提升让出了空间。谷歌公司在 2012 年公开的 Spanner 数据库,通过原子钟实现全局精确时钟同步,可在全球任意位置部署,系统规模可达到 100 万~1 000 万台机器。Spanner 能够提供较强的一致性,还支持 SQL 接口,代表了数据管理技术的新方向。整体来看,未来大数据的存储管理技术将进一步把关系型数据库的操作便捷性特点和非关系型数据库灵活性的特点结合起来,研发新的融合型存储管理技术。

(二)大数据并行计算技术

大数据的分析挖掘是数据密集型计算,需要巨大的计算能力。与传统"数据简单、算法复杂"的高性能计算不同,大数据的计算是数据密集型计算,对计算单元和存储单元间的数据吞吐率要求极高,对性价比和扩展性的要求也非常高。传统依赖大型机和小型机的并行计算系统不仅成本高,数据吞吐量也难以满足大数据要求,同时靠提升单机 CPU 性能、增加内存、扩展磁盘等实现性能提升的纵向扩展的方式也难以支撑平滑扩容。

谷歌在 2004 年公开的 MapReduce 分布式并行计算技术,是新型分布式计算技术的代表。一个 MapReduce 系统由廉价的通用服务器构成,通过添加服务器节点可线性扩展系统的总处理能力,在成本和可扩展性上都有巨大的优势。Spark 内存计算,支持快速迭代、流计算 Storm、窗口批计算。Apache Hadoop MapReduce 是 MapReduce 的开源实现,已经成为目前应用最广泛的大数据计算软件平台。

MapReduce 架构能够满足"先存储后处理"的离线批量计算需求,但也存在局限性,最大的问题是时延过大,难以适用机器学习迭代、流处理等实时计算任务,也不适合针对大规模图数据等特定数据结构的快速运算。

为此,业界在 MapReduce 基础上,提出了多种不同的并行计算技术路线,如图 4-3 所示。如 Yahoo 的 S4 系统、Twitter 的 Storm 系统是针对"边到达边计算"的实时流计算框架,可在一个时间窗口上对数据流进行在线实时分析,已经在实时广告、微博等系统中得到应用。谷歌 2010 年公布的 Dremel 系统是一种交互分析引擎,几秒钟就可完成 PB 级数据查询操作。此外,还出现了将 MapReduce 内存化以提高实时性的 Spark 框架、针对大规模图数据进行了优化的 Pregel 系统等。

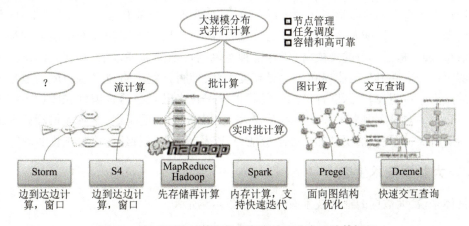

图 4-3 针对不同计算场景发展出特定分布式计算框架

针对不同计算场景建立和维护不同计算平台的做法,硬件资源难以复用,管理运维也很不方便,研发适合多种计算模型的通用架构成为业界的普遍诉求。为此,Apache Hadoop 社区在 2013 年 10 月发布的 Hadoop 2.0 中推出了新一代的 MapReduce 架构。新架构的主要变动是将旧版本 MapReduce 中的任务调度和资源管理功能分离,形成一层与任务无关的资源管理层(YARN)。如图 4-4 所示,YARN 对下负责物理资源的统一管理,对上可支持批处理、流处理、图计算等不同模型,为统一大数据平台的建立提供了新平台。基于新的统一资源管理层开发适应特定应用的计算模型,仍将是未来大数据计算技术发展的重点。

图 4-4　Hadoop 2.0 将资源管理和任务调度分离

（三）大数据分析技术

在人类全部数字化数据中,仅有非常小的一部分(约占总数据量的 1%)数值型数据得到了深入分析和挖掘(如回归、分类、聚类)。大型互联网企业对网页索引、社交数据等半结构化数据进行了浅层分析(如排序)。占总量近 60% 的语音、图片、视频等非结构化数据还难以进行有效的分析。

大数据分析技术的发展需要在两个方面取得突破,一是对体量庞大的结构化和半结构化数据进行高效率的深度分析,挖掘隐性知识,如从自然语言构成的文本网页中理解和识别语义、情感、意图等;二是对非结构化数据进行分析,将海量复杂多源的语音、图像和视频数据转化为机器可识别的、具有明确语义的信息,进而从中提取有用的知识。

目前的大数据分析主要有两条技术路线,一是凭借先验知识人工建立数学模型来分析数据,二是通过建立人工智能系统,使用大量样本数据进行训练,让机器代替人工获得从数据中提取知识的能力。由于占大数据主要部分的非结构化数据模式往往不明且多变,因此难以靠人工建立数学模型去挖掘深藏其中的知识。

通过人工智能和机器学习技术分析大数据,被业界认为具有很好的前景。2006 年谷歌等公司的科学家根据人脑认知过程的分层特性,提出增加人工神经网络层数和神经元节点数量、加大机器学习的规模、构建深度神经网络可增强训练效果,并在后续试验中得到证实。这一事件引起工业界和学术界高度关注,使得神经网络技术重新成为数据分析技术的热点。目前,基于深度神经网络的机器学习技术已经在语音识别和图像识别方面取得了很好的效果。但未来深度学习要在大数据分析上广泛应用,还有大量理论和工程问题需要解决,主要包括模型的迁移适应能力,以及超大规模神经网络的工程实现等。

### 4.1.3　大数据技术生态

具体来说,大数据的框架技术有很多,如图 4-5 所示。

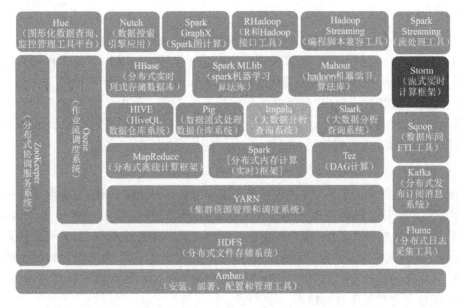

图 4-5　大数据技术生态

以下是部分框架技术：

大数据基础：Java、Linux

文件存储：Hadoop HDFS、Tachyon、KFS

离线计算：Hadoop MapReduce、Spark

流式、实时计算：Storm、Spark Streaming、S4、Heron

K-V 存储、NoSQL 数据库：HBase、Redis、MongoDB

资源管理：YARN、Mesos

日志收集：Flume、Scribe、Logstash、Kibana

消息系统：Kafka、StormMQ、ZeroMQ、RabbitMQ

查询分析：Hive、Impala、Pig、SparkSQL、Flink、Kylin

分布式协调服务：ZooKeeper

集群管理与监控：Ambari、Ganglia、Nagios、Cloudera Manager

数据挖掘、机器学习：Mahout、Spark MLlib

数据同步：Sqoop

任务调度：Oozie

## 一、Java

Java 是一门面向对象编程语言，不仅吸收了 C++的各种优点，还摒弃了 C++里难以理解的多继承、指针等概念，因此 Java 具有功能强大和简单易用两个特征。Java 作为静态面向对象编程语言的代表，极好地实现了面向对象理论，允许程序员以优雅的思维方式进行复杂的编程。

JDK（Java Development KIT）称为 Java 开发包或 Java 开发工具，是一个编写 Java 的 Applet 小程序和应用程序的程序开发环境。JDK 是整个 Java 的核心，包括了 Java 运行环境、一些 Java 工具和 Java 的核心类库（Java API）。不论什么 Java 应用服务器，实质都是内置了某个版本的 JDK。

另外，可以把Java API类库中的Java SE API子集和Java虚拟机这两部分统称为JRE（Java Runtime Environment）。JRE是支持Java程序运行的标准环境。

JRE提供了一个运行环境，而JDK提供了一个开发环境。因此写Java程序的时候需要JDK，而运行Java程序的时候就需要JRE。而JDK里面已经包含了JRE，因此只要安装了JDK，就可以编辑Java程序，也可以正常运行Java程序。但由于JDK包含了许多与运行无关的内容，占用的空间较大，因此运行普通的Java程序无须安装JDK，而只需要安装JRE即可。开发基于大数据的核心组件Hadoop的相关应用需依赖JDK。

### 二、Linux

Linux操作系统是基于UNIX操作系统发展而来的一种克隆系统，它诞生于1991年，已成为当今世界上使用最多的一种UNIX类操作系统，并且使用人数还在迅猛增长。Linux是一款免费的操作系统，用户可以通过网络或其他途径免费获得，并可以任意修改其源代码。这是其他的操作系统所做不到的。正是由于这一点，来自全世界的无数程序员参与了Linux的修改、编写工作。程序员可以根据自己的兴趣和灵感对其进行改变，这让Linux吸收了无数程序员的精华，不断壮大。

因为大数据相关软件都是在Linux上运行的，所以学好Linux对快速掌握大数据相关技术会有很大的帮助，能让你更好地理解Hadoop、Hive、HBase、Spark等大数据软件的运行环境和网络环境配置。

### 三、Hadoop

Hadoop是现在流行的大数据处理平台。它几乎已经成为大数据的代名词。Hadoop里面包括HDFS、MapReduce和YARN几个组件。

HDFS即Hadoop分布式文件系统，被设计成适合运行在通用硬件上的分布式文件系统。它和现有的分布式文件系统有很多共同点。但同时，它和其他的分布式文件系统的区别也是很明显的。HDFS是一个高度容错性的系统，适合部署在廉价的机器上。HDFS能提供高吞吐量的数据访问，非常适合大规模数据集上的应用。HDFS放宽了一部分可移植操作系统接口（Portable Operating System Interface，POSIX）约束，来实现流式读取文件系统数据的目的。HDFS在最开始是作为Apache Nutch搜索引擎项目的基础架构而开发的。HDFS是Apache Hadoop Core项目的一部分。

MapReduce是一种编程模型，用于大规模数据集（大于1 TB）的并行运算。概念"Map（映射）"和"Reduce（归约）"，以及它们的主要思想，都是从函数式编程语言里借来的，还有从矢量编程语言里借来的特性。mapReduce极大地方便了编程人员在不会分布式并行编程的情况下，将自己的程序运行在分布式系统上。当前的软件实现是指定一个Map（映射）函数，用来把一组键值对映射成一组新的键值对，指定并发的Reduce（归约）函数，用来保证所有映射的键值对中的每一个共享相同的键组。

YARN（Yet Another Resource Negotiator）是一种新的Hadoop资源管理器，它是一个通用资源管理系统，可为上层应用提供统一的资源管理和调度。它的引入为集群在利用率、资源统一管理和数据共享等方面带来了巨大好处。

### 四、ZooKeeper

ZooKeeper是一个分布式的、开放源码的分布式应用程序协调服务，是Google分布式锁服务 Chubby 一个开源的实现,是 Hadoop 和 HBase 的重要组件。它是一个为分布式应用提供一致性服务的软件,提供的功能包括配置维护、域名服务、分布式同步、组服务等。

### 五、MySQL

MySQL 是一个开源的、多用户、多线程的关系型数据库管理系统,工作模式是基于客户机/服务器结构。目前它可以支持几乎所有的操作系统,同时也可以和 PHP 完美结合。由于其体积小、速度快、总体拥有成本低,尤其是开放源码这一特点,许多中小型网站为了降低网站总体拥有成本而选择了 MySQL 作为网站数据库。

### 六、Hive

Hive 是基于 Hadoop 的一个数据仓库工具,可以将结构化的数据文件映射为一张数据库表,并提供完整的 SQL 查询功能,可以将 SQL 语句转换为 MapReduce 任务进行运行。其优点是学习成本低,可以通过类 SQL 语句快速实现简单的 MapReduce 统计,不必开发专门的 MapReduce 应用,十分适合数据仓库的统计分析。

### 七、HBase

HBase 是 Hadoop 生态体系中的 NoSQL 数据库,它的数据是按照 Key 和 Value 的形式存储的,并且 Key 是唯一的,所以它能用来做数据的排重。它与 MySQL 相比能存储的数据量大很多,所以它常被当作大数据处理完成之后的存储目的地。

### 八、Sqoop

Sqoop 是一款开源的工具,主要用于在 Hadoop(Hive)与传统的数据库(MySQL 等)间进行数据的传递,可以将一个关系型数据库(如 MySQL、Oracle、PostgreSQL 等)中的数据导进 Hadoop 的 HDFS 中,也可以将 HDFS 的数据导进关系型数据库中。

### 九、Oozie

Oozie 可以帮助管理 Hive 或者 MapReduce、Spark 脚本,还能检查程序是否执行正确,出错了能发报警,最重要的是还能帮助配置任务的依赖关系。

### 十、Kafka

Kafka 是一种高吞吐量的分布式发布订阅消息系统,它可以处理消费者在网站中的所有动作流数据。这种动作(网页浏览、搜索和其他用户的行动)是现代网络上的许多社会功能的一个关键因素。Kafka 通过 Hadoop 的并行加载机制来统一线上和离线的消息处理,通过集群来提供实时的消息。Kafka 是由 Apache 软件基金会开发的一个开源流处理平台,利用 Scala 和 Java 编写。

### 十一、Flume

Flume 是 Cloudera 提供的一个高可用的、高可靠的、分布式的海量日志采集、聚合和传输的系统。Flume 支持在日志系统中定制各类数据发送方,用于收集数据;同时,Flume 提供对数据进行简单处理,并写到各种数据接受方(可定制)的能力。

### 十二、Spark

(一) Spark 概述

Apache Spark 是专为大规模数据处理而设计的快速通用的计算引擎。Spark 是 UC Berkeley AMP lab(加州大学伯克利分校的 AMP 实验室)所开源的类 Hadoop MapReduce

的通用并行框架。Spark 拥有 Hadoop MapReduce 所具有的优点;但不同于 MapReduce 的是 Job 中间输出结果可以保存在内存中,从而不再需要读写 HDFS,因此 Spark 能更好地适用于数据挖掘与机器学习等需要迭代的 MapReduce 的算法。

Spark 是一种与 Hadoop 相似的开源集群计算环境,但是两者之间还存在一些不同之处,Spark 在某些工作负载方面表现得更加优越,换句话说,Spark 启用了内存分布数据集,除了能够提供交互式查询外,它还可以优化迭代工作负载。

Spark 是在 Scala 语言中实现的,它将 Scala 用作其应用程序框架。与 Hadoop 不同,Spark 和 Scala 能够紧密集成,其中的 Scala 可以像操作本地集合对象一样轻松地操作分布式数据集。

(二)Spark 的特点

Spark 主要有三个特点:

(1)高级 API 剥离了对集群本身的关注,Spark 应用开发者可以专注于应用所要做的计算本身。

(2)Spark 处理速度快,Spark 在内存中的运行速度比 Hadoop 快 100 倍。支持交互式计算和复杂算法。

(3)Spark 是一个通用引擎,可用来完成各种各样的运算,包括 SQL 查询、文本处理、机器学习等。

(三)Spark 的组成

Spark 提供了大量的库,开发者可以在同一个应用程序中无缝组合使用这些库,如 Spark Core、Spark SQL、Spark Streaming、Spark MLlib、Spark GraphX。

(1)Spark Core:Spark 的核心组件。

(2)Spark SQL:Spark 大数据框架的一部分,支持使用标准 SQL 查询和 HiveQL 来读写数据,可用于结构化数据处理,并可以执行类似 SQL 的 Spark 数据查询,有助于开发人员更快地创建和运行 Spark 程序。

(3)Spark Streaming:构建在 Spark 上处理 Stream 数据的框架,基本的原理是将 Stream 数据分成小的时间片段(几秒),以类似 Batch 批量处理的方式来处理这小部分数据。

(4)Spark MLlib:Spark 中也提供了机器学习的包,就是 MLlib。MLlib 中也包含了大部分常用的算法,如分类、回归、聚类等。借助于 Spark 的分布式特性,机器学习在 Spark 将能提高很多的速度。MLlib 底层采用数值计算库 Breeze 和基础线性代数库 BLAS。

(5)Spark GraphX:GraphX 是一个计算引擎,而不是一个数据库,它可以实现倒排索引、推荐系统、最短路径、群体检测等。

## 4.2 云计算

互联网使得人们对软件的认识和使用模式发生了改变。计算模式的变革必将带来一系列的挑战。如何获取海量的存储和计算资源?如何在互联网这个平台上更经济地运营服务?各种新出现的 IT 技术对各个行业将产生怎样的影响?如何才能使互联网服务更加敏捷、更随需应变?如何让企业和个人用户更加方便、透彻地理解与运用层出不穷的服务？"云计算"正是顺应这个时代大潮而诞生的信息技术理念。本节将介绍云计算的含义与分类，分析云计算的关键技术及其存在的问题。

### 4.2.1 云计算概述

下面我们通过几个案例来初步地了解身边的云计算。

**【案例一】**

年轻的公司白领李小姐懊恼地抱怨，自己做了一下午的文档却由于操作失误而消失得无影无踪，那可恶的蓝屏白字恰如一场噩梦。她的同事小王为她建议了一种新的选择——Google Docs。这个建议受到工作群内很多同事的赞许，因为很多人已经在用 Google Docs 在线写作工作文档了。包括现在的很多书籍，也是在 Google Docs 上完成的。周边的人可以随时登录并阅读书本的更新部分，从而提出宝贵的建议。

**【案例二】**

小张是一家企业的销售总监，手下有近百个销售员，每个销售员又都有 10~20 个客户的订单要处理。以前他们都是通过公司的企业资源规划（Enterprise Resource Planning，ERP）软件来处理订单的。自从注册使用了 Salesforce.com 的客户关系管理（Customer Relationship Management，CRM）软件之后，小张可以随时随地地查阅和分析其客户的订单状况，同时极大地提升了每个销售员的沟通效率和客户管理工作的效率，而他们因此支付的费用却大为下降。

**【案例三】**

小赵是一家平面设计公司的设计师，他常常头痛如何把设计好的文稿交给客户确认并交付厂家实施喷绘作业。很多时候，客户到最后一刻还在修改设计稿文案，而喷绘往往要连夜进行，第二天那些巨型喷绘展板就要在展会上展示，所以如何快速地把高达几 GB 的设计文稿发出去，就成了一个难题。邮箱肯定不堪重负，而 QQ 或者 MSN 会由于对方的不在线而无法传输文件。基于云计算的网上硬盘服务就能够解决这个问题。小赵只需登录自己的网盘账号，然后把设计文稿上传到云计算平台，系统就会给他一个共享链接，而小李只需将共享链接发给他的客户或者供应商就可以了。

通过以上三个典型案例，相信大家已经初步领略了云计算的魅力和价值。

（一）云计算的定义

目前，广为人们所接受的对云计算的定义是美国国家标准与技术研究院（NIST）的定义：云计算是一种按使用量付费的模式，这种模式提供可用的、便捷的、按需的网络访问，进入可配置的计算资源共享池（资源包括网络、服务器、存储、应用软件、服务）。这些资源能够被快速提供，只需投入很少的管理工作，或与服务供应商进行很少的交互。

（二）云计算的特点

云计算有哪些特点呢？总结起来有以下四点。

1. 硬件和软件都是资源，通过网络以服务的方式提供给用户

正如刚才的案例所描述的，Salesforce.com 将专业的客户关系管理应用模块打包成解决方案提供给用户。在云计算中，资源已经不限定在诸如处理器机时、网络带宽等物理范畴，而是扩展到了软件平台、Web 服务和应用程序的软件范畴。传统模式下自给自足的 IT 运用模式，在云计算中已经改变成分工专业、协同配合的运用模式。对于企业和机构

而言，它们不再需要规划属于自己的数据中心，也不需要将精力耗费在与自己主营业务无关的 IT 管理上。相反，它们可以将这些功能放到云中，由专业公司为它们提供不同程度、不同类型的信息服务。对于个人用户而言，也不再需要一次性投入大量费用购买软件，因为云中的服务已提供了他所需要的功能。

2. 可以根据需要对资源进行动态扩展和配置

例如，Amazon EC2 可以在极短的时间内为华盛顿邮报初始化 200 台虚拟服务器的资源，并在 9 小时的任务完成后快速地回收这些资源；Google App Engine 可以满足 Giftag 的快速增长，不断为其提供存储空间、更高的带宽和更快速的处理能力；Salesforce.com 可以为哈根达斯公司在已经成型的 CRM 系统中动态地添加和删除应用模块，来满足客户不断改进的业务需求。这些例子都体现了云计算可动态扩展和配置的特性。

3. 这些资源在物理上以分布式的方式存在，为云中的用户所共享，但最终在逻辑上以单一整体的形式呈现

对于分布式的理解有两个方面。一方面，计算密集型的应用需要并行计算来提高运算效率。例如，一个 Web 应用是由多个服务器通过集群的方式来实现的，此类分布式系统往往是在同一个数据中心中实现的，虽然有较大的规模，由几千甚至上万台计算机组成，但是在地域上仍然相对集中。另一方面，就是地域上的分布式。例如，一款商业应用的服务器可以设在位于纽约的华尔街，但是它的数据备份由位于德州戈壁中的数据中心完成。IBM 公司在世界范围内共拥有 9 所研究院，而 IBM RC2 将这些研究院中的数据中心通过企业内部网连接起来，为世界各地的研究员提供服务。作为最终用户，研究员们并不知道也不关心某一次科学运算运行在哪个研究院的哪台服务器上，因为云计算中分布式的资源向用户隐藏了实现细节，并最终以单一整体的形式呈现给用户。

4. 用户按实际使用量付费，不需要管理或只需少量管理

如华盛顿邮报为尽快完成档案的转换任务，使用了 200 台虚拟服务器，并为其所获得的 1 407 小时用机时支付了 144.62 美元。虽然华盛顿邮报没有足够的运算处理能力，但是云给了它强大的资源来快速完成任务，而它仅需要根据实际使用量来付费。对于华盛顿邮报来说，如此巨大计算量的任务并不经常出现，因此按照这个标准购置 IT 设备显然是不合理的。如果没有 Amazon EC2，华盛顿邮报在 9 小时内完成档案的转换工作将是不可能的。

总之，在云计算中软、硬件资源以分布式共享的形式存在，可以被动态地扩展和配置，最终以服务的形式提供给用户。用户按需使用云中的资源，按实际使用量付费。这些特征决定了云计算区别于自给自足的传统 IT 运用模式，必将引领信息产业发展的新浪潮。

### 4.2.2 云计算的分类

**一、按服务类型分类**

云计算采用面向服务的思想，基于一个通用的网络基础架构，将云中的资源以服务的形式提供给用户，供拥有不同需求的用户按需使用。按其所能提供的服务类型，云计算可以分为以下三类，如图 4-6 所示。

图 4-6 云计算的服务类型

（一）基础设施云

典型应用如 Amazon EC2。这种云为用户提供的是底层的、接近于直接操作硬件资源的服务接口。通过调用这些接口，用户可以直接获得计算资源、存储资源和网络资源，而且非常自由灵活，几乎不受逻辑上的限制。但是，用户需要进行大量的工作来设计和实现自己的应用，因为基础设施云除了为用户提供计算和存储等基础功能外，不做任何进一步应用类型的假设。

（二）平台云

Google App Engine 就是平台云。这种云为用户提供一个托管平台。用户可以将他们所开发和运营的应用托管到云平台中。但是，这个应用的开发和部署必须遵守该平台特定的规则和限制，如语言、编程框架、数据存储模型等。通常，能够在该平台上运行的应用类型也会受到一定的限制，比如 Google App Engine 主要为 Web 应用提供运行环境。但是，一旦客户的应用被开发和部署完成，所涉及的其他管理工作，如动态资源调整等，都将由该平台层负责。

（三）应用云

典型应用如 Salesforce.com。这种云为用户提供直接可用的应用，而这些应用一般是基于浏览器的，针对某一项特定的功能。应用云最容易被用户使用，因为它们都是开发完成的软件，只需要进行一些定制就可以交付。但是，它们也是灵活性最低的，因为一种应用云只针对一种特定的功能，无法提供其他功能的应用。

二、按服务方式分类

云计算作为一种革新性的计算模式，虽然具有许多现有计算模式所不具备的优势，但是无论是从商业模式上还是从技术上，都带来了一系列挑战。首先就是安全问题，对于那些对数据安全要求很高的企业（如银行、公安、保险、贸易、军事等）来说，客户信息是最宝贵的财富，一旦被人窃取或损坏，后果将不堪设想。其次就是可靠性问题，例如，银行希望每一笔交易都能快速、准确地完成，因为准确的数据记录和可靠的信息传输是让用户满意的必要条件。还有就是监管问题，有的企业希望自己的 IT 部门完全被公司掌握，不受外界的干扰和控制。云计算虽然可以通过系统隔离和安全保护措施为用户提供有保障的数据安全,通过服务质量管理来为用户提供可靠的服务,但是仍有可能不能满足用户的所有需求。

针对这一系列问题,业界以云计算提供者与使用者的所属关系为划分标准,将云计算分为三类,即公有云、私有云和混合云,如图 4-7 所示。用户可以根据需求选择适合自己的云计算模式。

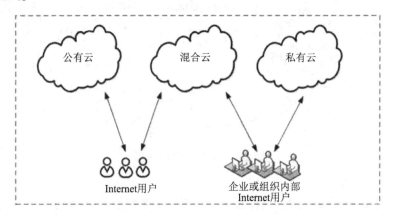

图 4-7　云计算的服务方式

（一）公有云

1. 公有云概述

公有云是现在最主流也就是最受欢迎的云计算模式。在公有云中,用户所需的服务由一个独立的第三方云提供商提供。该云提供商也同时为其他用户服务。这些用户共享这个云提供商所拥有的资源。公有云是一种对公众开放的云服务,能支持数目庞大的请求,而且因为规模的优势,其成本偏低。公有云由云供应商运行,为最终用户提供各种各样的 IT 资源。云供应商负责从应用程序、软件运行环境到物理基础设施等 IT 资源的安全、管理、部署和维护。在使用 IT 资源时,用户只需为其所使用的资源付费,无须任何前期投入,所以非常经济,而且无须具备针对该服务在技术层面的知识,无须雇佣相关的技术专家,无须拥有或管理所需的 IT 基础设施。

许多 IT 巨头都推出了它们自己的公有云服务,包括 Amazon 的 AWS、微软的 Windows Azure Platform、Google 的 Google Apps 与 Google App Engine,国内的阿里云、华为云等。

2. 公有云的优越性及局限性

（1）庞大的规模。因为公有云的公开性,它能聚集来自整个社会并且规模庞大的工作负载,从而产生巨大的规模效应。比如,能降低每个负载的运行成本或者为海量的工作负载做更多优化。

（2）低廉的价格。对用户而言,公有云完全是按需使用的,无须任何前期投入,所以与其他模式相比,公有云在初始成本方面有非常大的优势。而且就像上面提到的那样,随着公有云的规模不断增大,它将不仅使云供应商受益,而且也会相应地降低用户的开支。

（3）灵活的扩展性。对用户而言,公有云在容量方面几乎是无限的。就算用户的需求短期内快速增长,公有云也能非常快地满足。

（4）全面的功能。比如,公有云可以支持多种主流的操作系统和成千上万个应用。

（5）由于公有云在规模和功能等方面的优势,它会受到绝大多数用户的欢迎。长期而言,公有云将像公共电厂那样成为云计算最主流甚至是唯一的模式了。但是短期内,信任和遗留等方面的不足会降低公有云对企业的吸引力,特别是大型企业。

(二) 私有云

1. 私有云概述

私有云是由某个企业独立构建和使用的云环境,IT 能力通过企业内部网,在防火墙内以服务的形式为企业内部用户提供。私有云的所有者不与其他企业或组织共享任何资源。在私有云中,用户是这个企业或组织的内部成员,他们共享着该云计算环境所提供的所有资源。企业或组织以外的用户无法访问这个云计算环境所提供的服务,并且企业 IT 人员能对其数据、安全性和服务质量进行有效的控制。

2. 私有云的优越性及不足

(1) 与传统的企业数据中心相比,私有云可以支持动态灵活的基础设施,降低 IT 架构的复杂度,使各种 IT 资源得以整合和标准化。

(2) 由于私有云主要在企业数据中心内部运行,并且由企业的 IT 团队来进行管理,所以这种模式相对来说更安全。但是对企业而言,特别是大型企业而言,和业务相关的数据是其生命线,是不能受到任何形式的威胁和侵犯的,而且企业需要严格地控制和监视这些数据的存储方式和位置。所以一些对数据保密性要求特别高的企业是不会将其关键应用部署到公有云上的。而私有云在这方面是非常有优势的,因为它一般都构筑在防火墙内,企业会比较放心。

(3) 从服务质量上来说,因为私有云一般在企业内部,而不是在某一个遥远的数据中心中,所以当企业员工访问那些基于私有云的应用时,它的服务质量应该非常稳定,不会受到远程网络偶然发生异常的影响。

(4) 私有云能充分利用现有硬件资源去实现云服务。每个公司,特别是大公司,都会存在很多低利用率的硬件资源,可以通过一些私有云解决方案或者相关软件,让这些资源得以重新利用。

(5) 私有云也有其不足之处,主要是成本高。首先,建立私有云需要很高的初始成本,特别是如果需要购买大厂家的解决方案时更是如此;其次,由于需要企业在内部维护一支专业的云计算团队,所以私有云的持续运营成本也同样偏高。

在未来很长一段时间内,私有云将成为大中型企业最认可的云模式,而且将极大地增强企业内部的 IT 能力,并使整个 IT 服务围绕着业务展开,从而更好地为业务服务。

(三) 混合云

混合云,顾名思义,它是把公有云和私有云结合到一起的方式,它整合了公有云与私有云所提供服务的云环境,是让用户在私有云的私密性和公有云的灵活性与低廉性之间做一定权衡的模式。用户根据自身因素和业务需求选择合适的整合方式,制定其使用混合云的规则和策略。在这里,自身因素是指用户本身所面临的限制与约束,如信息安全的要求、任务的关键程度和现有基础设施的情况等,而业务需求是指用户期望从云环境中所获得的服务类型。比如,企业可以将非关键的应用部署到公有云上,从而降低成本,而将安全性要求很高、非常关键的核心应用部署到完全私密的私有云上。例如,网络会议、帮助与培训系统这样的服务适合从公有云中获得,而数据仓库、分析与决策系统这样的服务适合从私有云中获得。

通过使用混合云,企业可以享受接近私有云的私密性和接近公有云的成本,并且能够拥有快速接入大量位于公有云的计算能力,以备不时之需。但是现在可供选择的混合云产品较少,而且在私密性方面不如私有云好,在成本方面也不如公有云低,并且操作起来较复杂。混合云比较适合那些想尝鲜云计算的企业和面对突发流量但不愿将企业IT业务都迁移至公有云的企业。虽然混合云不是长久之计,但是它应该也会有一定的市场空间,并且也将会有一些厂商推出类似的产品。

一般来说,对安全性、可靠性及IT可监控性要求较高的公司或组织,如金融机构、政府机关、大型企业等,是私有云的潜在使用者。因为它们已经拥有了规模庞大的IT基础设施,因此只需进行少量的投资,将自己的IT系统升级,就可以拥有云计算带来的灵活与高效,同时有效地避免使用公有云可能带来的负面影响。除此之外,它们也可以选择混合云,将一些对安全性和可靠性需求相对较低的日常事务的支撑性应用部署在公有云上,来减轻自身IT基础设施的负担。相关分析指出,一般中小型企业和创业企业倾向于选择公有云,而金融机构、政府机关和大型企业则更倾向于选择私有云或混合云。

### 4.2.3 云计算的关键技术

云计算的目标是以低成本的方式提供高可靠性、高可用性、规模可伸缩的服务。要实现这个目标,需要虚拟化技术、分布式海量数据存储技术、海量数据管理技术、云安全技术等若干关键技术的支持。

#### 一、虚拟化技术

虚拟化技术是云计算系统的核心组成部分之一,是将各种计算及存储资源充分整合和高效利用的关键技术。云计算的虚拟化技术不同于传统的单一虚拟化,它是涵盖整个IT架构的,包括资源、网络、应用和桌面在内的全系统虚拟化。虚拟化技术可以实现将所有硬件设备、软件应用和数据隔离开来,打破硬件配置、软件部署和数据分布的界限,实现IT架构的动态化,实现资源集中管理,使应用能够动态地使用虚拟资源和物理源,从而增强系统适应需求和环境的能力。

虚拟化技术具有以下特点:

(一)多实例

通过虚拟化技术,一个物理服务器上可以运行多个虚拟服务器,即可以支持多个客户操作系统。服务器虚拟化将服务器的逻辑整合到虚拟机中,而物理系统的资源,如处理器、内存、硬盘和网络等,是以可控方式分配给虚拟机的。

(二)隔离性

在多实例的虚拟化中,一个虚拟机与其他虚拟机完全隔离。通过隔离机制,即便其中的一个或几个虚拟机崩溃,其他虚拟机也不会受到影响,虚拟机之间也不会泄露数据。如果多个虚拟机内的进程或者应用程序之间想相互访问,就只能通过所配置的网络进行通信,如同采用虚拟化之前的几个独立的物理服务器一样。

(三)封装性

封装性也即硬件无关性。在采用了服务器虚拟化后,一个完整的虚拟机环境对外表现为一个单一的实体(如一个虚拟机文件、一个逻辑分区),这样的实体非常便于在不同的硬件间备份、移动和复制等。同时,服务器虚拟化将物理机的硬件封装为标准化的虚拟硬件设备,提供给虚拟机内的操作系统和应用程序,保证了虚拟机的兼容性。

（四）高性能

与直接在物理机上运行的系统相比,虚拟机与硬件之间多了一个虚拟化抽象层。虚拟化抽象层通过虚拟机监视器或者虚拟化平台来实现,并会产生一定的开销。这些开销即为服务器虚拟化的性能损耗。服务器虚拟化的高性能是指虚拟机监视器的开销被控制在可承受的范围之内。

基于以上特点,虚拟化技术成为实现云计算资源池化和按需服务的基础。

### 二、海量数据存储技术

（一）海量数据存储面临的问题

随着信息化建设的不断深入,信息管理平台已经完成了从信息化建设到数据积累的职能转变。在一些信息化起步较早、系统建设较规范的行业,例如,通信、金融、大型生产制造等领域,海量数据的存储、分析需求的迫切性日益明显。以移动运营商为例,随着移动业务和用户规模的不断扩大,每天都会产生海量的业务、计费及网关数据,然而庞大的数据量使得传统的数据库存储无法满足存储和分析需求,主要面临的问题如下。

1. 数据库容量有限

关系型数据库并不是为海量数据而设计,在设计之初并没有考虑到数据量能够庞大到 PB 级。为了继续支撑系统,移动运营商不得不进行服务器升级和扩容,但成本高昂,让人难以接受。

2. 并行取数困难

除了分区表可以并行取数外,其他情况都要对数据进行检索才能将数据分块。并行读数效果不明显,甚至增加了数据检索的消耗。虽然可以通过索引来提升性能,但实际业务证明,数据库索引的作用有限。

3. 对 J2EE 应用来说,JDBC 的访问效率太低

由于 Java 的对象机制,读取的数据都需要序列化,导致读取数据的速度很慢。

4. 数据库并发访问数太多

数据库并发访问数太多,导致产生 I/O 瓶颈和数据库的计算负担太重两个问题,甚至导致内存溢出、崩溃等现象,但数据库扩容成本太高。

（二）海量数据存储解决方案

1. 分布式存储

为了解决以上问题,分布式存储技术得以发展,它是一种新兴的网络存储技术,是指通过集群应用、网络技术或分布式文件系统等功能,将网络中大量各种不同类型的存储设备通过应用软件集合起来协同工作,共同对外提供数据存储和业务访问功能。在技术架构上,可以分为解决企业数据存储和分析使用的大数据技术,解决用户数据云端存储的对象存储技术,以及满足云端操作系统实例需要用到的块存储技术。

对于大数据存储技术,理想的解决方案是把大数据存储到分布式文件系统中。云计算系统由大量服务器组成,同时为大量用户服务,因此云计算系统采用分布式存储的方式存储数据,用冗余存储的方式(集群计算、数据冗余和分布式存储)保证数据的可靠性。冗余存储的方式通过任务分解和集群,用低配计算机替代超级计算机的性能来保证低成本,这种方式保证分布式数据的高可用性、高可靠性和经济性,即为同一份数据存储多个

副本。在云计算系统中广泛使用的数据存储系统是 Google 的 GFS 和 Hadoop 团队开发的 GFS 的开源实现——HDFS。GFS(Google File System),即 Google 文件系统,是一个大型的分布式文件系统。它为 Google 云计算提供海量存储,并且与 Chubby、MapReduce 及 Bigtable 等技术结合十分紧密,形成 Google 的云计算解决方案。

2. 对象存储

对于对象存储,大家非常熟悉的云盘就是基于该技术实现的。用户可以将照片、文本、视频直接通过图形界面进行云端上传、浏览和下载。其实,上传等操作的界面最终都是通过 Web Service 与后台的对象存储系统打交道,而前端界面更多的是在用户、权限及管理层面上提供支持。可以说,云存储就是将存储资源放到网络上供人存取的一种新兴方式。通过接入云存储,用户可以在任何时间、任何地点,使用任何可联网的终端方便地存取数据。

对象存储可以方便地利用普通的计算机服务器组建集群实现对象的分布式存储。但商业中的类似数据库和操作系统,都是要在裸存储上进行安装才能发挥其最大的性能,因此块级别存储就是给 MySQL 等传统数据库,通过调用操作系统中的系统调用与磁盘交互的软件。其在云平台上可以独立创建,然后挂接到某个云实例上。云平台的优势在于提供简化的服务给用户使用,因此对于数量块的开通和挂接,云平台会完成相应的处理,用户只需要使用即可,否则按传统方式处理需要人工在存储上做大量操作和处理才能进行划分和挂接。

### 三、海量数据管理技术

云计算需要对海量的数据进行处理、分析,向用户提供高效的服务。因此,数据管理技术必须能够高效地管理大量的数据。云计算的数据具有海量、异构、非确定性的特点,需要采用有效的数据管理技术对海量数据和信息进行分析和处理,构建高度可用和可扩展的分布式数据存储系统。目前云计算系统中的数据管理技术主要有 Bigtable 技术和 MapReduce 技术。

(一)Bigtable

Google 提出的 Bigtable 技术是建立在 GFS 和 MapReduce 之上的一个大型的分布式数据库。Bigtable 实际上是一个很庞大的表,它的规模可以超过 1 PB(1 024 TB)。Bigtable 是非关系的数据库,是一个稀疏的、分布式的、持久化存储的多维度排序 Map。Bigtable 的设计目的是可靠地处理 PB 级别的数据,并且能够部署到上千台机器上。Bigtable 已经实现了适用性广泛、可扩展、高性能和高可用性的目标。在很多方面,Bigtable 和数据库很类似。它使用了很多数据库的实现策略。并行数据库和内存数据库已经具备可扩展性和高性能,但是 Bigtable 提供了一个和这些系统完全不同的接口。Bigtable 不支持完整的关系数据模型。与之相反,Bigtable 为客户提供了简单的数据模型。利用这个模型,客户可以动态控制数据的分布和格式,也可以自己推测底层存储数据的位置相关性,最后,可以通过 Bigtable 的模式参数来控制数据是存放在内存中还是硬盘上。

(二)MapReduce 技术

MapReduce 是由 Google 公司开发的一个针对大规模群组中的海量数据处理的分布式编程模型。为了高效地利用资源,云计算采用 MapReduce 编程模式,如图 4-8 所示。MapReduce 实现了两个功能:使用 Map 函数将任务分解为适合在单个节点上执行的计算子任务,通过调度执行处理后得到一个"值/对"(key/value)集;而 Reduce 函数则根据预先制定的规则对在 Map 阶段得到的"值/对"集进行归并操作,得到最终输出结果。MapReduce 模型最为成功之处就在于,让我们可以按照需求将针对海量异构数据的分析处理操作(无论是多么复杂)分解为任意粒度的计算子任务,并允许在多个计算节点之间灵活地调度计算及参与计算的数据,进而实现计算资源和存储资源的全局最优化的管理。另外,MapReduce 方法在将 Map 任务和 Reduce 任务分配到相应节点时,会考虑到数据的本地性,即一般会将 MapReduce 安排到参与数据的存放节点或附近节点来执行。

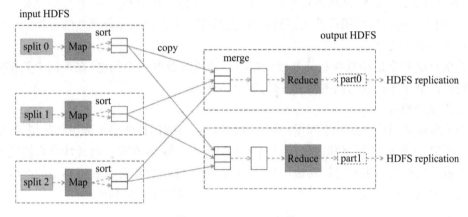

图 4-8　MapReduce 架构

### 四、云安全技术

尽管云计算会带来新的安全风险和挑战,但其与传统 IT 信息服务的安全需求并无本质区别,核心需求仍是对应用及数据的机密性、完整性、可用性和隐私性的保护。因此,云计算安全防护也不是开发全新的安全理念或体系,而是从传统安全管理角度出发,结合云计算系统及应用特点,将现有成熟的安全技术及机制延伸到云计算应用级安全管理中,满足云计算应用的安全防护需求。

(一)云基础设施安全

云计算模式的基础是云基础设施。承载服务的应用和平台均建立在云基础设施之上。确保云计算环境中用户数据和应用安全的基础是要保证服务的底层支撑体系(即云基础设施)的安全和可信,所以,确保云基础设施的安全性对云计算的发展具有深远的意义。云基础设施安全,分为网络硬件安全和主机系统安全两个方面。

1. 网络硬件安全

网络硬件安全主要是指云计算硬件设备及其部署环境的安全,重点解决硬件设备的物理安全问题,主要包含两个方面的安全,即环境安全和设备安全。环境安全是指云基础设施所处的外部环境的安全,涉及场地选择、机房建造和装修、电力保障、网络保障、消防安全、机房管理等诸多方面。设备安全中的设备是指构成云基础设施资源中心的各种设备,如网络设备、计算机设备及辅助设备。确保设备正常运转是提供服务的最基本保障。这些设备可能受到环境因素、未授权访问、供电异常、设备故障和人为破坏等诸多方面的威胁。

2. 主机系统安全

主机系统安全主要是指基础软件系统和中间件系统的安全。相对于物理安全，软件系统的安全更频繁地影响着云基础设施的正常运行。软件故障、系统漏洞、病毒感染、黑客入侵等无时无刻不在威胁着云基础设施的正常运行。消除或减少这些危害的技术手段主要有软件测试、漏洞扫描、防火墙、入侵检测和恶意软件防范等措施。

（二）云端数据安全

云计算的一个关键特征就是其服务是通过网络来提供的，所有用户的数据都存放在云端，并将计算结果通过网络回传给客户端。由于云计算是分布式的，并且为提高资源使用效率，用户之间可以共用计算或存储资源，云端数据安全性面临着严峻的考验。

1. 数据存储安全

数据存储安全是指数据在云基础设施中存储所涉及的安全问题，在存储中数据安全的主要目标是保证数据的机密性、完整性和可用性。

2. 数据管理安全

为了实现多租户模式下不同用户数据间的隔离，可根据具体要求采用物理层隔离、虚拟化层隔离、中间件层隔离和应用层隔离等不同层次的隔离方案。而云计算系统的存储资源在被系统回收后再分配给其他用户使用，需要系统在回收资源后将其中的全部数据进行完全的数据擦除或标示为只写状态，防止原用户数据被非法利用。

3. 数据传输安全

数据的传输离不开网络，因此保障数据传输的安全性也十分重要。数据传输安全性主要通过加密方式实现。数据传输加密可以选择在链路层、网络层、传输层等不同层次实现，采用网络传输加密技术可以保障网络传输数据信息的机密性、完整性和可用性。对于管理信息加密传输，可采用SSH、SSL等方式为云计算系统内部的维护管理提供数据加密通道，保障维护管理信息安全。对于用户数据加密传输，可采用IPSec、VPN、SSL等技术提高用户数据的网络传输安全性。

（三）访问数据安全

在实现安全存储后，用户在访问数据的过程中也存在安全问题。非授权的用户不能访问数据，授权的用户也不能被限制使用。用户可以通过身份认证和访问控制来保证数据的访问安全。在用户访问数据的过程中，除了对访问数据流量进行正常计费外，还要对其访问过程进行印迹保留存档，以便查看或检查有关认证、授权的记录和活动，以检测系统的安全性能，核实与已有安全策略及过程的符合性，检测安全服务中的违规事件，并给出相应的对策和整改措施。

### 4.2.4　云计算面临的挑战及发展前景

（一）云计算面临的挑战

虽然人们看到了云计算在国内的广阔前景，但也不得不面对一个现实，那就是云计算需要应对众多的客观挑战才能够逐渐发展成一个主流的架构。

对于私有云和混合云来说，建设的成本和管理复杂度都较高。不同于传统数据中心，云数据中心为了实现弹性、可伸缩、自服务、可计量、自动化等特性，需要采用虚拟化、一体化监控、容量规划、CMDB、ITIL、安全、云管理、自动化运维、计费计量等技术，从而带来的是成本的提升和复杂度的提高。在企业端，受到招标要求的限制，往往不能锁定某一个厂商的产品，所以在企业内从各层面看都是采用异构资源，因此也就提升了标准化和管理的复杂度。云计算所面临的挑战如下：

1. 服务的持续可用性

云服务都是部署及应用在互联网上的，用户难免会担心服务不能一直都可以使用。对于一些特殊用户（如银行、航空公司）来说，他们需要云平台提供 7×24 的服务。遗憾的是，到目前为止，哪怕是 IT 巨头，服务故障、机器宕机的问题也还是时有发生。

2. 服务的安全性

云计算平台的安全问题涉及两个方面：一是数据本身的保密性和安全性，因为云计算平台（特别是公共云计算平台）的一个重要特征就是开放性，各种应用整合在一个平台上，数据保密和数据完整性都是云计算平台要解决的问题，这就需要从软件解决方案、应用规划角度进行合理而严谨的设计；二是数据平台上软/硬件的安全性，如果由于软件错误或者硬件崩溃导致应用数据损失，那么会降低云计算平台的效能，这就需要采用可靠的系统监控、灾难恢复机制，以确保软/硬件系统的安全运行。

3. 服务的迁移

一个企业如果不满意现在所使用的云平台，那么可以将现有数据迁移到另一个云平台上吗？如果企业绑定了一个云平台，当这个平台提高服务价格时，该企业又有多少讨价还价的余地呢？虽然不同的云平台可以通过 Web 技术等方式相互调用对方平台上的服务，但在现有技术的基础上还是会面对数据不兼容等各种问题，使服务的迁移非常困难。

4. 服务的性能

既然云计算通过互联网进行传输，那么网络带宽就成为云服务质量的决定性因素。如果有大量数据需要传输，云服务的质量就不会那么理想。当然，随着网络设备的飞速发展，带宽问题将不会成为制约云计算发展的因素。

（二）云计算的发展前景

云计算为产业服务化提供了技术平台，使生产流程的最终交付品是一种基于网络和信息平台的服务。在未来几年中，中国云计算市场将会保持快速增长。云计算的广泛普及与应用，也将催生信息技术的第三次变革浪潮，引发未来新一代信息技术变革、IT 应用方式的核心变革，同时也将带来工作方式和商业模式的根本性改变。中国有大量的软件开发企业，他们的智慧和创造力的充分发挥将带来信息产业的大繁荣，而云计算系统为之提供了更广阔的发展机遇和发展空间。云计算强调资源的整合和"云"化，弱化单节点计算能力，降低了对硬件的要求，简化了核心系统，为国内相对落后的芯片制造商提供了发展的机会，争取到了发展的时间，使中国本来相对落后的信息产业具备了和国际大企业竞争的能力，云计算可以帮助中国获得发展的时间和空间。只要能把握好云计算这次巨大的浪潮，就有机会将信息化普及到各行各业，并且推动国内科技创新的发展。

云计算是引领未来信息产业创新的关键战略性技术和手段。作为 21 世纪 IT 业界乃至社会关注的焦点和热点，未来云计算应用可以作为一种 IT 基础设施服务模式、信息服务的交付模式、基于互联网的新型商业模式，一种像供水、输电一样的创新性资源服务模式，为人类社会提供更加方便、快捷、廉价的信息服务，为人们的工作、生活提供更多便利。

## 4.3 人工智能

人工智能技术的发展为人们的生活带来了便利和不同寻常的发展路径。当然，在现阶段，人工智能技术的发展还远没有达到尽如人意的水平，在伦理等方面也出现了一些争议。因此，随着研究的深入，更多问题可能会伴随着出现，但美好的前景将进一步促进人工智能技术的研究。

### 4.3.1 人工智能概述

有了人工智能以后，人类的未来会更加美好吗？拥有了人工智能，就等于拥有大量不怕苦不怕累的廉价劳动力，不但能替人类做体力劳动，还能替人类做脑力劳动，很多时候比人类做得还要好。不过有人认为，人工智能虽然看起来很美好，但是实际上非常危险，人类必须小心。

(一) 人工智能的定义

什么是人工智能？顾名思义，人工智能就是人造智能，其英文表示是"Artificial Intelligence"，简称 AI。目前的"人工智能"一词是指用计算机模拟或实现的智能。"智能"一词在内涵上指"知识+思维"，在外延上指发现规律、运用规律的能力和分析、解决问题的能力，与此同时，人工智能又是一个学科名称。

作为学科，人工智能研究的是如何使机器（计算机）具有智能的科学和技术，特别是自然智能如何在计算机上实现或再现的科学和技术。因此，从学科角度来讲，当前的人工智能是计算机科学的一个分支，但对它的研究不仅涉及计算机科学，还涉及脑科学、神经生理学、心理学、语言学、逻辑学、认知（思维）科学、行为科学、生命科学和数学，以及信息论、控制论和系统论等许多学科领域。

我们知道，计算机是迄今为止最有效的信息处理工具，以至于人们称它为"电脑"。但现在的普通计算机系统的智能还相当低下，譬如缺乏自适应、自学习、自优化等能力，也缺乏社会常识或专业知识等，而只能是被动地按照人们为它事先安排好的工作步骤工作，因而它的功能和作用就受到很大的限制，难以满足越来越复杂和越来越广泛的社会需求。既然计算机和人脑一样都可以进行信息处理，那么是否也能让计算机同人脑一样也具有智能呢？这正是人们研究人工智能的初衷。

研究人工智能也是当前信息化社会的迫切要求。我们知道，人类社会现在已经进入了信息化时代。信息化的进一步发展必须有智能技术的支持。智能化也是自动化发展的必然趋势。自动化发展到一定水平，再向前发展就是智能化，即智能化是继机械化、自动化之后，人类生产和生活中的又一个技术特征。例如，当前迅速发展着的国际互联网就强烈地需要智能技术。特别是当我们要在互联网上构筑信息高速公路时，其中有许多技术问题就要用人工智能的方法去解决。这就是说，人工智能技术在互联网和未来的信息高速公路上将发挥重要作用。

另外，研究人工智能，对探索人类自身智能的奥秘也有益。因为我们可以通过计算机对人脑进行模拟，从而揭示人脑的工作原理，发现自然智能的渊源。

（二）人工智能的研究目标

人工智能的研究目标可分为远期目标和近期目标。远期目标是制造智能机器。具体来讲，就是要使计算机具有看、听、说、写等感知和交互功能，具有联想、推理、理解、学习等高级思维能力，还要有分析问题、解决问题和发明创造的能力。简言之，也就是使计算机像人一样具有自动发现规律和利用规律的能力，或者说具有自动获取知识和利用知识的能力，从而扩展和延伸人的智能。1997 年，人工智能机器人"深蓝"打败了世界象棋冠军卡斯帕罗夫（Gary Kasparov），这足以体现人工智能机器人可以像人一样思考和学习。现如今诞生的各种机器人，水下机器人、爬壁机器人、鱼形机器人、旅游机器人、足球机器人、篮球机器人等，都各具特色。从目前的技术水平来看，要全面实现上述目标，还存在很多困难。人工智能的近期目标是实现机器智能，即先部分地或某种程度地实现机器的智能，从而使现有的计算机更灵活、更好用和更有用，成为人类的智能化信息处理工具。

（三）人工智能的表现形式

人工智能的表现形式较为多样化，如智能软件、智能设备、智能网络、智能计算机、智能机器人等。

（1）智能软件的范围比较广泛，它可以是一个完整的智能软件系统，如专家系统、知识库系统等；也可以是具有一定智能的程序模块，如推理程序、学习程序等，这种程序可以作为其他程序系统的子程序；还可以是有一定知识或智能的应用软件。

（2）智能设备包括具有一定智能的仪器、仪表、机器、设施等。如采用智能控制的机床、汽车、武器装备、家用电器等。这类设备实际上是被嵌入了某种智能软件的设备。

（3）智能网络也就是智能化的信息网络。具体来讲，从网络的构建、管理、控制、信息传输，到网上信息发布和检索及人机接口等，这些都是智能化的。

（4）智能机器人是一种拟人化的智能机器。Agent 是智能主体或主体，即具有智能的实体，具有自主性、反应性、适应性和社会性。

## 4.3.2 人工智能的研究途径

人工智能的研究途径一般分为结构模拟、功能模拟、行为模拟三种。

1. 结构模拟

所谓结构模拟，就是根据人脑的生理结构和工作机理，实现计算机的智能，即人工智能。我们知道，人脑的生理结构是由大量神经细胞组成的神经网络。人脑是由大约 140 亿个神经细胞组成的一个动态的、开放的、高度复杂的巨型系统，以致人们至今对它的生理结构和工作机理还未完全弄清楚。

2. 功能模拟

由于人脑的奥秘至今还未彻底揭开，所以，人们就在当前的数字计算机上，对人脑从功能上进行模拟，实现人工智能。这种途径称为功能模拟。具体来讲，功能模拟就是以人脑的心理模型，将问题或知识表示成某种逻辑网络，采用符号推演的方法，实现搜索、推理、学习等功能，从宏观上来模拟人脑的思维，实现机器智能。

3. 行为模拟

除了上述两种研究途径外，还有一种基于感知—行为模型的研究途径，我们称其为行为模拟。这种方法是模拟人在控制过程中的智能活动和行为特性，如自寻优、自适应、自学习、自组织等，来研究和实现人工智能。基于这一方法研究人工智能的典型代表是R.布鲁克斯教授，他研制的六足行走机器人(亦称为人造昆虫或机器虫)曾引起人工智能界的轰动。这个机器虫可以看作新一代的"控制论动物"，它具有一定的适应能力，是一个运用行为模拟即控制进化方法研究人工智能的代表作。

人工智能基于脑功能模拟的分支领域大体可以划分为以下八类：

1. 机器感知

机器感知就是计算机直接"感觉"周围世界。具体来讲，就是计算机像人一样通过"感觉器官"直接从外界获取信息。如通过视觉器官获取图形、图像信息，通过听觉器官获取声音信息。所以，要使计算机具有感知能力，首先必须给计算机配置各种"感觉器官"，如"视觉器官""听觉器官""嗅觉器官"等。机器感知还可以分为机器视觉、机器听觉等分支课题。

要研究机器感知，首先要研究图像、声音等信息的识别问题。为此，现在已发展了一门称为"模式识别"的专门学科。模式识别的过程大体是计算机先将摄像机、送话器或其他传感器接收的外界信息转变成电信号序列，再进一步对这个电信号序列进行各种预处理，从中抽出有意义的特征，得到输入信号的模式，然后与原有的各个标准模式进行比较，完成对输入信息的分类识别工作。模式识别的主要目标就是用计算机来模拟人的各种识别能力，当前主要是对视觉能力和听觉能力的模拟，并且主要集中于图形识别和语音识别。

(1) 图形识别主要是识别各种图形(如文字、符号、图形、图像和照片等)。例如，识别各种印刷体和某些手写体文字，识别指纹等。这方面的技术已经进入实用阶段。

(2) 语音识别主要是识别各种语音信号。语音识别技术近年来发展得很快，现已有商品化产品(如汉字语音录入系统)上市。

2. 机器联想

仔细分析人脑的思维过程，可以发现，联想实际是思维过程中最基本、使用最频繁的一种功能。例如，当听到一段乐曲时，我们的头脑中可能会立即浮现出多年前的某一个场景，甚至一段往事，这就是联想。机器联想就是机器具有联想的功能。要实现联想无非就是建立事物之间的联系，比如通过指针、函数、链表、关系等。传统的信息查询是基于传统计算机的按地址存取方式进行的。而研究表明，人脑的联想功能是基于神经网络的按内容记忆方式进行的，与存储地址无关。

当前，在对机器联想功能的研究中，人们就是利用这种按内容记忆原理，采用一种称为"联想存储"的技术实现联想功能。联想存储的特点是：

(1) 可以存储许多相关(激励、响应)模式对；

(2) 可以通过自组织过程完成这种存储；

(3) 以分布、稳健的方式(可能会有很高的冗余度)存储信息；

(4) 可以根据接收到的相关激励模式产生并输出适当的响应模式；

(5) 即使输入激励模式失真或不完全，也仍然可以产生正确的响应模式；

(6) 可在原存储中加入新的存储模式。

3. 机器推理

机器推理就是计算机推理，也称自动推理。推理是人脑的一个基本功能和重要功能，因此，机器推理是人工智能的基本的、重要的研究方向，也是人工智能的核心课题之一。

事实上,几乎所有的人工智能领域都与推理有关。要实现人工智能,就必须将推理的功能赋予机器,实现机器推理。

机器推理需要模拟人脑推理的宏观过程,按照符号推演的方法,依据形式逻辑、数理逻辑的推理规则来实现,也可以采用数值计算的方法实现。还有采用并行推理的,如神经网络计算机,是重要的研究方向。机器推理可分为确定性推理(精确推理)和不确定推理。

4. 机器学习

机器学习就是机器自己获取知识。具体来讲,机器学习主要有以下几层意思:

(1) 对人类已有知识的获取(这类似人类的书本知识学习);

(2) 对客观规律的发现(这类似人类的科学发现);

(3) 对自身行为的修正(这类似人类的技能训练和对环境的适应)。

学习可以分为符号学习和连接学习。

5. 机器理解

机器理解就是使机器能够理解包括自然语言和图形在内的各种符号。机器理解主要包括自然语言理解和图形理解等。自然语言理解就是计算机理解人类的自然语言(包括口头语言和文字语言两种形式),如汉语、英语等。试想,计算机如果能理解人类的自然语言,那么计算机的使用将会变得十分方便和简单,而且机器翻译也将真正成为现实。曾有人为机器理解提出了四条判别标准:

(1) 能够成功地回答与输入材料有关的问题;

(2) 能够对所给材料进行摘要;

(3) 能用不同的词语叙述所给材料;

(4) 具有将一种语言转译成另一种语言的能力。

图形理解是图形识别的自然延伸,也是计算机视觉的组成部分。理解实际是感知的延伸,或者说深层次的感知。

6. 机器行为

机器行为主要指机器人行动规划。它是智能机器人的核心技术。规划功能的强弱反映了智能机器人的智能水平,因为,虽然感知能力可使机器人认识对象和环境,但解决问题还要依靠规划功能拟定行动步骤和动作序列。

7. 符号智能

基于研究途径与实现技术的领域划分符号智能就是以符号知识为基础,通过符号推理进行问题求解而实现的智能。这也就是所说的传统人工智能或经典人工智能。符号智能研究的主要内容包括知识工程和符号处理技术。知识工程涉及知识获取、知识表示、知识管理、知识运用及知识库系统等一系列知识处理技术。符号处理技术指基于符号的推理和学习技术,它主要研究经典逻辑和非经典逻辑理论以及相关的程序设计技术。简而言之,符号智能就是基于人脑的心理模型,运用传统的程序设计方法实现的人工智能。

8. 计算智能

计算智能是以数据为基础,通过数值计算进行问题求解而实现的智能。计算智能研究的主要内容包括人工神经网络、进化计算(包括遗传算法、遗传程序设计、进化规划、进化策略)、模糊技术及人工生命等。计算智能主要模拟自然智能系统,研究其数学模型和相关算法,并实现人工智能。计算智能是当前人工智能学科中一个十分活跃的分支领域。

### 4.3.3 人工智能的研究领域

**一、基于应用场景划分**

**（一）难题求解**

这里的难题，主要指那些没有算法解，或虽有算法解，但是在现有的机器上无法实施或无法完成的困难问题。例如：路径规划、运输调度、电力调度、地质分析、测量数据解释、天气预报、市场预测、股市分析、疾病诊断、故障诊断、军事指挥、机器人行动规划、机器博弈等。

**（二）自动定理**

自动定理证明就是机器定理证明，这也是人工智能的一个重要的研究领域，也是最早的研究领域之一。定理证明是最典型的逻辑推理问题之一，它在发展人工智能方法上起过重大作用。

自动定理证明的方法主要有以下四类：

（1）自然演绎法。它的基本思想是依据推理规则，从前提和公理中推出许多定理，如果待证的定理恰在其中，则定理得证。

（2）判定法。即对一类问题找出统一的计算机上可实现的算法解。在这方面一个著名的成果是我国数学家吴文俊教授 1977 年提出的初等几何定理证明方法。

（3）定理证明。它研究一切可判定问题的证明方法。

（4）计算机辅助证明。它是以计算机为辅助工具，利用机器的高速度和大容量，帮助人完成手工证明中难以完成的大量计算、推理和穷举。

**（三）自动程序设计**

自动程序设计就是让计算机设计程序。具体来讲，就是只要人给出关于某程序要求的非常高级的描述，计算机就会自动生成一个能完成这个要求目标的具体程序。所以，这相当于给机器配置了一个"超级编译系统"，它能够对高级描述进行处理，通过规划过程，生成所需的程序。但这只是自动程序设计的主要内容，它实际是程序的自动综合。自动程序设计还包括程序自动验证，即自动证明所设计程序的正确性。

**（四）自动翻译**

自动翻译即机器翻译，就是完全用计算机作为多种语言之间的翻译。机器翻译由来已久。早在电子计算机问世不久，就有人提出了机器翻译的设想，随后就开始了这方面的研究。当时人们总以为只要用一部双向词典及一些语法知识就可以实现两种语言文字间的机器互译，结果遇到了挫折。机器翻译的实现依赖自然语言理解研究的进展。

**（五）智能控制**

智能控制就是把人工智能技术引入控制领域，建立智能控制系统。自从美籍华裔科学家傅京孙在 1965 年首先提出把人工智能的启发式推理规则用于学习控制系统以来，国内外众多的研究者投身于智能控制研究，并取得了一些成果。

智能控制系统的智能可归纳为以下四方面：

（1）先验智能：设计控制系统时，从一开始就顾及了有关控制对象及干扰的先验知识。

（2）反应性智能：在实时监控、辨识及诊断的基础上，对系统及环境变化的正确反应能力。

(3) 优化智能:包括对系统性能的先验性优化及反应性优化。
(4) 组织与协调智能:表现为对并行耦合任务或子系统之间的有效管理与协调。

(六) 智能管理

智能管理就是把人工智能技术引入管理领域,建立智能管理系统。智能管理是现代管理科学技术发展的新动向。智能管理是人工智能与管理科学、系统工程、计算机技术及通信技术等多学科、多技术互相结合、互相渗透而产生的一门新技术、新学科。它研究如何提高计算机管理系统的智能水平,以及智能管理系统的设计理论、方法与实现技术。

(七) 智能决策

智能决策就是把人工智能技术引入决策过程,建立智能决策支持系统。智能决策支持系统是在 20 世纪 80 年代初提出来的。它是决策支持系统与人工智能,特别是专家系统相结合的产物。

一般来说,智能决策中可以包含如下知识:
(1) 建立决策模型和评价模型的知识;
(2) 如何形成候选方案的知识;
(3) 建立评价标准的知识;
(4) 如何修正候选方案,从而得到更好的候选方案的知识;
(5) 完善数据库,改进对它的操作及维护的知识。

(八) 智能通信

智能通信就是把人工智能技术引入通信领域,建立智能通信系统。智能通信就是在通信系统的各个层次和环节上实现智能化。例如,在通信网的构建、网管与网控、转接、信息传输与转换等环节,都可实现智能化。这样,网络就可运行在最佳状态,由呆板的网变成活化的网,从而具有自适应、自组织、自学习、自修复等功能。

(九) 智能仿真

智能仿真就是将人工智能技术引入仿真领域,建立智能仿真系统。我们知道,仿真是对动态模型的实验,即行为产生器在规定的实验条件下驱动模型,从而产生模型行为。

(十) 智能 CAD

智能 CAD(Inteligent CAD,简称 ICAD)就是把人工智能技术引入计算机辅助设计领域,建立智能 CAD 系统。事实上,AI 几乎可以应用到 CAD 技术的各个方面。从目前发展的趋势来看,至少有下述四个方面:
(1) 设计自动化;
(2) 智能交互;
(3) 智能图形学;
(4) 自动数据采集。

从具体技术来看,ICAD 技术大致可分为如下五种方法:
(1) 规则生成法;
(2) 约束满足方法;
(3) 搜索法;
(4) 知识工程方法;
(5) 形象思维方法。

### （十一）智能 CAI

智能 CAI（Inteligent CAI，简称 ICAI）就是把人工智能技术引入计算机辅助教学领域，建立智能 CAI 系统。ICAI 技术大致可以分为以下几个方面：

（1）自动生成各种问题与练习；

（2）根据学生的水平和学习情况自动选择与调整教学内容与进度；

（3）在理解教学内容的基础上自动解决问题生成解答。

## 二、基于应用系统划分

### （一）专家系统

所谓专家系统，就是基于人类专家知识的程序系统。专家系统的特点是拥有大量的专家知识（包括领域知识和经验知识），能模拟专家的思维方式，面对领域中复杂的实际问题，能做出专家水平级的决策，像专家一样解决实际问题。

### （二）知识库系统

所谓知识库系统，从概念来讲，它可以泛指所有包含知识库的计算机系统（这是广义理解）；也可以仅指拥有某一领域广泛知识及常识的知识咨询系统（这是一种狭义理解）。按广义理解，专家系统、智能数据库系统等都是知识库系统。这里我们对知识库系统按狭义理解。知识库系统是人工智能从数据处理发展到知识处理的必然结果。

### （三）智能数据库

智能数据库系统就是给传统数据库系统加上智能成分。如演绎数据库、面向对象数据库、主动数据库等，都是智能数据库系统。

个性化推荐是一种基于聚类与协同过滤技术的人工智能应用，它建立在海量数据挖掘的基础上，通过分析用户的历史行为建立推荐模型，主动给用户提供匹配他们的需求与兴趣的信息，如商品推荐、新闻推荐等。

### （四）智能机器人

智能机器人是这样一类机器人：它能认识工作环境、工作对象及其状态，能根据人给予的指令和"自身"认识外界的结果来独立地决定工作方法，实现任务目标，并能适应工作环境的变化。它具有感知、思维、人机通信和运动四种功能。

智能客服机器人就是一种利用机器模拟人类行为的人工智能实体形态，它能够实现语音识别和自然语义理解，具有业务推理、话术应答等能力。当用户访问网站并发出会话时，智能客服机器人会根据系统获取的访客地址、IP 和访问路径等，快速分析用户意图，回复用户的真实需求。同时，智能客服机器人拥有海量的行业背景知识库，能对用户咨询的常规问题进行标准回复，提高应答准确率。

智能客服机器人广泛应用于商业服务与营销场景，为客户解决问题、提供决策依据。同时，智能客服机器人在应答过程中，可以结合丰富的对话语料进行自适应训练，因此，其在应答话术上将变得越来越精确。

## 三、基于计算机系统结构划分

### （一）智能操作

智能操作系统就是将人工智能技术引入计算机的操作系统之中，从质上提高操作系统的性能和效率。智能操作系统的基本模型，将以智能机为基础，并能支撑外层的 AI 应用程序，以实现多用户的知识处理和并行推理。

## （二）智能多媒体系统

多媒体技术是当前计算机最为热门的研究领域之一。多媒体计算机系统就是能综合处理文字、图形、图像和声音等多种媒体信息的计算机系统。智能多媒体就是将人工智能技术引入多媒体系统，使其功能和性能得到进一步发展和提高。事实上，多媒体技术与人工智能所研究的机器感知、机器理解等技术也是同一方向的。

## （三）智能计算机

智能计算机系统就是人们正在研制的新一代计算机系统。这种计算机系统从基本元件到体系结构，从处理对象到编程语言，从使用方法到应用范围，同当前的诺依曼型计算机相比，都有质的飞跃和提高，它将全面支持智能应用开发，且自身就具有智能。

## （四）智能网络系统

智能网络系统就是将人工智能技术引入计算机网络系统，如在网络构建、网络管理与控制、信息检索与转换、人机接口等环节运用 AI 的技术与成果。研究表明，AI 的专家系统、模糊技术和神经网络技术可用于网络的连接接纳控制、业务量管制、业务量预测、资源动态分配、业务流量控制、动态路由选择、动态缓冲资源调度等许多方面。

## 四、基于实现工具与环境划分

### （一）智能软件工具

智能软件工具包括开发建造智能系统的程序语言和工具环境等，这方面现已有不少成果，如函数程序设计语言（LISP）、逻辑程序设计语言（Prolog）、对象程序设计语言（Smalltalk、C++、Java）、框架表示语言（FRL）、产生式语言（OPS5）、神经网络设计语言（AXON）、智能体（Agent）程序设计语言等，以及各种专家系统工具、知识工程工具、知识库管理系统等。

### （二）智能硬件平台

智能硬件平台指直接支持智能系统开发和运行的机器硬件，如 LISP 机、Prolog 机、神经网络计算机、知识信息处理机、模糊推理计算机、面向对象计算机、智能计算机等。图 4-9 所示为两种智能硬件。

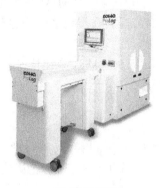

(a) 自动进药机　　　　　　　　(b) LISP自动点胶机

图 4-9　智能硬件

#### 五、基于推理技术划分

**（一）搜索技术**

所谓搜索，就是为了达到某一目标而连续地进行推理的过程。搜索技术就是对推理进行引导和控制的技术，它也是人工智能的基本技术之一。事实上，许多智能活动的过程，甚至所有智能活动的过程，都可看作或抽象为一个问题求解的过程。而所谓问题求解的过程，实质上就是在显式的或隐式的问题空间中进行搜索的过程，即在某一状态图或与或图，或者一般地说，在某种逻辑网络上进行搜索的过程。

搜索技术也是一种规划技术。因为对于有些问题，其解就是由搜索而得到的"路径"。搜索技术是人工智能中发展最早的技术。在人工智能研究的初期，启发式搜索算法曾一度是人工智能的核心课题。截至目前，人们对启发式搜索的研究已取得了不少成果。如著名的 A*算法和 AO*算法就是两个重要的启发式搜索算法。启发式搜索仍然是人工智能的重要研究课题之一。

**（二）知识表示与知识库技术**

知识表示是指知识在计算机中的表示方法和表示形式，它涉及知识的逻辑结构和物理结构。知识库类似数据库，所以知识库技术包括知识的组织、管理、维护、优化等技术。对知识库的操作要靠知识库管理系统的支持。显然，知识库与知识表示密切相关。需说明的是，知识表示实际也隐含着知识的运用，知识表示和知识库是知识运用的基础，同时也与知识的获取密切相关。智能就是发现规律、运用规律的能力，而规律就是知识。知识是智能的基础和源泉。所以，知识表示与知识库技术是人工智能的核心技术。

**（三）归纳技术**

所谓归纳技术是指机器自动提取概念、抽取知识、寻找规律的技术。显然，归纳技术与知识获取及机器学习密切相关，因此，它也是人工智能的重要基本技术。归纳可分为基于符号处理的归纳和基于神经网络的归纳。基于符号处理的归纳除归纳学习方法外，还有近年发展起来的基于数据库的数据挖掘和知识发现等技术。

**（四）联想技术**

如前面所述，联想是最基本、最基础的思维活动，它几乎与所有的 AI 技术息息相关。因此，联想技术也是人工智能的一个基本技术。联想的前提是联想记忆或联想存储，这也是一个富有挑战性的技术领域。

以上我们介绍了人工智能的一些基本理论和技术，因为这些理论和技术仍在不断发展和完善之中，所以，它们同时也是人工智能的基本课题。

### 4.3.4 人工智能的发展及 ChatGPT

人工智能正式诞生于 1956 年，它是逻辑学、心理学、计算机科学、脑科学、神经生理学、信息科学等学科发展的必然趋势和必然结果。单就计算机来看，其功能从数值计算到数据处理，再下去必然是知识处理。实际上就其当时的水平而言，也可以说计算机已具有某种智能的成分了。

**一、人工智能的诞生**

英国计算机科学家艾伦·麦席森·图灵（A.M.Turing）于 1950 年发表了题为《计算机与智能》的论文，提出了著名的"图灵测试"（图 4-10），为人工智能提出了更为明确的设计目标和测试准则。

## 二、符号主义先声夺人

1956 年之后的 10 多年间，人工智能的研究取得了许多引人瞩目的成就。从符号主义的研究途径来看，主要有：

1. 1956—1965 年　人工智能推理期（以符号推理为中心）

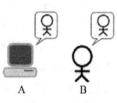

图 4-10　图灵测试

● 1956 年，美国的纽厄尔、西蒙等合作编制了一个名为逻辑理论机（Logic Theory Machine,LTM）的计算机程序系统。

● 1956 年，塞缪尔成功研制了具有自学习、自组织、自适应能力的跳棋程序。

● 1959 年，籍勒洛特发表了证明平面几何问题的程序，塞尔夫里奇推出了一个模式识别程序。

● 1960 年，纽厄尔、西蒙等人通过心理学试验总结出了人们求解问题的思维规律，编制了通用问题求解程序（General Problem Solving,GPS）。

● 1960 年，麦卡锡成功研制了面向人工智能程序设计的表处理语言 LISP。该语言以其独特的符号处理功能，很快在人工智能界风靡起来。它武装了一代人工智能学者，至今仍然是人工智能研究的一个有力工具。

● 1965 年，罗伯特编制出了可以分辨积木构造的程序。

● 1965 年，鲁宾孙提出了消解原理，为定理的机器证明做出了突破性的贡献。

2. 1965—1990 年　人工智能知识期（以专家系统和知识工程为中心）

● 1965 年，美国斯坦福大学的费根堡姆教授开始研制基于知识的专家系统 DENDRAL，标志着人工智能新时期的开始。随后出现许多专家系统，用于诊病、找矿等。

● 1977 年，费根鲍姆教授提出"知识工程"的概念，使人工智能进入以知识为中心的知识期。

## 三、连接主义不断发展

从连接主义的研究途径来看，主要有：

1. 20 世纪 40 年代，开始神经元及其数学模型的研究

1943 年心理学家沃伦·麦卡洛克（W.McCulloch）和数学家沃尔特·皮茨（W.Pitts）提出了形式神经元的数学模型（现在称为 MP 模型）。1944 年，赫布（Hebb）提出了改变神经元连接强度的 Hebb 法则。MP 模型和 Hebb 法则至今仍在各种神经网络中起重要作用。

2. 20 世纪 50 年代末到 60 年代初，开始人工智能意义下的神经网络系统的研究

神经网络学科的发展和应用迎来了脑神经科学、认知科学、心理学、微电子学、控制论和机器人学、信息技术和数理科学等学科的相互促进、相互发展的空前活跃时期，特别是在计算机科学研究领域，从根本上改变了人们传统的数值、模拟、串行、并行、分布等计算与处理概念的内涵和外延，催生了分布式并行新概念，数值模拟混合的新途径，探索和开创光学计算机、生物计算机、第 n 代计算机的新构想，为 21 世纪计算机科学与技术的飞速发展奠定了思想和理论基础。

## 四、当前人工智能发展特点

一般认为，当前人工智能的发展呈现出如下特点：

（1）传统的符号处理与神经计算各取所长，联合作战。

(2) 一批新思想、新理论、新技术不断涌现。

(3) Agent(称为"主体"或"智能主体"或"智能体"等)技术和分布式人工智能(DAI)正异军突起,蓬勃发展。

(4) 应用研究愈加深入而广泛。当今人工智能研究与实际应用的结合越来越紧密,受应用的驱动越来越明显。事实上,现在的人工智能技术已同整个计算机科学技术紧密地结合在一起,其应用也与传统的计算机应用越来越相互融合。

## 五、我国人工智能研究发展简况

我国人工智能研究发展经历了多个阶段。在20世纪末期,我国开始开展人工智能的学术研究,并在人工智能的基础理论研究、机器学习等领域取得了重要进展,为我国后续的人工智能发展奠定了基础。

政府高度重视人工智能技术的发展,对其进行了连续的政策扶持。2017年发布的《新一代人工智能发展规划》明确了人工智能从2017年到2020年、2025年和2030年的发展目标。同年,工业和信息化部发布了《促进新一代人工智能产业发展三年行动计划(2018—2020年)》,提出了在科学研究、应用场景、人才培养等方面的具体任务。政策扶持为人工智能领域提供了强大的支持和保障,为我国在该领域的发展注入了动力。

随着我国国内需求的改变和过去几年全球氛围的转变,我国开始将人工智能发展战略转向应用和商业化。我国的人工智能企业在图像识别、语音识别和自然语言处理等领域取得了卓越的成就。

我国人工智能研究领域包括机器学习、自然语言处理、计算机视觉、智能控制、知识表示与推理、智能问答系统等多个学科领域。其中,机器学习和深度学习技术因其广泛应用和强大的学习能力而备受关注。

互联网企业也纷纷进军人工智能领域,通过大规模招聘人工智能专家和投入大量资金,致力发展人工智能技术。例如,百度、阿里巴巴、腾讯等一些知名企业相继推出了自己的人工智能产品。中小型科技企业也开始进入人工智能领域开展创新性研究和应用实践,为人工智能产业的发展提供了更多资源。

在学术方面,我国在人工智能领域取得了多个国际顶级学术会议的重要奖项,并在多个领域达到或接近国际先进水平。例如,2017年我国的AlphaGo团队击败世界冠军李世石,引起全球对机器智能的关注。在计算机视觉领域,中国科学家王晓刚提出的一种卷积神经网络框架DeepID,在面部识别领域取得了重大突破。此外,我国的自然语言处理技术、机器翻译技术等也在国际上处于领先地位。这些学术成果的取得反映了我国人工智能研究水平的不断提高。

总的来说,我国已经在人工智能领域建立了一个相对完善的生态系统。政府对该领域的高度重视和大力支持,使我国在人工智能领域的发展水平迅速提升。同时,互联网企业和中小型科技企业的积极投入也有力促进了人工智能产业的发展壮大。学术成果的不断涌现更为我国在人工智能领域的发展注入了新的活力。相信随着时间的推移,我国在人工智能领域的研究和应用会越来越深入,并对社会经济发展做出越来越大的贡献。

## 六、ChatGPT人工智能聊天机器人程序

ChatGPT是基于GPT算法的一种聊天机器人模型。GPT全称为Generative Pre-trained Transformer,是由OpenAI团队开发的一种基于Transformer架构的自然语言处理模

型。该模型在自然语言生成、文本分类、问答系统等多个任务上表现出色,被广泛应用于自然语言处理领域。下面是 ChatGPT 的发展历程:

2018 年 6 月,Google 团队发布了 Transformer 模型。该模型利用了 Self-Attention 机制,能够在处理长文本时取得优秀的效果。

2018 年 12 月,OpenAI 发布了第一个基于 Transformer 的预训练语言模型 GPT-1(Generative Pre-trained Transformer 1),使用了 40 亿个参数进行训练。

2019 年 6 月,OpenAI 推出了 GPT-2,该模型拥有 15 亿个参数,可以生成高度准确、流畅且具有多样性的文本,引起了广泛的关注和讨论。

2020 年 5 月,OpenAI 发布了更大规模的 GPT-3 模型。该模型拥有 1.75 万亿个参数。GPT-3 的推出引发了巨大反响,被认为是近几年来自然语言处理研究中的一次里程碑事件。

在国内,清华大学自然语言处理实验室也相继推出了许多基于 GPT 的中文自然语言处理模型,其中包括中文 GPT-2 等。这些模型在自然语言理解、文本分类、机器阅读理解以及对话系统等领域都取得了优秀的效果,成为国内自然语言处理领域中的一部分。

未来,ChatGPT 模型将会朝着更加高效、精准、人性化的方向发展,成为实现更智能化对话的核心技术之一。

与传统的聊天机器人不同,ChatGPT 采用了基于机器学习的自然语言生成技术,能够更好地理解人类使用的自然语言,并以符合人类思维方式的方式进行回复。ChatGPT 所提供的回复内容可以在真实场景下与人类对话,具有很高的质量和可信度。

通过训练数据的不断积累和模型更新,ChatGPT 的智能水平可以不断提升,使得它越来越接近人类的表达和理解能力。因此,ChatGPT 被广泛应用于在线客服、智能语音交互、人工智能助手等多个场景。它可以理解和生成自然语言,能够与用户进行在线对话并提供回复,具有很高的智能水平。ChatGPT 的主要优点包括:

(1) 自然度高:ChatGPT 生成的回复内容符合人类表达方式,能够更好地理解和应对用户的需求。

(2) 智能程度高:ChatGPT 采用了先进的自然语言处理技术,可以快速学习和适应新的场景,提供更加智能的回复。

(3) 交互性强:ChatGPT 可以进行实时在线对话,可以根据用户的提问和反馈不断调整自己的回答,并提供更加准确和有用的信息。

(4) 应用场景广泛:ChatGPT 可以用于多个领域,例如在线客服、智能语音交互、教育、金融等领域,为用户提供全方位、个性化的服务。

然而,ChatGPT 也存在一些缺点:

(1) 数据量大:ChatGPT 的训练需要大量的数据和计算资源,这需要投入大量的时间和成本。

(2) 错误率高:由于自然语言处理的复杂性,ChatGPT 在理解和生成内容时可能会犯错误,导致回复内容不够准确。

(3) 应对多语言有限:ChatGPT 目前只能在一种语言环境下进行训练和应用,对于多语言的场景适应能力较弱。

未来,随着人工智能技术的发展,ChatGPT 将会得到进一步的改进和优化。一方面,

ChatGPT 的准确度和性能将会通过更加高效的数据处理和算法得以优化改进。另一方面，ChatGPT 将会与更多的领域和行业结合，从而更好地满足不同用户的需求，服务更加广泛的社会用户。总体来说，ChatGPT 未来必将会有更加广阔的发展空间。

当前，国内已经涌现出了不少优秀的国产大模型，其中一些代表性的大模型包括：

（1）中文 GPT-2：中文 GPT-2 是国内自然语言处理领域的代表性大模型之一，由清华大学自然语言处理实验室开发。该模型被运用到多个任务上，在机器翻译、文本分类、文本生成等领域都取得了优秀的效果。

（2）多层次 Transformer(MLM)：多层次 Transformer(MLM)是由华为诺亚方舟实验室开发的一种大规模预训练神经网络模型，主要应用于文本表示、文本分类和命名实体识别等自然语言处理任务中。

（3）ERNIE：ERNIE 是百度研发的一种端到端的语义理解框架，可以完成多种自然语言处理任务，如情感分析、关系抽取、命名实体识别等。

（4）Wudao 2.0：Wudao 2.0 是由中国科学院自动化研究所研发的全球最大中文预训练模型之一，拥有 1 250 亿个参数。Wudao 2.0 可以在多个领域中完成各种自然语言处理任务，并且在语言模型能力、迁移学习能力等方面都有很好的表现。

（5）T5 模型：T5 模型是一个基于 Google 开源的大规模自监督学习架构 transformer 构建的预训练语言模型，拥有 11 亿个参数。该模型可以用于完成多种任务，如问答、文本生成、实体识别等。

但国内和国外的 ChatGPT 在技术水平和应用场景上存在一定的差异。

在技术水平方面，国内和国外的 ChatGPT 都采用了先进的自然语言处理技术，实现了智能化的对话回复。然而，由于训练数据的不同和算法的差异，国外的 ChatGPT 在一些领域上表现得更加优秀，例如机器翻译和语音识别等领域。同时，国内的 ChatGPT 也在深度学习模型压缩、高效计算和网络安全等领域上取得了许多突破，成为全球自然语言处理领域中具有竞争力的一部分。

在应用场景方面，国外的 ChatGPT 更多地应用于在线客服、社交媒体和生活服务等领域，拥有更广泛的用户群体和应用场景。而国内的 ChatGPT 更多地应用于电商、金融科技、智能家居等领域，服务于不同行业的智能化转型。

总的来说，国内和国外的 ChatGPT 各有所长，在技术创新和应用场景上都在不断发展和完善，未来的发展前景都十分广阔。

## 七、ChatGPT 应用场景

ChatGPT 目前已经被广泛应用于许多领域。下面是一些具体的 ChatGPT 应用场景和举例说明：

（1）客服机器人：ChatGPT 可以为企业提供高效、快速的客户服务，自动回答用户的问题和解决用户的问题。例如淘宝客服机器人、小红书客服等。

（2）金融领域：ChatGPT 可以构建智能客服机器人和投资顾问，帮助用户分析股市走势和行情变化，并给出智能化的投资建议。例如万得金融机器人、中国银行智能客服等。

（3）教育领域：ChatGPT 可以作为智能导师，帮助学生系统化地学习知识点，并提供适当的训练。例如沃尔玛英语智能客服、学而思网校 AI 机器人等。

（4）社交娱乐领域：ChatGPT 可以构建智能语音聊天机器人和智能 Game 机器人，提供有趣的社交和娱乐体验。例如百度语音助手、遇见 AI、微互动等。

（5）医疗健康领域：ChatGPT 可以构建智能医疗问答机器人，帮助用户做出健康决策和获取更好的医疗体验。例如阿里健康、京东健康智能客服等。

（6）智能家居领域：ChatGPT 可以与语音识别技术相结合，构建智能对话式家居设备，如可自动控制电器、调节室温、打开门窗、监控房间等。例如小度智能音箱、苹果HomePod，还有小米、华为、亚马逊等家居智能设备。

综上所述，ChatGPT 的应用场景十分广泛，能够涉及教育、金融、医疗、家居等多个领域，为人们提供高效、便捷、安全的智能化服务。

## 4.4　物联网

物联网描绘了人类未来全新的信息活动场景，让所有的物品都与网络实现任何时间和任何地点的无处不在的连接。人们可以通过对物体进行识别、定位、追踪、监控并触发相应事件，形成信息化的解决方案。物联网技术不是对现有技术的颠覆性革命，而是对现有技术的综合运用。物联网技术融合现有技术，实现全新的通信模式转变，同时，通过融合也必定会对现有技术提出改进和提升的要求，从而催生一些新的技术。

### 4.4.1　物联网概述

**一、物联网相关概念**

随着对物联网认识的日益深刻，其内涵也在不断地发展、完善。目前有关物联网的概念有以下几种，即物联网（Internet of Things，IOT）、传感网及泛在网。

（一）物联网

不同研究机构对于物联网的起点和侧重点不同，目前还没有一个权威的物联网定义，只存在几个具有代表性的被普通认可的定义。

（1）物联网的概念最早于 1999 年由美国麻省理工学院 Auto-ID 研究中心提出。

定义 1：把所有物品通过射频识别（Radio Freguency Identification，RFID）和条码等信息传感设备与互联网连接起来，实现智能化识别和管理。

（2）2005 年，国际电信联盟（ITU）在《The Internet of Things》报告中对物联网概念进行扩展，提出如下定义。

定义 2：任何时刻、任何地点、任意物体之间的互联，无所不在的网络和无所不在的计算机的发展愿景，除 RFID 技术外，传感器技术、纳米技术、智能终端等技术都将得到更加广泛的应用。

（3）欧洲智能系统集成技术平台（EPoSS）在 2008 年 5 月 27 日发布的《Internet of Things in 2020》报告中提出如下物联网的定义。

定义 3：由具有标识、虚拟个性的物体/对象所组成的网络，这些标识和个性运行在智能空间，使用智慧的接口与用户、社会的和环境的上下文进行联接和通信。

EPoSS 的报告分析预测了未来物联网的发展，认为 RFID 和相关的识别技术是未来物联网的基石，因此更加侧重于 RFID 的应用及物体的智能化。

（4）欧盟第 7 框架下 RFID 和物联网研究项目簇（Cluster of European Research Projects on The Internet Of Things，CERP-IOT）在 2009 年 9 月 15 日发布的《Internet of Things Strategic Research Roadmap》研究报告中提出如下物联网的定义。

定义 4：物联网是未来因特网的一个组成部分，可以被定义为基于标准的和可互操作的通信协议且具有自配置能力的动态的全球网络基础架构。物联网中的"物"都具有标识、物理属性和实质上的个性，使用智能接口，实现与信息网络的无缝整合。

从上述 4 种定义不难看出，物联网的内涵是起源于由 RFID 对客观物体进行标识并利用网络进行数据交换这一概念，并不断扩充、延展、完善而逐步形成的。物联网技术、业务范围和存在形式及与其他技术的关系示意图如图 4-11 所示。

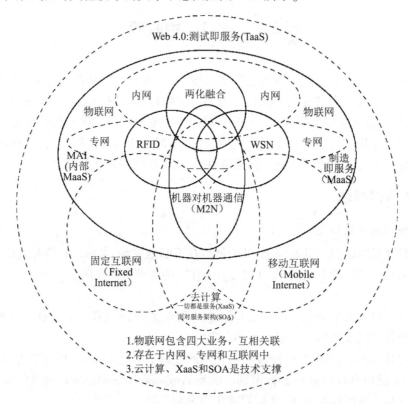

图 4-11　物联网技术、业务范围和存在形式及与其他技术的关系示意图

物联网目前没有明确定义，一方面说明了物联网的发展还处于探索阶段，不同背景的研究人员、设备厂商、网络运营商都是从各自的角度去构想物联网的发展状况，对物联网的未来缺乏统一而全面的规划；另一方面也说明了物联网不是一个简单的技术热点，而是一个融合了感知技术、通信与网络技术、智能运算技术的复杂信息系统，人们对它的认识还需要一个过程。两化融合是信息化和工业化的高层次的深度结合，是指以信息化带动工业化、以工业化促进信息化，走新型工业化道路。两化融合的核心就是信息化支撑，追求可持续发展模式。

(二) 传感网

与传感器网络（简称传感网）有关的概念有无线传感网、泛在传感网等。

（1）无线传感网最早由美国军方提出，起源于 1978 年美国国防部高级研究计划局

(DARPA)资助的卡耐基-梅隆大学进行分布式传感器网络研究的项目。

定义1：无线传感网是由若干具有无线通信能力的传感器节点自组织构成的网络。

无线传感网是在缺乏互联网技术和多种接入网络及智能计算技术的条件下提出的，此概念局限于由节点组成的自组织网络。

（2）泛在传感网出自2008年2月国际电信联盟远程通信标准化组织（ITUT）的《UBiquI Tous Sensor Networks》研究报告。在该报告中提出了泛在传感网的体系架构。

定义2：泛在传感网是由智能传感器节点组成的网络，可以以"任何地点、任何时间、任何人、任何物"的形式被部署。该技术具有巨大的潜力，因为它可以在广泛的领域中推动新的应用和服务，从安全保卫和环境监控到推动个人生产力和增强国家竞争力。

ITUT将泛在传感网自下而上分为底层传感器网络、泛在传感器网络接入网络、泛在传感器网络基础骨干网络、泛在传感器网络中间件、泛在传感器网络应用平台5个层次。底层传感器网络由传感器、执行器、RFID等各种信息设备组成，负责对物理世界的感知与反馈。泛在传感器网络接入网络实现底层传感器网络与上层基础骨干网络的连接，由网关、sink节点（指汇聚节点）等组成。泛在传感器网络基础骨干网络基于国际互联网、下一代网络（NGN）构建。泛在传感器网络中间件处理、存储传感数据并以服务的形式提供对各类传感数据的访问。泛在传感器网络应用平台是实现各类传感器网络应用的技术支撑平台。

（3）我国信息标准化技术委员会所属传感器网络标准工作组2009年9月的工作文件对传感器网络的定义如下。

定义3：传感器网络以对物理世界的数据采集和信息处理为主要任务，以网络为信息传递载体，实现物与物、物与人、人与物之间的信息交互，提供信息服务的智能网络信息系统。

这个文件认为传感器网络综合了分布式信号处理、无线通信网络和嵌入式计算等多种先进信息技术，能对物理世界进行信息采集、传输和处理，并将处理结果以服务的形式发布给用户。

（4）我国工业和信息化部与江苏省联合向国务院上报的《关于支持无锡建设国家传感网创新示范区（国家传感信息中心）情况的报告》已于2009年11月获得国务院的正式批复。其对传感网的定义如下：

定义4：传感网是以感知为目的，实现人与人、人与物、物与物全面互联的网络。其突出特征是通过传感器等方式获取物理世界的各种信息，结合互联网、移动通信网等网络进行信息的传送与交互，采用智能计算技术对信息进行分析处理，从而提升对物质世界的感知能力，以实现智能化的决策和控制。

（三）泛在网

定义：指无所不在的网络，故称泛在网络，简称泛在网或U战略。

最早提出U战略的日、韩两国给出的定义是：无所不在的网络社会将是由智能网络、最先进的计算技术及其他领先的数字技术基础设施武装而成的技术社会形态。根据这样的构想，泛在网络将以"无所不在""无所不包""无所不能"为基本特征，帮助人类实现"4A"化通信，即在任何时间（Anytime）、任何地点（Anywhere）、任何人（Anyone）、任何物（Anything）都能顺畅地通信。

### (四)物联网、传感网与泛在网之间的关系

目前,对支持人与物、物与物广泛互联,实现人与客观世界的全面信息交互的全新网络的命名,一直存在着物联网、传感网、泛在网这三个概念之争。

在传感器网络的概念中,如果将传感器的概念进行扩展,认为 RFID、二维条码等信息的读取设备和音视频录入设备等数据采集设备都是一种特殊的传感器,那么范围扩展后的传感器网络即简称为与物联网概念并列的"传感网"。而从 ITUT、ISO/IEC/JTC1 SC6 等国际标准组织对传感器网络、物联网的定义和标准化范围来看,传感器网络和物联网其实是一个概念、两种不同的表述,其实质都是依托各种信息设备,实现了物理世界和信息世界的无缝融合。此外,在业界也有观点认为,物联网(从产业和应用角度)和传感网(从技术角度)是对同一事物的不同表述,其实质是完全相同的。因此,无论从哪个角度,都可以认为目前为人所熟知的"物联网"和"传感网"这两个概念,都是以传感器、RFID 等客观世界标识、感知技术,借助无线传感器网络、互联网、移动网等通信网络实现人与物理世界的信息交互。而泛在网是面向泛在应用的各种异构网络的集合,且更强调跨网之间的信息聚合与应用。

综上所述,传感网是物联网的组成部分,物联网是互联网的延伸,泛在网是物联网发展的愿景。传感网、物联网与泛在网之间的关系示意图如图 4-12 所示。

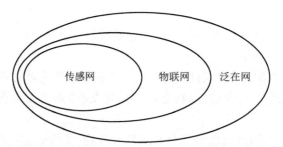

图 4-12 传感网、物联网与泛在网之间的关系示意图

### 二、物联网的特点与发展

#### (一)物联网的特点

物联网有着巨大的应用前景,它被认为是将对 21 世纪产生巨大影响力的技术之一。物联网应用领域从最初的军事侦察等领域,逐渐发展到环境监测、医疗卫生、智能交通、智能电网、建筑物监测等领域。物联网能实现物与物、物与人、所有的物品与网络的连接,方便识别、管理和控制。与传统的互联网相比,物联网有其鲜明的特征。

(1)它是各种感知技术的广泛应用。物联网上部署了海量的多种类型的传感器。每个传感器都是一个信息源。不同类别的传感器所捕获的信息内容和信息格式不同。传感器获得的数据具有实时性,按一定的频率周期性采集环境信息,不断更新数据。

(2)它是一种建立在互联网上的泛在网络。物联网技术的重要基础和核心仍旧是互联网。物联网通过各种有线和无线网络与互联网融合,将物体的信息实时准确地传递出去。在物联网上的传感器定时采集的信息需要通过网络传输,由于其数量极其庞大,形成了海量信息,所以在传输过程中,为了保障数据的正确性和及时性,所采集的信息必须适应各种异构网络和协议。

(3)物联网不仅提供了传感器的连接,而且其本身也具有智能处理的能力,能够对物

体实施智能控制。物联网将传感器和智能处理相结合,利用云计算、模式识别等各种智能技术,扩充了其应用领域。从传感器获得的海量信息中分析、加工和处理出有意义的数据,以适应不同用户的不同需求。

(二)物联网的发展

1. 物联网在各国的发展

1995年,比尔·盖茨在《未来之路》中首次提出"物联网"的概念。

2008年底,IBM公司的CEO彭明盛首次抛出"智慧地球(Smart Planet)"这一概念。这一战略的主要内容是把新一代资讯科技(IT)技术充分运用在各行各业之中,即把感应器嵌入和装备到全球每个角落的电网、铁路、桥梁、隧道、公路等中,并且被普遍连接,形成"物联网",而后再通过超级计算机和"云计算"将"物联网"整合起来,人类就能以更加精细和动态的方式管理生产和生活,最终形成"互联网+物联网=智慧的地球"。

2009年,奥巴马对IBM公司提出的"智慧地球"战略给出了积极的回应,并将之上升到美国国家战略的高度。

2009年6月,欧盟宣布了"物联网行动计划",确保欧洲在构建新型互联网的过程中起到主导作用。欧盟认为,此项行动计划将会帮助欧洲在互联网的变革中获益,同时也提出了将会面临的挑战,如隐私问题、安全问题及个人的数据保护问题。

2009年8月,日本继"e-Japan""u-Japan"之后提出了更新版本的国家信息化战略。该战略的正式名称为"i-Japan战略2015",该战略的重点是电子政府和电子自治体、医疗和健康、教育和人才培养三大领域的未来前景与目标及战略措施。"i-Japan计划"三大要点的具体含义如下:

(1)电子政府和电子自治体。完善电子政务推进体制,延续过去的计划,并确立PDCA计划—执行—检查—行动(PDCA)体制。

(2)医疗和健康。通过使用远程医疗技术,应对当前某些区域医生短缺等医疗问题,使偏远地区的患者在家里也可以享受到高质量的医疗服务。通过在医疗机构中建设数字化基础设施,使诊断业务更加高效,从而减轻医务工作者的负担,完善医院的经营管理。同时,实现区域性的医疗机构合作。

(3)教育和人才培养。推广数字化技术与信息化教育的应用,增强学生的学习能力与应用信息的能力。强化对教职员工应用数字化技术的指导。

在我国,2010年国务院通过的7个战略性新兴产业就包括以物联网为代表的新一代信息技术。政府提出"感知中国"的发展计划,各大运营商也将其看作未来发展的重点,提出M2M(机器对机器通信)等物联网技术。虽然我国的物联网技术起步较晚,但其相关研发水平与发达国家相比毫不逊色。我国是世界上少数能实现物联网产业化的国家之一,并已成为制定国际标准的主导国之一。

2. 物联网的发展历程

物联网的发展主要经历以下三个阶段:

(1)初级阶段:已存在的一些行业基于各种行业数据交换和传输标准的联网监测监控、两化融合等MAI应用系统。

(2)中级阶段:在物联网理念推动下,基于局部统一的数据交换标准实现的跨行业、跨业务综合管理大集成系统,包括一些基于SaaS模式和"私有云"的M2M营运系统。

（3）高级阶段：基于物联网的统一数据标准、SOA、Web Service、云计算虚拟服务的 On Demand 系统（过程控制系统），最终实现基于"公有云"的 TaaS："Thing as a Service"（测试即服务）。

3. 物联网的标准化现状

物联网实现了传感网、移动通信网、互联网的融合，牵涉多种终端之间的相互通信，由此产生的标准化呼声也越来越强烈。3GPP 组织发表了关于 M2M 在全球移动通信系统（GSM）和通用移动通信系统（UMTS）下的通信机制及 M2M 设备上 USIM 应用的远程管理的可行性研究报告，欧洲电信标准化协会（ETSI）也于 2008 年开始进行 M2M 未来标准化需求的讨论。欧洲专门成立"全球射频识别标准协同论坛"来推动标准化的发展。日本著名研究所加入中国物联网标准化的研究之中。如今，中国与德国、美国、英国、韩国等国一起，成为国际标准制定的主要国家之一。

我国负责物联网标准化的是传感器网络标准化工作组。该工作组自 2007 年开始，一直致力国内与国际的同步标准化工作，参与了 ISO/IEC/JTCI、美国电气电子工程师协会（IEEE）等多项国际研究活动，并获得了广泛认可。此外，我国专家还积极参与 IEEE 802.15.4 的标准制定和研究，目前已经在 15.4c、15.4e、15.4g 等工作组里取得重要进展，我国大部分提案也已被采纳。同时，电信运营商也积极推进物联网，研发了无线传感应用协议、终端标准规范等一系列技术规范和标准，提出网络架构，并实现与 3G 无线接入制式的融合。

业内专家认为，物联网一方面可以提高经济效益，大大节约成本；另一方面可以为全球经济的复苏提供技术动力。在物联网的发展过程中，不同的国家会有不同标准的物联网（可能只是一个区域或者是某些国家的物联网），类似目前的移动通信具有 3 个国际标准那样，一个采用共同标准的物联网很难形成。如何统一物联网的标准问题已成为世界各国目前共同关注的一个重要问题。因此，在物联网的发展上，国家之间需要加强合作。世界各国已组织多届论坛和研讨会，以寻求一个能被普遍接受的标准。

### 4.4.2 物联网体系架构

物联网通常被公认为有三个层次，从下到上依次是感知层、网络层和应用层。物联网体系架构示意图如图 4-13 所示。如果以人来比喻的话，感知层就像人的皮肤和五官，用来识别物体，采集信息；网络层则像人的神经系统，将信息传递到大脑进行处理；应用层类似人们从事的各种复杂的事情，完成各种不同的应用。物联网涉及的技术非常多，从传感器技术到通信网络技术，从嵌入式微处理节点到计算机软件系统，涉及自动控制、通信、计算机等不同领域，是跨学科的综合应用。

物联网作为实现人与客观世界全面信息交互的全新网络，在其感知、传输、处理三大核心环节中涉及了众多学科和跨领域的技术。物联网的技术体系框架如图 4-14 所示，它包括感知层技术、网络层技术、应用层技术和公共技术。

第 4 章 计算机新技术

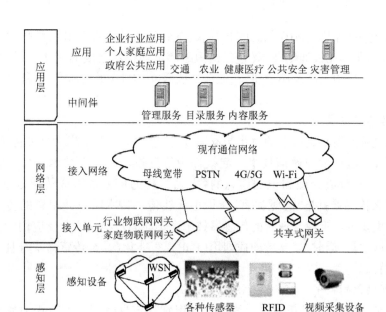

图 4-13　物联网体系架构示意图

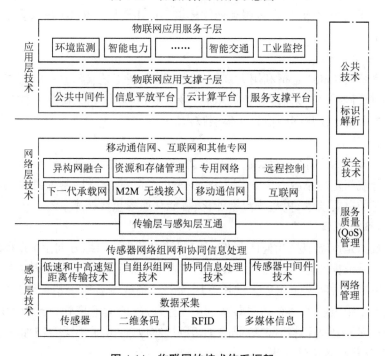

图 4-14　物联网的技术体系框架

一、感知层

物联网的感知层主要完成信息的采集、转换和收集。感知层包含两个部分，即传感器（或控制器）、短距离传输网络。传感器（或控制器）用来进行数据采集及实现控制，短距离传输网络将传感器收集的数据发送到网关，或将应用平台的控制指令发送到控制器。感知层的关键技术主要为传感器技术和短距离传输网络技术，其设备及技术有射频标识

(RFID)标签与用来识别 RFID 信息的扫描仪、视频采集的摄像头和各种传感器中的传感与控制技术、短距离无线通信技术(包括由短距离传输技术组成的无线传感网技术)。实现这些技术的过程中又涉及芯片研发、通信协议研究、RFID 材料研究、智能节点供电等细分领域。

### (一)传感器技术

物联网技术的核心是信息的收集与反馈，而信息收集需要依靠大量的传感器来完成。传感技术同计算机技术与通信技术一起被称为信息技术的三大技术。从仿生学观点出发，如果把计算机看成处理和识别信息的"大脑"，把通信系统看成传递信息的"神经系统"的话，那么传感器就是"感觉器官"。微型无线传感技术及以此组建的传感网是物联网感知层的重要技术手段。现有的传感器技术尚不能满足物联网广泛应用的需要。新型传感器具有低功耗、低成本、支持即插即用(PnP)、智能化(甚至传感器本身具备一定的判断能力)的特点。

### (二)射频识别技术

射频识别(RFID)技术是通过无线电信号识别特定目标、并读/写相关数据的无线通信技术。在国内，RFID 已经在身份证、电子收费系统和物流管理等领域有了广泛应用。RFID 技术市场应用成熟，标签成本低廉，但 RFID 一般不具备数据采集功能，多用来进行物品的甄别和属性的存储，且在金属和液体环境下应用受限。RFID 技术属于物联网的信息采集层技术。

### (三)微机电系统

微机电系统(MEMS)是指利用大规模集成电路制造工艺，经过微米级加工，得到的集微型传感器、执行器及信号处理和控制电路、接口电路、通信和电源于一体的微型机电系统。MEMS 技术属于物联网的信息采集层技术。

### (四)GPS 技术

GPS 技术又称为全球定位系统，是具有海、陆、空全方位实时三维导航与定位能力的新一代卫星导航与定位系统。GPS 作为移动感知技术，是物联网延伸到移动物体并采集移动物体信息的重要技术，更是物流智能化、智能交通的重要技术。

### (五)二维码技术

二维码技术是用特定的几何图形按一定规律在平面(二维方向上)分布的黑白相间的矩形方阵记录数据符号信息的新一代条码技术。二维码由一个二维码矩阵图形和一个二维码号及下方的说明文字组成。使用专用读码设备或者智能手机，就能读取二维码中的大量信息。二维码技术具有信息量大、纠错能力强、识读速度快、全方位识读等特点。与 RFID 相比，从一维码切换到二维码除了印刷成本以外，几乎不需要增加成本。

### (六)无线传感器网络技术

无线传感器网络(WSN)的基本功能是将一系列空间分散的传感器单元通过自组织的无线网络进行连接，从而将各自采集的数据通过无线网络进行传输汇总，以实现对空间分散范围内的物理或环境状况的协作监控，并根据这些信息进行相应的分析和处理。传感器网络需要支持灵活的网络管理和灵活的路由机制，支持多种类型设备的协同工作，支持带宽管理、支持节能管理、支持特定设备的 QoS 管理等。无线传感器网络技术是实现物联网广泛应用的重要底层网络技术，可以作为移动通信网络、有线接入网络的神经末梢网络,进一步扩大网络的覆盖面。无线传感器网络技术贯穿物联网的三个层面,是结合了计算、通信、传感器三项技术的一门新兴技术,具有较大范围、低成本、高密度、灵活布设、实时采集、全天候工作的优势,且对物联网其他产业具有显著带动作用。

(七) 蓝牙技术

作为一种开放性的、短距离(10~100 m)无线通信的技术标准,蓝牙技术(Bluetooth)可以提供近距离的语音和数据通信,其提供的数据传输速率最快可达 720 kbps。蓝牙技术使用全方位的无线微波进行传输,支持点到点、点到多点的通信,而无须像红外传输协议那样要求进行传输的设备之间必须对准。蓝牙技术还具有以下特点:工作在 2.4 GHz ISM(Industrial Scientific and Medical,工业、科学、医学)频段,这个频段的通信设备无须再申请频段的使用权;采用时分双工/跳频方式(TDD/H)(将信道划分成多个连续的时隙)、正向纠错编码(FEC)技术和频率调制(FM)方式;设备体积小,便于携带或移动,成本低廉。基于蓝牙技术的蓝牙网无须预设基础设施,可自动临时组网,不涉及多跳路由的问题,因此能够有效地简化移动通信终端设备之间的通信,也能够成功地简化设备与因特网之间的通信,从而使数据传输变得更加迅速高效,为无线通信拓宽道路,构建智能化的网络。

(八) 无线通信技术

无线通信技术(ZigBee)是一种介于 RFID 和蓝牙之间的新兴的短距离、低速率、低功耗、低复杂度、低成本的双向无线通信技术,它是由 IEEE 802.15.4 无线个人区域网工作组定义的一种适于固定、便携或移动设备使用的极低复杂度、成本和功耗的低速无线联接技术。完整的 ZigBee 协议栈是由物理层、媒体接入控制层、网络层、安全层和应用层组成的。其无线装置减少了施工费用,解决了现场安装困难的问题,消除了无线接入技术的不可靠性及其他技术问题,主要用于在传输速率不高的各种电子设备之间进行数据传输,典型的有周期性数据、间歇性数据和低反应时间数据传输的应用。

二、网络层

物联网的网络层主要完成信息传递和处理。网络层包括两个部分,即接入单元和接入网络。接入单元是联接感知层的网桥,它汇集从感知层获得的数据,并将数据发送到接入网络。接入网络即现有的通信网络,包括移动通信网、有线电话网、有线宽带网等。通过接入网络,人们将数据最终传入互联网。

网络层的关键技术既包含了现有的通信技术,如移动通信技术、有线宽带技术、公共交换电话网(PSTN)技术、无线联网(Wi-Fi)通信技术等,又包含了终端技术,如实现传感网与通信网结合的网桥设备、为各种行业终端提供通信能力的通信模块等的相关技术。

物联网的网络层一般建立在现有的移动通信网或互联网的基础之上,实现更加广泛的互联功能,能够把感知到的信息无障碍、高可靠性、高安全性地进行传送。感知数据管理与处理技术包括传感网数据的存储、分析、理解、挖掘及感知数据库的决策和行为的理论与技术。目前,高速发展的云计算平台将会成为物联网发展的一大助力。云计算平台作为海量感知数据的存储、分析平台,将是物联网网络层的重要组成部分,也是应用层众多应用的基础。网络层的感知数据管理与处理技术是实现以数据为中心的物联网的核心技术,需要传感器网络与移动通信技术、互联网技术相融合。经过十余年的快速发展,移动通信、互联网等技术已比较成熟,基本能够满足物联网数据传输的需要。

### 三、应用层

物联网的应用层主要完成数据的管理和数据的处理,并将这些数据与各行业应用相结合。应用层包括两部分,即物联网中间件、物联网应用。

物联网中间件是一种独立的系统软件或服务程序。中间件将许多可以公用的能力进行统一封装,提供给丰富多样的物联网应用。统一封装的能力包括通信的管理能力、设备的控制能力、定位能力等。物联网应用是用户直接使用的各种应用,种类非常多,包括家庭物联网应用(如家用电器智能控制、家庭安防等),也包括很多企业和行业应用(如石油监控应用、电力抄表、车载应用、远程医疗等)。

应用层主要包含应用支撑子层和应用服务子层。其中应用支撑子层用于支撑跨行业、跨应用、跨系统之间的信息协同、共享、互通的功能。应用服务子层包括智能交通、智能医疗、智能家居、智能物流、智能电力等行业应用。

应用层主要基于软件技术和计算机技术实现,其关键技术主要是基于软件的各种数据处理技术。此外,云计算平台作为海量数据的存储、分析平台,也将是物联网应用层的重要组成部分。

应用层涉及的主要技术有:

#### (一) M2M

M2M 表示的是将多种不同类型的通信技术有机地结合在一起,如机器之间通信、机器控制通信、人机交互通信、移动互联通信。M2M 让机器、设备应用处理过程与后台信息系统共享信息,并与操作者共享信息。它提供了设备实时地在系统之间、远程设备之间或与个人之间建立无线连接和传输数据的手段。M2M 技术综合了数据采集、GPS、远程监控、电信、信息技术,能够使业务流程自动化,集成 IT 系统和非 IT 设备的实时状态,并创造增值服务。这一平台可在安全监测、自动抄表、机械服务和维修业务、自动售货机、公共交通系统、车队管理、工业流程自动化、电动机械、城市信息化等环境中运行,并提供广泛的应用和解决方案。

#### (二) 云计算

云计算是并行计算、分布式计算和网格计算的发展,或者说是这些计算机科学概念的商业实现。云计算代表了手提电脑(HPC)从科学计算到大众化商业应用的变迁,使以前最"烧钱"和不赚钱的超级计算产业变成了最赚钱和省钱(充分利用现成的 CPU 的计算能力)的产业。云计算使以前的"计算中心"边缘化,而使"数据中心"成为主流。

#### (三) 人工智能

人工智能是研究让计算机来模拟人的某些思维过程和智能行为(如学习、推理、思考、规划等)的学科。人工智能将涉及计算机科学、心理学、哲学和语言学等学科,可以说涉及几乎自然科学和社会科学的所有学科,其范围已远远超出了计算机科学的范畴。人工智能与思维科学的关系是实践和理论的关系。人工智能处于思维科学的技术应用层次,是它的一个应用分支。从思维观点看,人工智能不只限于逻辑思维,更涉及形象思维、灵感思维。数学常被认为是多种学科的基础学科。人工智能也必须借用数学工具,才能更快地发展。

#### (四) 数据挖掘

在人工智能领域,数据挖掘习惯上又称为数据库中的知识发现(Knowledge Discovery

in Database,KDD),也有人把数据挖掘视为数据库中知识发现过程的一个基本步骤。知识发现过程由以下三个阶段组成,即数据准备、数据挖掘及结果表达和解释。数据挖掘可以与用户或知识库交互。

并非所有的信息发现任务都被视为数据挖掘。例如,使用数据库管理系统查找个别的记录,或通过因特网的搜索引擎查找特定的 Web 页面,则是信息检索(Information Retrieval)领域的任务。虽然这些任务是重要的,可能涉及使用复杂的算法和数据结构,但是它们主要依赖传统的计算机科学技术和数据的明显特征来创建索引结构,从而有效地组织和检索信息。即使如此,数据挖掘技术也已用来增强信息检索系统的能力。

(五)物联网中间件

RFID 中间件是系统获取信息、处理信息和传递信息的核心部分,是连接读/写器和企业应用程序的纽带,在物联网初期提出时被称作 Savant(一种分布式网络软件)。它主要对标签数据进行过滤、分组、计数、转发,以提高发往信息网络系统的数据质量,防止误读、漏读、多读信息。中间件的核心组成是事件管理器和信息服务器。事件管理器负责采集、过滤读/写器收集的 EPC(设计、采购、施工)相关信息,并转发给其他应用;信息服务器提供事件管理器与企业信息系统之间的集成,存储事件管理器提交的数据信息,提供访问接口。

RFID 中间件技术拓展了基础中间件的核心设施和特性,将企业级中间件技术延伸到了 RFID 领域,是 RFID 产业链的关键技术。RFID 中间件屏蔽了 RFID 设备的多样性和复杂性,能够为后台业务系统提供强大的支撑,从而驱动更广泛、更丰富的 RFID 应用。RFID 中间件技术重点研究的内容包括并发访问技术、目录服务技术和定位技术、数据和设备监控技术、远程数据访问和安全及集成技术、进程和会话管理技术等。

总之,应用层主要是根据行业特点,借助互联网技术手段,开发各类的行业应用解决方案,将物联网的优势与行业的生产经营、信息化管理、组织调度结合起来,形成各类的物联网解决方案,构建智能化的行业应用。如交通行业,涉及的是智能交通技术;电力行业采用的是智能电网技术;物流行业采用的是智慧物流技术等。行业的应用还要更多地涉及系统集成技术、资源打包技术等。

### 4.4.3 物联网的应用

物联网有着巨大的应用前景,被认为是将对 21 世纪产生巨大影响力的技术之一。物联网从最初的军事侦察等无线传感器网络,逐渐发展到环境监测、医疗卫生、智能交通、智能电网、建筑物监测等应用领域。随着传感器技术、无线通信技术、计算机技术的不断发展和完善,各种物联网将遍布人们的生活中。

**一、智能电网**

(一)智能电网概述

智能电网(Smart Grid)是以物理电网为基础,将现代先进的传感测量技术、通信技术、信息技术、计算机技术和控制技术与物理电网高度集成而形成的新型电网。智能电网主要是通过终端传感器在用户之间、用户和电网公司之间形成即时连接的网络互动,实现数据读取的实时、高速、双向的效果,从而整体提高电网的综合效率。

智能电网的核心在于,构建具备智能判断与自适应调节能力的多种能源统一入网和分布式管理的智能化网络系统,可对电网与用户用电信息进行实时监控和采集,且采用最经济与最安全的输配电方式将电能输送给终端用户,实现对电能的最优配置与利用,从而提高电网运行的可靠性和能源利用效率。智能电网的本质是能源替代和兼容利用,它需要在开放的系统和共享信息模式的基础上,整合系统中的数据,优化电网的运行和管理。

从技术方案的角度来讲,面向智能电网的物联网功能仍集中于数据的采集、传输、处理三个方面。一是数据采集倾向于更多新型业务。二是网内协作模式的数据传输。以网内节点的协作互助为基本方式来解决数据传输问题。三是网内数据融合处理技术。物联网不仅仅是一个向用户提供物理世界信息的传输工具,同时还在网络内部对节点采集数据进行融合处理,更是一个具有计算能力和处理能力的云计算信息加工厂,用户端得到的数据是经过大量融合处理的非原始数据。

物联网作为智能电网末梢信息感知不可或缺的基础环节,在电力系统中具有广阔的应用空间。从发电环节的接入到检测、变电的生产管理、安全评估与监督,以及配电的自动化、用电的采集和营销等方面,物联网将渗透到电力输送的各个环节,在电网建设、生产管理、运行维护、信息采集、安全监控、计量应用和用户交互等方面发挥巨大作用。可以说,80%的业务跟物联网相关。传感器网络可以全方位提高智能电网各个环节的信息感知深度和广度,为实现电力系统的智能化及信息流、业务量、电力流提供高可用性支持。

(二)物联网在智能电网中应用的基本架构

面向智能电网应用的物联网主要包括感知层、网络层和应用层。物联网技术在智能电网的主要应用如图 4-15 所示。

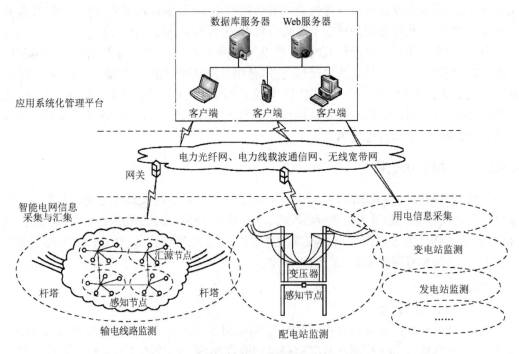

图 4-15 物联网技术在智能电网中的主要应用

1. 感知层

感知层主要通过无线传感网络、RFID 等技术手段实现对智能电网各应用环节相关信息的采集。感知层是物联网实现"物物相连，人物互动"的基础，通常分为感知控制子层和通信延伸子层。

具体而言，感知控制子层主要通过各种新型 MEMS 传感器、基于嵌入式系统的智能传感器、智能采集设备等技术手段，实现对物质属性、环境状态、行为态势等静态或动态的信息的大规模、分布式的信息获取。通信延伸子层所用技术比较广泛，对于电网的监控数据基本采用光纤通信方式，而对于输电线路在线监测、电气设备状态监测，除利用光纤传递信息外，还在一定程度上应用了无线传感技术。在用电信息数据采集和智能用电方面，所用到的通信技术主要涉及窄带电力线通信、宽带电力线通信、短距离无线通信、光纤复合低压电缆及无源光通信、公网通信等。

2. 网络层

网络层以电力光纤网为主，以电力线载波通信网、无线宽带网为辅，从感知层设备将采集的数据转发，负责物联网与智能电网专用通信网络之间的接入，主要用来实现信息的传递、路由和控制。网络层分为核心网和接入网两个部分，以保证物联网与电网专用通信网络之间的互联互通。其中，核心网主要由电力骨干光纤网组成，并辅以电力线载波通信网、数字微波网。而接入网则以电力光纤接入网、电力线载波、无线数字通信系统为主要的手段，从而使电力宽带通信网为物联网技术的应用提供了一个高速的双向宽带通信的网络平台。

在智能电网应用中，考虑到对数据安全性、传输可靠性及实时性的严格要求，物联网的信息传递、汇聚与控制主要借助电力通信网实现，在条件不具备或某些特殊条件下也可依托公众电信网。

3. 应用层

应用层主要由应用基础设施和各种应用两大部分组成。其中，应用基础设施为物联网应用提供信息处理、计算等通用基础服务设施、能力及资源调用接口，并在此基础上实现物联网的各种应用。面向智能电网物联网的应用涉及智能电网生产和管理中的各个环节，通过运用智能计算、模式识别等技术来实现电网相关数据信息的整合分析处理，进而实现智能化的决策、控制和服务，最终使电网各应用环节的智能化水平得以提升。

物联网技术主要应用于智能家用电器传感网络系统、智能家居系统、无线传感安防系统、用户用电信息采集系统等，主要硬件设备包括智能交互终端、智能交互机顶盒、智能插座等。该系统与外部的通信主要通过电力线通信（PLC）、电力光纤到户（PFTTH）、无线宽带通信等通信方式相结合的宽带通信平台来实现。物联网应用于智能电网用户服务的网络架构如图 4-16 所示。

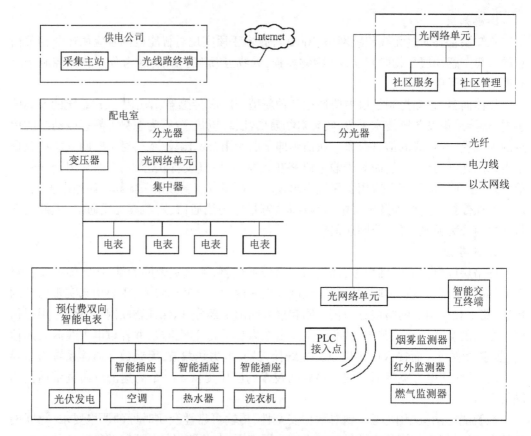

图 4-16 物联网应用于智能电网用户服务的网络架构

(三) 物联网在智能电网中的应用模型

1. 电力设备状态监测

利用物联网技术在常规机组内部安置一定数量的传感监测点,可以实时了解机组运行情况,包括其各种技术指标与参数,从而提高常规机组状态的监测水平。同样,物联网技术也可以对风能、太阳能等新能源发电进行在线监测、控制以及功率预测等。利用物联网技术,可以大幅增强一次设备的感知能力,使其能与二次设备很好地结合,从而实现联合处理、数据传输、综合判断等功能,极大地提高电网的技术水平和智能化程度。

此外,输电线路状态在线监测是物联网的重要应用,它也可以增强对输电线路运行状况的感知能力,包括对气象条件、覆冰、导地线微风振动、导线温度与弧垂、输电线路风偏、杆塔倾斜等内容的监测。

2. 电力生产管理

因电力生产的管理较为复杂,所以在管理电力现场作业难度相当大,伴有误操作、误进入等安全隐患存在。通过物联网技术进行身份识别、电子工作票管理、环境信息监测、远程监控等,可方便地实现调度指挥中心与现场作业人员的实时互动。

在电力巡检管理上,利用射频识别(RFID)、全球定位系统(GPS)、地理信息系统及无线通信网,对设备的运行环境及其运行状态进行监控,并根据识别标签辅助设备定位,实现了人员的到岗监督,从而监督工作人员参照标准化和规范化的工作流程,进行辅助状态检修和标准化作业。在塔基下、杆塔上及输电线路上安装地埋振动传感器、壁挂振动传感器、倾斜传感器、距离传感器、防拆螺栓等设备，并结合输电线路状态的在线监测系统，可实现对重要杆塔较好的实时监测和防护。

3. 电力资产全寿命周期管理

在电力设备中应用射频识别和标识编码系统对资产进行身份管理、状态监测、全寿命周期管理，自动识别目标对象并获取数据，在技术上为实现电力资产全寿命周期管理、提高运转效率、提升管理水平提供了更好的支撑。

4. 智能用电

物联网技术有利于智能用电双向交互服务、用电信息采集、家居智能化、家庭能效管理、分布式电源接入及电动汽车充放电的实现，同时也是实现用户与电网的双向互动、提高供电可靠性与用电效率及节能减排的技术保障。

在电动汽车、电池、充电设施中安装传感器和射频识别装置，实时感知电动汽车的运行状态、电池使用状态、充电设施状态及当前网内能源的供给状态，可实现对电动汽车及充电设施的综合监测与分析，并保证电动汽车稳定、经济、高效运行。

物联网技术借助在各种家用电器中内嵌的智能采集模块和通信模块，可以实现家用电器的智能化和网络化，完成对家用电器运行状态的监测、分析及控制；借助在家中安装的门窗磁报警、红外报警、可燃气体泄漏监测、有害气体监测等传感器，可以实现家庭安全防护；借助应用无线、电力线载波技术，可以实现水、电、气表自动抄收；借助光纤复合低压电缆、电力线载波及智能交互终端，可以实现用户与电网的交互，以及相关的通信服务、视频点播和娱乐信息等服务。

## 二、智能交通系统

智能交通通过感知车辆运行状态、交通基础设施状态、出行者行为等，在更高层次上满足人们交通出行的安全、畅通和环境需求，满足运输智能化、自动化的需求和车辆智能化、安全性和节能减排的需求。

### （一）智能交通系统概述

智能交通系统(Intelligent Transport System, ITS)将传感器技术、RFID 技术、无线通信技术、数据处理技术、网络技术、自动控制技术、视频检测识别技术、GPS、信息发布技术等运用于整个交通运输管理体系中，从而建立起实时的、准确的、高效的交通运输综合管理和控制系统。

从系统功能上讲，这个系统必须将汽车、驾驶者、道路及相关的服务部门连接起来，并使道路与汽车的运行功能智能化，从而使公众能够高效地使用公路交通设施和能源。其具体的实现方式：将该系统采集到的各种道路交通及服务信息，经过交通管理中心集中处理后，传送到公路交通系统中的各个用户，使得出行者可以进行实时的交通方式和交通路线的选择，交通管理部门可以自动进行交通疏导、控制和事故处理，运输部门可以随时掌握所属车辆的动态情况，进行合理调度。这样就使路网上的交通经常处于最佳状态，改善了交通拥挤状况，最大限度地提高了路网的通行效率、机动性和安全性。

### （二）智能交通系统服务领域架构

智能交通系统是汇集众多高新技术的大系统，其内部包含许多的子系统，而这些子系统又要用到各种各样的技术，包括传感器技术、测量技术、判断处理技术、数据库技术、控制以及伺服机构技术、计算机技术、通信技术、网络技术、人机联系技术、人体机理学、交通规则理论、交通工程学等。根据国际标准化组织(ISO)的分类,智能交通系统服务领域可划分为交通管理、交通信息、车辆系统、商用车辆、公共交通、应急管理、电子支付和安全管理等。智能交通系统服务领域架构如图4-17所示。

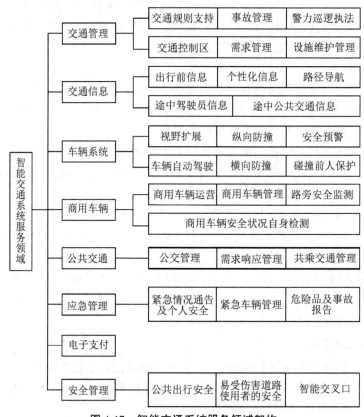

图4-17 智能交通系统服务领域架构

(三) 智能交通系统的关键技术

下面几项智能交通系统的关键技术在国际上备受关注。我国应在这些技术上迎头赶上,建立安全、快捷、高效、畅通、环保的智能交通硬件基础。

1. 智能化交通管理系统

将智能化交通信号控制系统和智能化交通监控系统集成起来就构成了先进的智能交通管理系统的主要部分。

智能化的信号控制系统可以通过设在路上的传感器,检测路段和路口的交通状态,根据路口各个方向以及周围相邻路口的交通状态,改变路口各方向红绿灯信号的持续时间(信号配时),使得路口的使用效率得以提高。通俗地说,就是使路口的信号系统"聪明"起来,让路口信号控制系统能够有眼睛(传感器)、有脑子(计算机),能够处理信息和思考(软件)。

人们经常会遇到由交通事故或意外事件造成的堵车现象,如果能够快速探测到事故或事件并快速响应和处理,就会大大减少由此造成的堵车现象。智能化交通监控系统就是为此开发的。它具备的功能:第一,对道路上的交通信息及交通相关信息的采集比较完整和实时;第二,使交通参与者(包括驾驶员、乘客、行人等)、交通管理者、交通工具、道路管理设施之间的信息交换实时和高效;第三,控制中心对执行系统的控制是强制和高效的;第四,交通监控中心计算机系统(包括城市、高速公路的监控中心、运输管理中心等)配备有功能强大的软件和数据库,具备自学习、自适应的能力。

2. 电子不停车收费系统

电子不停车收费(ETC)系统是智能交通系统中最先投入应用的系统之一,主要应用技术是自动车辆识别技术(AVI)。

自动车辆识别技术利用装在车道内和车道周围的各种传感器装置来测定通过车辆的类型,并与车载电子标签存储的车型数据进行核对,以防止故意换卡违章使用,保障计算机系统按照正确的车型实现收费。

电子不停车收费系统特别适合在高速公路或交通繁忙的桥隧环境下采用。它可大大增强公路的通行能力,使公路收费走向电子化,降低现金管理的成本。允许车辆不停车交费通过,有利于提高车辆的营运效益,降低收费站的噪声水平和废气排放。同时由于通行能力得到大幅度增强,收费站的规模可以缩小,以节约基建费用和管理费用。另外,电子不停车收费系统对于城市来说,不仅仅是一项先进的收费技术,它更是一种通过经济杠杆进行交通流调节的切实有效的交通管理手段,可以有效增强市政设施的资金回收能力。

3. 自动公路和智能汽车

智能汽车是很多驾车人所向往的。美国的科学家很早就开始这方面的探索,例如美国加州大学的 PATH 项目组,从 20 世纪 90 年代初就开始了自动公路和智能汽车的研究。1992 年美国国会通过了地面运输效率法案(ISTEA),要求在 1998 年前实现一条试验自动公路。经过 5 年的努力,1997 年 8 月美国在南加州 3.8 km 长的试验路段上对自动公路进行了成功的试验。当安装有自动驾驶系统的汽车驶入埋有导向磁性标线的道路时,汽车进入自动驾驶状态,遇到弯道会转弯,遇到情况会采取刹车等措施,驾驶员完全放开手脚,可以和同行人聊天,可以看报纸。

4. 车辆定位与导航技术

(1) GPS

全球卫星定位系统(Global Positioning System,GPS)技术利用分布在太空的多颗人造卫星对地面上的目标进行测定、定位和导航,它用于对船舶和飞机及其他飞行物的导航、对地面目标的精确定时和定位、对地面和空中进行的交通管制、对空间和地面的灾害监测等。

一般应用于智能交通的 GPS 系统由三个部分组成,如图 4-18 所示。

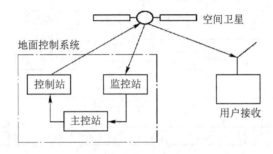

图 4-18　GPS 系统的三个组成部分及其相互关系

GPS 可以用于车辆导航,实现的主要功能有车辆跟踪、航线设计、按计划航线进行导航、查询等。

车辆导航系统主要由 GPS 接收机、微处理器、显示器、车辆导航软件和地理信息系统组成,其模块构成示意图如图 4-19 所示。GPS 用于车辆运营管理,实现的主要功能有查询、多屏幕、多车辆跟踪、指挥与车辆跟踪相结合、报警与意外处理等。

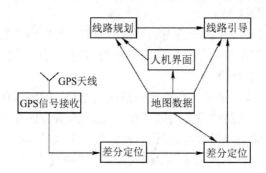

图 4-19 车辆导航系统模块构成示意图

(2) GIS

地理信息系统(Geographial Information System,GIS)技术综合了数据库、计算机图形学、地理学、几何学等技术,以地理空间数据为基础,采用地理模型和分析方法,适时提供多种空间和动态的地理信息,从而为存放和管理定位导航信息提供信息服务。

GIS 用于车辆导航与监控,实现的功能包括电子地图显示、标注当前车位、地理信息分类索引、最佳路径选择、行车路线导航等。

GIS 用于道路实网数据和属性数据,以分路段的方式与地理坐标联系起来,可以对路面质量、路况和路面维护进行管理,另外也可以对桥梁、隧道及其他各种道路管理设施(如信号装置等)进行测量和管理,从而保证各项设施的正常运转,使交通管理和控制措施得以顺利实施。

GIS 可用于交通安全管理和事故分析,还可用于公路环境评价、监控和管理。交通安全地理信息系统结构示例如图 4-20 所示。

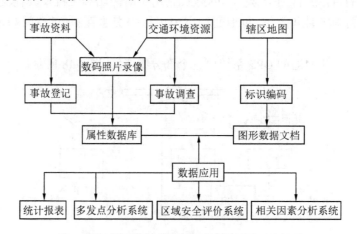

图 4-20 交通安全地理信息系统结构示例

5. 模拟仿真系统

仿真(Simulation)是指为了求解问题而人为地模拟真实系统的部分或整个运行过程。

计算机仿真技术在交通工程中有着广泛的应用。利用交通仿真模型,人们可以动态地、逼真地仿真交通流和事故等各种交通现象,深入地分析车辆、驾驶员和行人、道路以及交通流的交通特征,有效地进行交通规则、交通组织和管理、交通能源节约与物资运输流量合理化等方面的研究。

仿真模型是分析交通系统的重要手段和重要方法,但是,并非所有的仿真模型都适用于 ITS 分析。ITS 的交通仿真模型需要满足以下条件。

(1) 能够清晰地表现路网的几何图形,包括交通设施(如信号灯、车检器等)。

(2) 能够清晰地表现驾驶员的行为。

(3) 能够清晰地表现车辆间的相互作用,如跟车、车道变换时的相互作用。

(4) 能够清晰地表现交通控制策略(定周期、自适应、匝道控制)。

(5) 能够模拟先进的交通道路策略,如采用 VMS(虚拟内存系统)提供的路径重定向、速度控制和车道控制等。

(6) 能够提供与外部实时应用程序交互的接口。

(7) 能够模拟动态的车辆诱导,再现被诱导车辆和交通中心的信息交换。

(8) 能够应用于一般化的路网,包括城市道路和城市间的高速公路。

(9) 能够细致地仿真路网交通流的状况(如交通需求的变化),从而模拟交通设施的功能。

(10) 能够清晰地模拟公共交通,提供结果分析的工具等。

6. 基于 VICS 的车载多媒体信息终端技术

汽车信息通信系统(Vehicle Information Communication System, VICS)是一种通过路旁微波天线及 FM 多路广播等,为车辆提供宽带数字数据的先进信息通信系统。它所提供的信息包括实时的道路状况和交通情况、优化路径选择、预计旅行时间、交通流分配信息、停车区域信息、休息服务区信息、高速公路沿线服务设施信息、交通管制信息等,它通常与带有 GIS 和 GPS 的车辆导航系统一起使用。其目标是面向全国范围提供及时的智能运输系统服务信息,以减少事故发生、增进交通安全、平滑交通流、降低交通污染和保障环境及为用户提供附加的有用增值信息服务,从而全面提高交通管理水平。

三、智能家居

智能家居利用先进的计算机技术、网络通信技术、综合布线技术,依照人体工程学原理,融合个性需求,将与家居生活有关的各个子系统(如安防、灯光控制、窗帘控制、煤气阀控制、信息家电、场景联动、地板采暖等)有机地结合在一起,通过网络化综合智能控制和管理,实现"以人为本"的全新家居生活体验。

(一) 智能家居概述

智能家居在英文中常用 Smart Home、Intelligent Home 表示。它以住宅为平台,兼备建筑、网络通信、信息家用电器、设备自动化等功能,集系统、结构、服务、管理、控制于一体,来创造一个优质、舒适、安全、便利、节能、环保的居住生活环境空间。

智能家居是一个综合系统,利用先进的网络通信、电力自动化、短距离通信、嵌入式等技术将与居家生活有关的各种设备有机地结合起来,通过网络化综合管理平台或者先进的云计算平台,实现人与家、人与家用电器、家用电器与环境之间的信息互通。智能家居强调人的主观能动性,重视人与居住环境的协调,能够自如地控制室内各种电器及环境。智能家居系统必须具备以下几个特征。

1. 安全性

安全性是智能家居系统首先要解决的问题,没有安全的系统就谈不上智能化和生活舒适。智能家居的安全性包括两个层面:一是安全的智能家用电器设备,当传统的家用电器设备被智能化时,就必须保障其安全可控;二是安全的网络和控制系统,需要有足够安全的网络来防止他人的入侵。

2. 易用性

智能家居系统是一个综合系统。要做到系统的完美,为最终用户提供良好的舒适度,就需要在易用性方面下功夫。这就要求智能家居系统在功能上人性化、个性化。设计时要考虑到不同层次人群的需求,让最终用户真正体会到智慧化的"个性"服务。

3. 稳定性

系统的稳定性是家庭生活更舒适的前提。智能家居系统经常出现各种不稳定的因素,就不是带来了方便,而是带来了麻烦。

4. 扩展性

智能家居系统必须具有良好的兼容性和扩展性,能够保证各种设施的"即插即用"及网络组建的便捷性。

(二)智能家居系统体系结构

智能家居系统主要由智能灯光控制、智能家用电器控制、智能安防报警、智能娱乐系统、可视对讲系统、远程监控系统、远程医疗监护系统等组成。智能家居系统结构框图如图 4-21 所示。

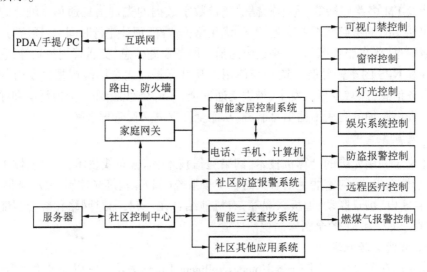

图 4-21 智能家居系统结构框图

(三)智能家居系统主要模块设计

1. 照明及设备控制

智能家居系统的总体目标是通过采用计算机、网络、自动控制和集成技术建立一个由家庭到小区乃至整个城市的综合信息服务和管理系统。系统中照明及设备控制可以通过智能总线开关来控制。本系统主要采用交互式通信控制方式,分为主、从机两大模块,在主机模块被触发后,通过 CPU 将信号发送,进行编码后通过总线传输到从模块,进行解码后通过 CPU 触发响应模块。因为主机模块与从机模块完全相同,所以从机模块也可以进行相反操作来控制主机模块实现交互式通信。灯光及家居设备系统控制框图如图 4-22 所示。系统模块程序流程图如图 4-23 所示。其中主机模块相当于网络的服务器,主要负责整个系统的协调工作。

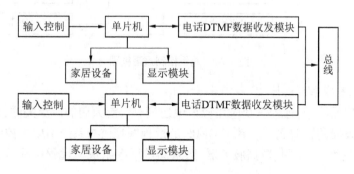

图 4-22　灯光及家居设备系统控制框图

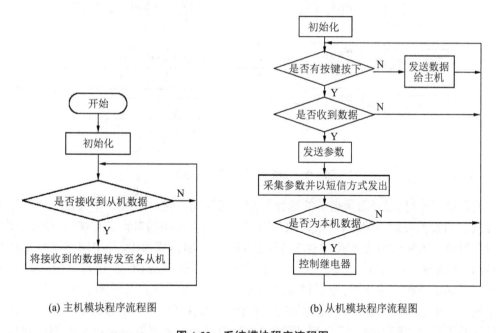

(a) 主机模块程序流程图　　　　　　　　(b) 从机模块程序流程图

图 4-23　系统模块程序流程图

其他家用电器设备及窗帘控制,与照明控制类似,均可采用手动和自动控制两种方式。

2. 智能安防及远程监控系统设计

智能安防系统主要由各种报警传感器(如人体红外、烟感、可燃气体等)及其检测、处理模块组成。入侵检测报警电路与其他火灾、燃煤气泄漏报警电路类似。入侵检测报警框图如图 4-24 所示。

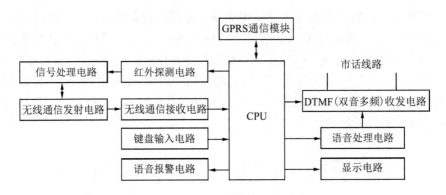

图 4-24 入侵检测报警框图

**（四）远程医疗系统设计**

在智能家居系统中，远程医疗应用应该说还没有引起人们的广泛关注，但实际上它是今后智能家居发展的方向之一。基于 GPRS 的远程医疗监控系统由中央控制器、GPRS 通信模块、GPRS 网络、互联网、数据服务器、医院局域网等组成。远程医疗监护系统框图如图 4-25 所示。

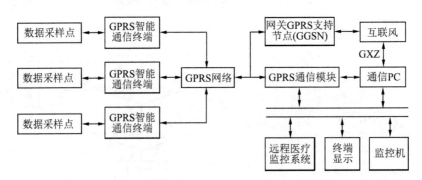

图 4-25 远程医疗监护系统框图

当系统工作时，患者随身携带的远程医疗智能终端首先对患者心率、血压、体温等进行监测。当发现可疑病情时，通信模块就对采集到的人体现场参数进行加密、压缩处理，再以数据流形式通过串行方式（RS-232）连接到 GPRS 通信模块上，与中国移动基站进行通信后，基站 SGSN（服务 GPRS 支持节点）再与网关支持节点 GGSN 进行通信，GGSN 则对分组资料进行相应的处理，把资料发送到互联网上，去寻找在互联网上的一个指定 IP 地址的监护中心，并接入后台数据库系统。这样，信息就开始在移动患者单元和远程移动监护医院工作站之间不断进行交流，所有的诊断数据和患者报告都会被传送到远程移动监护信息系统存档，以供将来研究、评估、资源规划所用。该 GPRS 远程医疗智能终端的硬件框图如图 4-26 所示。系统监护中心由监控平台、信息管理系统、电子地图库、电子病历库等组成。监护中心系统软件框图如图 4-27 所示。

第 4 章　计算机新技术

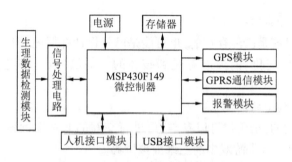

图 4-26　远程医疗智能终端的硬件框图

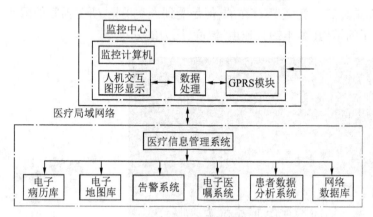

图 4-27　监护中心系统软件框图

## 4.5　虚拟现实、增强现实与元宇宙

互联网连接、社交网络生态、虚拟现实/增强现实等沉浸技术的成熟是元宇宙实现的前提。元宇宙的兴起将伴随着虚拟现实/增强现实、云计算、人工智能、5G 等技术的进化，而人类对虚拟世界的构建和发展将造就元宇宙。由此可见，虚拟现实和增强现实是元宇宙从概念走向现实的必经之路，元宇宙的发展也预示着虚拟现实和增强现实的崛起。为了实现沉浸感，元宇宙要借助虚拟现实/增强现实技术。

### 4.5.1　虚拟现实

**一、虚拟现实概念**

虚拟现实是指采用以计算机技术为核心的现代高新技术，生成逼真的视觉、听觉、触觉一体化的虚拟环境。参与者可以借助必要的装备，以自然的方式与虚拟环境中的物体进行交互并相互影响，从而获得等同真实环境的感受和体验。这些现象不是我们直接能看到的，而是通过计算机技术模拟出来的现实中的世界，故称为虚拟现实。

虚拟现实系统中的虚拟环境包括以下几种形式。

### (一) 模拟真实世界中的环境

这种真实环境可能是已经存在的,也可能是已经设计好但还没有建成的,或者是曾经存在但现在已经发生变化、消失或者受到破坏的。例如,地理环境、建筑场馆、文物古迹等。

### (二) 人类主观构造的环境

环境完全是虚构的,是用户可以参与、可进行交互的非真实世界。例如,影视制作中的科幻场景(图4-28)、电子游戏中的三维虚拟世界。

### (三) 模仿真实世界中人类不可见的环境

这种环境是真实环境,客观存在的,但是受到人类视觉、听觉器官的限制,不能被感应到。例如,分子的结构(图4-29)、速度、温度、压力的分布等。

图4-28　影视制作中的科幻场景

图4-29　模拟的分子结构

## 二、虚拟现实的特性

虚拟现实基于动态环境建模技术、立体显示和传感器技术、系统开发工具应用技术、实时三维图形生成技术、系统集成技术等多项核心技术,主要围绕虚拟环境表示的准确性、虚拟环境感知信息合成的真实性、人与虚拟环境交互的自然性、实时显示、图形生成、智能技术等问题的解决,使用户身临其境地感知虚拟环境,达到探索、认识客观事物的目的。虚拟现实具有以下三个重要特征:沉浸感、交互性和构想性。

### (一) 沉浸感

沉浸感(Immersion)指用户感受到被虚拟世界包围,好像置身于虚拟世界之中。虚拟现实技术最主要的技术特征是让用户觉得自己是计算机系统所创建的虚拟世界中的一部分,使用户由观察者变成参与者,沉浸其中并参与虚拟世界的活动。

### (二) 交互性

交互性(Interaction)指用户对模拟环境内物体的可操作程度和从环境得到反馈的自然程度。交互性的产生主要借助虚拟现实系统中的特殊硬件设备,如数据手套、力反馈装置等,使用户能通过自然的方式,产生与在真实世界中一样的感觉。虚拟现实系统强调人与虚拟世界之间进行自然的交互。交互性的另一方面主要表现在交互的实时性。

### (三) 构想性

构想性(Imagination)指虚拟的环境是人想象出来的,而这种想象体现出设计者相应的思想,可以用来实现一定的目标。虚拟现实虽然是根据现实进行模拟,但模拟的对象是虚拟存在的,以现实为基础,可能创造出超越现实的情景。所以虚拟现实技术可以充分发挥人的认识和探索能力,从而进行理念和形式的创新,以虚拟的形式真实地反映设计者的思想、传达用户的需求。

### 三、虚拟现实的分类

根据用户参与虚拟现实形式的不同及沉浸程度的不同,虚拟现实系统可划分为四类:沉浸式虚拟现实系统、增强式虚拟现实系统、桌面式虚拟现实系统、分布式虚拟现实系统。

#### (一)沉浸式虚拟现实系统

它采用头盔显示,以数据手套和头部跟踪器为交互装置,把参与者或用户的视觉、听觉和其他感觉封闭起来,使参与者暂时与真实环境相隔离,而真正成为虚拟现实系统内部的一个参与者,并可以利用各种交互设备的操作来驾驭虚拟环境,给参与者一种充分投入的感觉。沉浸式虚拟现实系统具有很强的实时性和沉浸感、强大的软硬件支持功能、良好的系统整合性。

#### (二)增强式虚拟现实系统

它不仅利用虚拟现实技术来模拟现实世界、仿真现实世界,还要利用虚拟现实技术来增强参与者对真实环境的感受,增强在现实中无法或不方便获得的感受。增强现实是在虚拟现实与真实世界之间的沟壑上架起一座桥梁。增强式虚拟现实系统的主要特点是把真实世界与虚拟世界融为一体,具有实时人机交互功能,把真实世界和虚拟世界在三维空间中整合。

#### (三)桌面式虚拟现实系统

桌面式虚拟现实系统利用个人计算机和低级工作站进行仿真,将计算机的屏幕作为用户观察虚拟境界的一个窗口,通过各种输入设备实现与虚拟现实世界的充分交互。这些外部设备包括鼠标、追踪球、力矩球等。桌面式虚拟现实系统要求参与者使用输入设备,通过计算机屏幕观察360°范围内的虚拟环境,操纵其中的物体,但这时参与者缺少完全的沉浸,因为他仍然会受到周围现实环境的干扰。

#### (四)分布式虚拟现实系统

分布式虚拟现实系统是指在网络环境下,充分利用分布于各地的资源,协同开发各种虚拟现实产品。分布式虚拟现实系统是沉浸式虚拟现实系统的发展,把分布于不同地方的沉浸式虚拟现实系统通过网络连接起来,共同实现某种用途,使不同的参与者联结在一起,同时参与一个虚拟空间,共同体验虚拟经历,使用户协同工作达到一个更高的境界。

### 四、虚拟现实基础

虚拟现实主要包括模拟环境、感知、自然技能和传感设备等方面的技术。模拟环境是由计算机生成的、实时动态的三维立体逼真图像。感知指理想的虚拟现实应该具有人所具有的感知,除计算机图形技术所生成的视觉感知外,还应有听觉、触觉、力觉、运动等方面的感知,甚至还包括嗅觉和味觉等,而这称为多感知。自然技能是指参与者做出头部转动、眼球转动、手势或其他人体行为动作,再由计算机来处理与参与者的动作相适应的数据,对输入做出实时响应,分别反馈到用户的五官。传感设备是指三维交互设备。

虚拟现实系统的主要工作流程是将现实世界中的事务转换至虚拟场景中,进而呈现给用户,捕捉用户的交互行为并做出反应。主要包括实物虚化、虚物实化两个环节。实物虚化主要包括基本模型构建、空间跟踪、声音定位、视觉跟踪和视点感应等关键技术。这些技术可以生成真实感虚拟世界、使虚拟环境检测用户操作及获取操作数据。虚物实化的主要研究内容是确保用户在虚拟环境中获取视觉、听觉、力觉和触觉等感官认知的关键技术。

(一) 感知技术

感知是人类通过感觉器官直接获取客观事物的信息并进行认知和理解的过程。人的感觉器官是外部世界与大脑的数据通道。在虚拟世界中,所有感觉器官的交互都依赖各种特定的传感装置。这些装置使用各种物理现象(如声、光、热等)刺激人体的感觉器官。感觉器官将刺激信号转变为神经信号。这些神经信号沿着神经系统的通道传送给大脑,大脑经过分析,最终得出正确的人体感觉。因此,对人的感觉器官进行生理解剖和研究,有助于发现人体的感知规律,从而设计出人性化的传感装置和交互设备,如表4-1所示。

表4-1 人体感觉器官

| 人体的感觉器官 | 说明 |
| --- | --- |
| 视觉 | 感受可见光 |
| 听觉 | 感受声波 |
| 嗅觉 | 感受空气中的化学成分 |
| 触觉 | 皮肤感受温度、压力、纹理等 |
| 力觉 | 肌肉感受力度 |
| 身体感觉 | 感知肢体或躯干的位置和角度 |
| 前庭感觉 | 平衡感觉 |

(二) 建模技术

虚拟现实建模是利用虚拟现实技术,在虚拟的数字空间中模拟真实世界中的事物。虚拟现实技术将数字图像处理、计算机图形学、多媒体技术、传感与测量技术、仿真与人工智能等多学科融于一体,为人们建立起一种逼真的、虚拟的、交互式的三维空间环境。虚拟现实系统中的建模包括三维建模、物理建模和行为建模。

三维建模技术主要有基于几何的建模(Geometrical-Based Modeling)和基于图像的建模(Image-Based Modeling)两种。虚拟现实系统要求物体的几何建模必须快捷和易于显示,这样才能保证交互的实时性。基于图像的建模目的是研究如何从图像中恢复物体或场景的三维几何信息,并构建几何模型。

虚拟现实系统中的模型不是静止的,而是有一定的运动方式。当与用户发生交互时,也会有一定的响应方式。这些运动方式和响应方式必须遵循自然界中的物理规律,例如,物体之间的碰撞反弹、物体的自由落体、物体受到用户外力时朝预期方向移动等。上述这些内容就是物理建模技术需要解决的问题,即如何描述虚拟场景中的物理规律及几何模型的物理属性。

虚拟环境中物体的行为一般可分为物理行为和智能行为。物理行为一般指研究物体运动的处理,通过运动学或动力学描述物体运动轨迹或姿态。智能行为一般指具有生命特征的物体所表现出来的反应、思考和决策等行为,这种物体也被称为虚拟角色。虚拟角色的行为往往会体现出不确定性。对智能虚拟角色的不确定性行为进行建模,可以增强虚拟现实系统的真实度和可信度。

（三）呈现技术

1. 视觉呈现技术

视觉呈现技术包括真实感图形绘制技术、实时动态绘制技术和三维立体显示技术。

真实感图形绘制技术使用户具有的真实感是指计算机所生成的图形反映客观世界的程度。计算机图形学研究的主要方法有纹理映射、环境映射、反走样和物体表面的各种光照建模方法。

实时动态绘制技术是指利用计算机为用户提供一个能从任意视点及方向实时观察三维场景的手段。要求当用户视点改变时，图形显示速度必须跟得上视点的改变速度。所以，实时动态绘制技术所期望的是图像帧速高而等待时间短。一般来说，实时动态绘制技术可分为基于图形和基于图像的两种绘制技术。

三维立体显示技术对虚拟现实系统至关重要。两只眼睛的视差是实现立体视觉的基础。为了实现立体显示效果，首先需要对同一场景分别产生相应于左右眼的不同图像，让它们之间具有一定的视差；然后借助相关技术，使左右双眼只能看到相应的图像，使用户感受到立体效果。

2. 听觉呈现技术

为使用户产生身临其境的感受，除视觉沉浸外，虚拟现实系统还应考虑听觉沉浸。三维虚拟声音的体验场景类似一个球形空间，所以听者可以感受到整个球形空间内的声音。在虚拟场景中，用户能准确地判断出声源的精确位置。这种声音处理技术称为三维虚拟声音技术。

三维虚拟声音的主要特征有全向三维定位、三维实时跟踪、沉浸感与交互性。全向三维定位是指在三维虚拟空间中把实际声音信号定位到特定虚拟专用源，使用户准确判断出声源的位置。三维实时跟踪指在三维虚拟空间中实时跟踪虚拟声源位置变化或景象变化。三维虚拟声音的沉浸感指在三维场景中加入三维虚拟声音后，使用户在听觉与视觉交互的同时有身临其境的感觉，使人沉浸在虚拟世界中，有助于增强临场效果。三维声音的交互是指随用户的运动而产生临场反应和实时响应。

（四）交互技术

虚拟现实系统强调交互的自然性，即在计算机系统提供的虚拟环境中，人可以使各种感觉方式直接与之发生交互。这就是虚拟环境下的人机自然交互技术。

1. 语音交互

虚拟现实系统中的语音技术包括语音识别和语音合成。语音识别也叫自动语音识别（Automatic Speech Recognition，ASR），是指将人说话的语音信号转换为可被计算机程序所识别的文字信息，分析出说话人的语音指令和语意内容。语音识别一般包括参数提取、参考模式建立、模式识别等过程。语音合成（Text To Speech，TTS）是指将文本信息转变为语音数据，并以语音方式播放。语音合成技术首先对文本进行分析，并进行韵律建模；然后从原始语音库中取出相应的语音基元，对语音基元进行韵律调整和修改，最终合成符合要求的语音。

2. 手势交互

手势是一种较为简单、方便的交互方式。如果将虚拟世界中常用的指令定义为一系列手势集合,那么虚拟现实系统只需跟踪用户手的位置及手指的夹角,就有可能判断出用户的输入指令。利用这些手势,参与者就可以完成诸如导航、拾取物体、释放物体等操作。

3. 表情交互与人脸识别

面部表情识别在人与人交流过程中传递信息时发挥重要作用。计算机或虚拟场景中的人物角色能够像人类那样具有理解和表达情感的能力,并能够自主适应环境,从根本上改变人与计算机之间的关系。

目前,计算机面部表情识别技术通常包括三个步骤:人脸图像的检测与定位、表情特征提取和表情分类。人脸图像的检测与定位就是在输入图像中找到人脸的确切位置,它是面部表情识别的第一步。人脸检测方法分为两大类:基于特征的人脸检测方法和基于图像的人脸检测方法。基于特征的人脸检测方法利用人脸信息,比如人脸肤色、人脸的几何结构等。基于图像的人脸检测方法将人脸检测问题看作一般的模式识别问题,把待检测图像被直接作为系统输入,直接利用训练算法将学习样本分为人脸类和非人脸类,检测人脸时只要比较这两类与可能的人脸区域,即可判断检测区域是否为人脸。表情特征提取是指从人脸图像或图像序列中提取能够表征表情本质的信息,例如,五官的相对位置、嘴角形态、眼角形态等。

4. 眼动跟踪技术

虚拟现实系统将视线的移动作为人机交互方式之一。支持视线移动交互的相关技术称为视线跟踪技术,也称眼动跟踪技术,主要有强迫式与非强迫式、穿戴式与非穿戴式、接触式与非接触式之分。主要实现手段包括以硬件为基础和以软件为基础两类。以硬件为基础的跟踪技术需要用户戴上特制头盔、特殊隐形眼镜,或者使用头部固定架、置于用户头顶的摄像机等。以软件为基础的跟踪技术实现对用户无干扰的眼动跟踪方法,基本工作原理是先利用摄像机获取人眼或脸部图像,然后用图像处理算法实现图像中人脸和人眼的检测、定位与跟踪,从而估算用户的注视位置。

5. 其他感觉器官的反馈技术

触觉是指分布于全身皮肤上的神经细胞接收来自外界的温度、湿度、疼痛、压力和振动等方面的感觉。触觉反馈技术能通过作用力、振动等一系列动作为使用者再现触感。触觉反馈由接触反馈和力反馈两部分组成。接触反馈和力反馈是两种不同形式的力量感知,两者不可分割。当用户感觉到物体的表面纹理时,同时也感觉到了运动阻力。在虚拟环境中,这两种反馈都是使用户具有真实体验的交互手段,也是改善虚拟环境的一种重要方式。

## 五、虚拟现实系统的硬件设备

虚拟现实系统的硬件设备是系统实现的基础,保证用户通过自然动作和虚拟世界进行真正地交互。虚拟现实系统的硬件设备主要分为生成设备、输入设备和输出设备。

(一)虚拟现实系统的生成设备

随着计算机技术的飞速发展,个人计算机的 CPU 和图形加速卡的处理速度也在不断地提高。高性能个人计算机的整体性能已经达到虚拟现实开发的要求。

1. 工作站

与 PC 相比,工作站应具备强大的数据、图像处理能力及便于人机交换信息的用户接口。图形工作站是一种专业从事图形、静态图像、动态图像与视频工作的高档次专用计算机的总称。大部分工作站都可以胜任图形工作站的要求。图形工作站已被广泛应用于专业平面设计、建筑及装潢设计、视频编辑、影视动画、视频监控/检测、虚拟现实和军事仿真等领域。

2. 巨型机

巨型机又被称为超级计算机,能够处理一般 PC 无法处理的大量资料和高速运算,基本组成组件与 PC 无太大区别,但规格与性能更强大,是一种超大型电子计算机,具有很强的计算和处理数据的能力,主要特点为高速度和大容量,配有多种外围设备及丰富的、功能强的软件系统。随着虚拟现实技术的飞速发展,相关的数据量逐渐变得庞大,需要使用超级计算机来处理。

3. 分布式网络计算机

分布式网络计算机是把任务分布到由 LAN 或 Internet 连接的多个工作站上进行处理。每个用户通过位于不同物理位置的联网计算机的交互设备与其他用户进行自然的人—机和人—人交互。每个用户通过网络可充分共享和高效访问虚拟环境的局部或全局数据信息。分布式虚拟现实是一个综合应用计算机网络、分布式计算机、计算机仿真、数据库、计算机图形学和虚拟现实等多学科专业技术,研究多用户基于网络进行分布式交互、信息共享和仿真计算虚拟环境的技术领域。

(二) 虚拟现实系统的输入设备

输入设备用来输入用户发出的动作,与虚拟场景进行交互时,利用大量的传感器来管理用户的行为,将场景中的物体状态反馈给用户。为了实现人与计算机之间的交互,需要使用特殊的接口把用户命令输入计算机,把模拟过程中的反馈信息提供给用户。

1. 跟踪定位设备

跟踪定位技术通常使用六自由度来描述对象在三维空间中的位置和方向,其中,三个用于平移运动,三个用于旋转运动。平移就是物体进行上下、左右运动。旋转就是物体围绕任何一个坐标轴旋转。采用的跟踪定位技术主要有电磁波跟踪技术、超声波跟踪技术、光学跟踪技术和机械跟踪技术等。主要依靠各种跟踪定位设备对用户进行实时跟踪和接受用户动作指令。跟踪定位设备的性能参数主要有精度、响应时间、鲁棒性、整合性、多边作用和合群性等。

(1) 电磁波跟踪器。

电磁波跟踪器是一种常见的非接触式的空间跟踪定位器,由控制部件、发射器和接收器组成。电磁波跟踪器的优点是其敏感性不依赖跟踪方位,不受视线阻挡的限制,体积小、价格便宜和健壮性好。对手部的跟踪采用电磁波跟踪器较多。电磁波跟踪器的缺点是延迟较长,容易受金属物体或其他磁场的影响,导致信号发生畸变,跟踪精度降低,所以只能适用于小范围的跟踪工作。

(2) 超声波跟踪器。

超声波跟踪器是一种非接触式的位置测量设备,由发射器发出高频超声波脉冲(频率在 20 kHz 以上),由接收器计算收到信号的时间差、相位差或声压差等,即可确定跟踪对象的距离和方位。超声波跟踪器由发射器、接收器和控制单元构成。超声波跟踪器的优点是不受环境磁场及铁磁物体的影响,不产生电磁辐射,价格便宜。缺点是更新率慢,超声波信号在空气中的传播衰减快,影响跟踪器工作的范围,发射器和接收器之间要求无阻挡。另外，背景噪声和其他超声源也会干扰超声波跟踪器的信号。

（3）光学跟踪器。

光学跟踪器是一种非接触式的位置测量设备，通过使用光学感知来确定对象的实时位置和方向。光学跟踪器主要包括感光设备（接收器）、光源（发射器）及用于信号处理的控制器。光学跟踪器的优点是速度快、具有较高的更新率和较短的延迟，非常适合实时性要求高的场合。缺点是视线不能阻挡，在小范围内工作效果好，随着距离的增大，性能会逐渐变差。

（4）机械跟踪器。

机械跟踪器通过机械连杆上多个带有精密传感器的关节与被测物体相接触的方法来检测位置的变化。对于一个六自由度的跟踪设备，机械连杆则有六个独立的连接部件，分别对应六个自由度，从而可将任何一种复杂的运动用几个简单的平动和转动组合来表示。

（5）惯性跟踪器。

惯性跟踪器通过运动系统内部的推算，不涉及外部环境就可以得到位置信息，主要由定向陀螺和加速计组成。定向陀螺用来测量角速度。将三个陀螺仪安装在相互正交的轴上，可以测量出偏航角、俯仰角和滚动角速度，随时间的变化综合得出三个正交轴的方位角。加速计用来测量三个方向上平移速度的变化，即 x 轴、y 轴、z 轴方向的加速度。惯性跟踪器适用于虚拟现实与仿真、体育竞技训练、人体运动分析测量和 3D 虚拟互动体感交互感知等领域。

（6）GPS 跟踪器。

GPS 跟踪器是目前应用得最广泛的跟踪器，内置了 GPS 模块和移动通信模块的终端，用于将 GPS 模块获得的定位数据通过移动通信模块传至 Internet 上的服务器，可以实现在计算机上查询终端位置。

2．人机交互设备

人机交互设备是用于实现虚拟现实系统与使用者之间交互的设备，如位置跟踪仪、数据手套、三维输入设备、动作捕捉设备、眼动仪、力反馈设备等。动作捕捉手套如图 4-30 所示。

图 4-30　动作捕捉手套

3．快速建模设备

快速建模设备是利用虚拟现实技术将数字图像处理、计算机图形学、多媒体技术、传感与测量技术、仿真与人工智能等多学科融为一体，为人们建立起一种逼真的、虚拟的、交互式的三维空间环境的设备，如三维扫描仪（图 4-31）、全景相机（图 4-32）等。

图 4-31　三维扫描仪　　　　　　　　　　图 4-32　全景相机

### （三）虚拟现实系统的输出设备

虚拟现实系统的输出设备为用户提供仿真过程对输入的反馈，通过输出接口给用户产生反馈的感觉通道，包括视觉、听觉和触觉，使用户与虚拟现实系统交互时，获得与真实世界相同或相似的感知，产生身临其境的真实感。

#### 1. 视觉感知设备

视觉感知设备是利用实时三维计算机图形技术与广角（宽视野）立体显示技术，捕捉、跟踪观察者头、眼和手的动作，并将构建的图像呈现给观察者的设备。如三维展示系统、洞穴状自动虚拟系统（Cave Automatic Virtual Environment，CAVE）、头戴式立体显示器等。

#### 2. 听觉感知设备

听觉感知设备是能给使用者呈现由计算机生成的、能由人工设定声源在空间中三维位置的三维声音，具有语音识别能力的设备。如三维声音系统、非传统意义的立体声系统等。

#### 3. 触觉感知设备

触觉是感知世界的重要通道，为人们提供接触反馈和力反馈两类感知信息。接触反馈指人与物体接触时产生的感觉。通过这些感觉，人们能获得物体的光滑度、纹理、形状等信息。力反馈指人们通过肌肉、关节等部位的发力而感受到的重量、摩擦力等感觉。

虚拟现实多模式触觉模拟仿真系统，其核心部件 Haptic Workstation 是 3D 触觉产品，是世界首款桌面型全手及手臂作用力反馈装置，不仅可以向手和手臂传送真实的作用力，还具有六自由度定位跟踪功能，可准确地测量出手在三维空间内的平移和旋转，如图 4-33 所示。

常见的力反馈设备有力反馈手套、桌面力反馈系统、力反馈操纵杆、悬挂式机械手臂等。自动设备集成六自由度后可提供更完整的力反馈，使用户在虚拟配件路径上感觉碰撞、反作用力，或是借助遥控远程的自动控制设备来支持旋转的力量，如图 4-34 所示。

　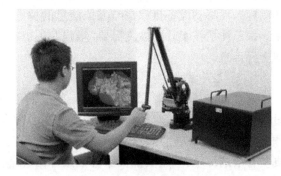

图 4-33　Haptic Workstation 系统　　　　　图 4-34　六自由度力反馈系统

### 4. 三维打印机

三维立体打印机,也称三维打印机(3D Printer,3DP),是快速成型(Rapid Prototyping,RP)的一种工艺,采用层层堆积的方式分层制作出三维模型,把液态光敏树脂材料、熔融的塑料丝、石膏粉等材料通过喷射粘结剂或挤出等方式实现层层堆积叠加形成三维实体。三维打印技术中的每一层堆积都分为两步:首先在需要成型的区域喷洒一层特殊的胶水(胶水液滴本身很小且不易扩散),然后喷洒一层均匀的粉末

图 4-35　创想三维 CR-10 Smart Pro

(粉末遇到胶水会迅速固化),而没有胶水的区域仍保持松散状态。这样在一层胶水一层粉末的交替下,实体模型将会被"打印"成型,图 4-35 展示了创想三维 CR-10 Smart Pro。

## 4.5.2　增强现实

增强现实(Augmented Reality,AR)也被称为扩增现实。增强现实技术是一种将虚拟信息与真实世界巧妙融合的技术,它将原本在现实世界难以体验的实体信息在计算机等科学技术的基础上,实施模拟仿真处理,将虚拟信息在真实世界中加以有效应用,并且使之能够被人类所感知,实现超越现实的感官体验。真实环境和虚拟物体重叠之后,在同一个画面及空间中同时存在。

增强现实运用了多媒体、三维建模、实时跟踪及注册、智能交互、传感等多种技术手段,将计算机生成的文字、图像、三维模型、音乐、视频等虚拟信息模拟仿真后,应用到真实世界中,从而实现对真实世界的"增强"。

### 一、关键技术

#### (一) 跟踪注册技术

实现虚拟信息和真实场景的无缝叠加,就要求虚拟信息与真实环境在三维空间位置中进行注册配准,包括使用者的空间定位跟踪和虚拟物体在真实空间中的定位两个方面的内容。而移动设备摄像头与虚拟信息的位置需要相对应,这就需要通过跟踪技术来实现。跟踪注册技术首先检测需要"增强"的物体特征点及轮廓,再跟踪物体特征点自动生成坐标信息。

#### (二) 显示技术

增强现实技术的显示系统是比较重要的部分,显示器包含头盔显示器和非头盔显示设备等。透视式头盔为用户提供相关的逆序融合在一起的情境,操作的原理和虚拟现实领域中的沉浸式头盔比较相似。它与使用者交互的接口及图像等综合在一起,使用更加真实有效的环境,应用微型摄像机拍摄外部环境图像,有效处理计算机图像,将虚拟和真实环境融合在一起,叠加两者之间的图像。光学透视头盔显示器利用安装在用户眼前的

半透半反的光学合成器,和真实环境综合在一起,真实的场景可以在半透镜的基础上,为用户提供支持,满足用户的操作需要。

### (三) 虚拟物体生成技术

增强现实技术的应用目标是将虚拟世界的相关内容在真实世界中叠加处理,并应用算法程序促使物体动感操作有效实现。当前虚拟物体的生成是在三维建模技术的基础上实现的,能够充分体现出虚拟物体的真实感,在增强现实动感模型研发过程中,需要全方位和集体化展示物体对象。虚拟物体生成的过程中,自然交互是在具体实施时,对现实技术能有效实施的有效辅助,使信息注册更好地实现,利用图像标记实时监控外部输入,使增强现实信息的操作效率提升,用户在信息处理时可以有效实现信息的加工、提取。

### (四) 交互技术

增强现实是将虚拟事物在现实中呈现,而交互就是为虚拟事物能在现实中更好地呈现做准备。因此,想要得到更好的 AR 体验,交互就是其中的重中之重。

AR 设备的交互方式主要分为以下三种:

(1) 通过现实世界中的点位选取来进行交互最为常见,例如,AR 贺卡和毕业相册就是通过图片位置来进行交互的。

(2) 对空间中的一个或多个事物的特定姿势或者状态加以判断。这些姿势都对应着不同的命令。使用者可以通过改变和使用命令来进行交互,比如用不同的手势表示不同的指令。

(3) 使用特制工具进行交互。比如谷歌地球,就是利用类似鼠标一样的东西来进行一系列的操作,从而满足用户对 AR 互动的要求。

### (五) 合并技术

增强现实的目标是将虚拟信息与输入的现实场景无缝结合。为了增强 AR 使用者的现实体验,不仅要考虑虚拟事物的定位,还要考虑虚拟事物与真实事物之间的遮挡关系并具备四个条件:几何一致、模型真实、光照一致和色调一致。这四者缺一不可。缺失任何一种都会导致 AR 效果的不稳定,从而严重影响 AR 的体验。

## 二、工作原理

增强现实系统具有虚实结合、实时交互和跟踪注册的特点。增强现实的工作流程:首先通过摄像头和传感器采集真实场景数据,并传入处理器进行分析和重构,再通过增强现实头显或智能移动设备上的摄像头、陀螺仪、传感器等配件实时更新用户在现实环境中的空间位置变化数据,从而得出虚拟场景和真实场景的相对位置,实现坐标系的对齐,并进行虚拟场景与现实场景的融合计算,最后合成影像呈现给用户。用户可通过 AR 头显或智能移动设备上的交互配件,如话筒、眼动追踪器、红外感应器、摄像头、传感器等设备采集控制信号,进行相应的人机交互及信息更新,实现增强现实的交互操作。其中,跟踪注册技术是 AR 技术的核心,即以现实场景中的物体为标识物,将虚拟信息与现实场景信息进行对位匹配,即虚拟物体的位置、大小、运动路径等与现实环境完美匹配,达到虚实相生的地步。

## 三、系统组成

### (一) 增强现实系统

增强现实系统在功能上主要包括四个关键部分:① 图像采集处理模块,采集真实环境的视频,然后对图像进行预处理;② 注册跟踪定位系统,是对现实场景中的目标进行跟踪,根据目标的位置变化来实时求取相机的位置变化,从而为将虚拟物体按照正确的空间透视关系叠加到真实场景中提供保障;③ 虚拟信息渲染系统在清楚虚拟物体在真实环境中的正确放置位置后,对虚拟信息进行渲染;④ 虚实融合显示系统,将渲染后的虚拟信息叠加到真实环境中再进行显示。

(二) 系统组成形式

一个完整的增强现实系统是由一组紧密联结、实时工作的硬件部件与相关软件系统协同实现的,有以下几种常用的组成形式。

1. 基于计算机显示器

在基于计算机显示器的增强现实实现方案中,摄像机摄取的真实世界图像输入到计算机中,与计算机图形系统产生的虚拟景象合成,并输出到计算机屏幕显示器。用户从屏幕上看到最终的增强场景图片。

2. 光学透视式和视频透视式

头盔显示器(Head Mounted Displays,HMD)被广泛应用于增强现实系统中,增强用户的视觉沉浸感。根据具体实现原理可划分为两大类,分别是基于光学原理的穿透式头盔显示器(Optical See-through HMD)和基于视频合成技术的穿透式头盔显示器(Video See-through HMD)。

### 4.5.3 元宇宙

元宇宙(Metaverse)也称为后设宇宙、形上宇宙、元界、超感空间、虚空间。它是一个持久化和去中心化的在线三维虚拟环境,其中事件都是实时发生的,且具有永久的影响力。元宇宙是通过虚拟增强的物理现实,是呈现收敛性和物理持久性特征的、基于未来互联网的具有链接感知和共享特征的 3D 虚拟空间。

元宇宙是利用科技手段进行链接与创造的,与现实世界映射和交互的虚拟世界,具备新型社会体系的数字生活空间。元宇宙本质上是对现实世界的虚拟化、数字化,需要对内容生产、经济系统、用户体验以及实体世界内容等进行大量改造。但元宇宙的发展是循序渐进的,是在共享的基础设施、标准及协议的支撑下,由众多工具、平台不断融合、进化而最终形成的。

基于增强现实技术提供沉浸式体验,基于数字孪生技术生成现实世界的镜像,基于区块链技术搭建经济体系,将虚拟世界与现实世界在经济系统、社交系统、身份系统上密切融合,让人们能够通过编辑数据,探索宇宙更深层次的内涵,这就是元宇宙的内涵。

### 4.5.4 虚拟现实和增强现实的应用

虚拟现实和增强现实除了拥有自身的技术体系,还更多地表现为一种使能技术,能够在各行各业得到深入应用,并会给未来社会面貌带来深刻变革。目前,从技术成熟度和用户关注点来看,虚拟现实和增强现实技术的应用领域包括教育、建筑与施工、医疗、军事训练、休闲娱乐等。

**一、教育**

虚拟现实与增强现实在教育领域有着广泛的实际应用,帮助学生掌握各种职业的核心技能,辅助教学复杂学科的抽象理论,推广儿童的体验式学习,在建构性理论与概念的教学应用中也拥有巨大潜力。

（一）VRTEX 360 焊接模拟器

VRTEX 360 是一个完整的焊接培训站,可模拟各种焊接,包括自动保护金属极电弧焊、气体保护金属极电弧焊、管道焊接、多工位焊接等,如图 4-36 所示。该系统是沉浸式的,包含一个置入焊工面罩内的头戴式显示器、多个位置传感器、高度仿真的焊枪和托架组件、可调节焊接架和用于系统控制及观察学生操作的大型平板显示器。

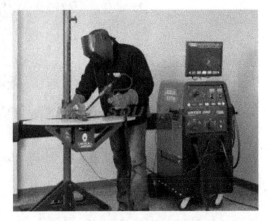

图 4-36　VRTEX 360 电弧焊模拟器

VRTEX 360 按照业内的标准方法与评估原则,用于专业化的教学亲身实践,同时又不会出现一般的安全、材料浪费等问题。该系统完全复刻了实际的机器设置,真实地模拟出焊接熔池、声音与效果,并配有实时测量并记录学生训练结果的工具,帮助教师立刻指出学生动作上的问题。

（二）SimSpray 喷漆培训系统

专业喷漆培训所面临的难题包括环控喷漆房费用过高,不同部件和表面的设置与准备时间过长,以及原材料成本高和潜在的健康危害。这些问题连同其他因素严重限制了培训项目中所能传递的知识量。

VRSim 公司所开发的 SimSpray 培训系统（图 4-37）在很大程度上缓解甚至解决了上述部分问题。为了强化传统训练,SimSpray 在定制喷枪等实体部件上添加了触觉反馈,让使用者感到"反冲"。此外,还配备了立体头戴式显示器和位置/方向传感器,让学员完全沉浸在模拟 3D 环境中练习喷涂与涂层制作相关技巧。

图 4-37　SimSpray 喷漆培训系统

二、建筑与施工

（一）建筑设计

虚拟现实与增强现实可应用在建筑设计上,如建筑师或工程师在尚未破土动工前,戴上头戴式显示器,漫步于 1∶1 比例的同一个 CAD 模型中,评估空间的实体与功能特点,甚至查找水管与暖通空调系统间的冲突,也可以用来帮助客户审查设计。马里兰州塔科马公园的 Mangan Group Architects 办公室配备的基本硬件是一台 Oculus DK2 立体头戴式显示器,一个小型红外传感器(用来追踪显示器内置的红外 LED 的阵列位置与方向),以及一个便于导航和视角转换的 Microsoft Xbox 手持控制器,如图 4-38 所示。

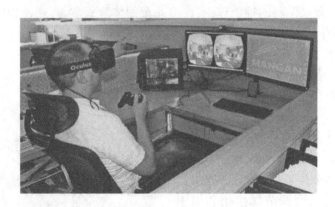

图 4-38　Mangan Group Architects 办公室

（二）施工管理

基础建设项目的规模越大，对设计师、工程师、施工者和客户间紧密合作的要求越高。实现这种密切合作的最新方法之一是建立建筑信息模型（Building Information Model，BIM），即建筑师、工程师和施工者在同一个三维虚拟模型中拟合项目数据、图纸、设计和其他各领域信息。

佩古拉冰上运动场就是代表性项目。在项目的设计阶段，设计师、施工者等工作人员与客户便通过 1∶1 的场馆虚拟模型查看并评估各个施工阶段的详细状况，如图 4-39 所示。通过数次施工前漫游，工作人员在公共区域、训练设施、办公空间及地下通信系统的设计方案中发现了各种问题。如果没有这项技术，其中的许多问题可能直到施工阶段才会被发现。

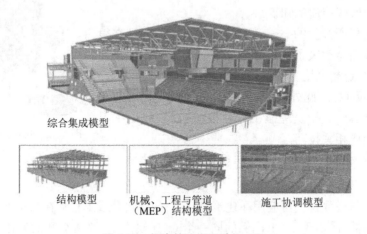

图 4-39　佩古拉冰上运动场 BIM

三、医疗

在医疗领域，从手术模拟器到增强外科医生的情景意识、优化工作流程的创新型信息显示器，虚拟和增强现实技术都对之产生了变革性的影响。

（一）白内障手术模拟器

人工小切口白内障手术（MSICS）模拟器，用于培训医疗专家完成一种低成本、高效率、小切口手术，切除混浊的白内障晶体，再植入人工晶体作为替代。MSICS 模拟器是一个车载式独立系统,在放置立体显微镜的位置安装了一台带电枢的高清立体显示器,如图 4-40 所示。和实际手术过程一样,操作人员坐在系统前查看观察装置,可以看到十分详细的人眼图解模型。模拟器的主要用户界面采用双手外科器械,与实际手术中的器械完全一致。操作人员移动器械并与虚拟眼球接触时,高清触觉技术及基于物理的虚拟组织模型和模拟引擎能保证接触的真实感。这种体验与有经验的外科医生在实际手术中的体验一致。系统存储了多项训练任务和白内障医师在实际手术中可能碰到的症状。

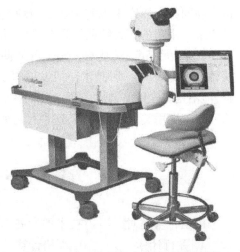

图 4-40　人工小切口白内障手术模拟器

（二）血管成像

为方便血管穿刺,头戴式立体增强现实显示器使医疗保健工作者能够透过皮肤,几乎实时地"看"到皮下血管结构,从而选出最适于穿刺的血管。该设备名为"Evena Eyes-on 医学智能眼镜",如图 4-41 所示。通过眼镜前方内置的专利多光谱照明系统投射出四束 600～1 000 μm 的近红外波长光线,照亮人体目标位置。血液对这些光波长的吸收率高于周围皮肤、肌肉等组织,因而变暗,

图 4-41　Evena Eyes-on 医学智能眼镜

形成视觉差。再由两个对这些波长敏感的定制摄像头(左右眼各一个)收集视频图像,传送给眼镜带上的控制器。

四、军事训练

虚拟战场采用虚拟现实真实再现战场的自然环境,并通过网络将各种模拟器、军用虚拟现实软件及真实的武器平台连接在一起。演练者通过必要的设备与虚拟环境中的对象进行交互,还可以进行多人的互动,在视觉和听觉上产生"沉浸"于真实环境的感受和体验,并在其中熟悉作战区域的环境特征,进行训练、研究、演练等各项军事活动,锻炼战斗技能和坚忍的意志。

五、休闲娱乐

在线直播平台近年来吸引了很多人的关注。2016 年,NextVR 对 NBA 巨星科比拿下 60 分,完成职业生涯的最后一场比赛进行了全程 VR 直播。用户体验到了最真实的临场感及在家中听到欢呼呐喊声的震撼感。NextVR 的直播实现了实时的深度信息的 VR 直播,从拍摄到直播虚拟现实内容,都提供了沉浸式体验。VR 直播让平面的图像变得饱满和丰富,让用户身处逼真的情境中,实现直播质量的升级。

元宇宙在概念设计上是虚拟与现实的全面交织。在元宇宙世界中,虚拟与现实的区分将失去意义,现实世界中的一切事物都可以在元宇宙社会中找到映照,而元宇宙中的虚

拟事物同样可以产生现实影响。与现实世界平行、反作用于现实世界、多种高技术综合，是未来元宇宙的三大特征。目前，区块链、物联网、人工智能、电子游戏技术、交互技术等都是支撑"元宇宙"的技术。元宇宙强调虚实相融，但是最终的走向主要看 VR 和 AR 这两种技术路线，哪一种技术路线发展得更加迅速。希望在虚拟世界当中能够实现虚实互补，而不是完全脱实向虚。所以我们在元宇宙的概念中加入了虚实相融。随着大家实现的元宇宙应用类型越来越多，这种行为就形成了一种社会形态。

## 4.6 练习题

1. 云计算是对（　　）技术的发展与运用。
   A. 并行计算　　B. 网格计算　　C. 分布式计算　　D. 三个选项都是

2. IaaS 是（　　）的简称。
   A. 软件即服务　　B. 平台即服务　　C. 基础设施即服务　　D. 硬件即服务

3. 云计算中面临的一个大问题是（　　）。
   A. 服务器　　B. 存储　　C. 计算　　D. 节能

4. SaaS 是（　　）的简称。
   A. 软件即服务　　B. 平台即服务　　C. 基础设施即服务　　D. 硬件即服务

5. 人工智能的研究领域中有一个主要研究领域，即利用计算机对物体、图像、语音、字符等信息模式进行自动识别的学科，这门研究分支学科叫（　　）。
   A. 机器学习　　B. 机器视觉　　C. 模式识别　　D. 问题求解

6. 1997 年 5 月，著名的"人机大战"，最终计算机以 3.5 比 2.5 的总比分将世界国际象棋棋王卡斯帕罗夫击败，这台计算机被称为（　　）。
   A. 深蓝　　B. IBM　　C. 深思　　D. 蓝天

7. 人工智能应用研究的两个最重要、最广泛的领域为（　　）。
   A. 专家系统、自动规划　　B. 专家系统、机器学习
   C. 机器学习、智能控制　　D. 机器学习、自然语言理解

8. 首次提出"人工智能"是在（　　）年。
   A. 1946　　B. 1960　　C. 1956　　D. 1916

9. 下列（　　）不属于物联网存在的问题。
   A. 制造技术　　B. IP 地址问题　　C. 终端问题　　D. 安全问题

10. 射频识别卡与其他的识别卡最大的区别在于（　　）。
    A. 功耗　　B. 非接触性　　C. 抗干扰性　　D. 保密性

11. 在物联网的发展过程中，我国与国外发达国家相比，最需要突破的是（　　）。
    A. 传感器技术　　B. 通信协议　　C. 集成电路技术　　D. 控制理论

12. （　　）使计算机从一种需要用键盘、鼠标对其进行操作的设备，变成了人处于计算机创造的环境中，通过感官、语言、手势等比较"自然"的方式进行"交互、对话"的系统和环境。
    A. 虚拟现实技术　　B. 计算机动画　　C. 计算机图形学　　D. 数字图像技术

13. 随着计算机技术全面和深度地融入社会生活,信息爆炸不仅使世界充斥着比以往更多的信息,而且其增长速度也在加快。信息总量的变化导致了(　　),量变引起了质变。
   A. 数据库的出现  B. 信息形态的变化
   C. 网络技术的发展  D. 软件开发技术的进步
14. 所谓大数据,狭义上可以定义为(　　)。
   A. 用现有的一般技术难以管理的大量数据的集合
   B. 随着互联网的发展,在我们身边产生的大量数据
   C. 随着硬件和软件技术的发展,数据的存储、处理成本大幅下降,从而促进数据大量产生
   D. 随着云计算的兴起而产生的大量数据
15. 大数据的定义是一个被故意设计成主观性的定义,即并不定义大于一个特定数字的 TB 才叫大数据。随着技术的不断发展,符合大数据标准的数据集容量(　　)。
   A. 稳定不变  B. 略有精简  C. 也会增长  D. 大幅压缩
16. 可以用三个特征相结合来定义大数据,即(　　)。
   A. 数量、数值和速度
   B. 庞大容量、极快速度和多样丰富的数据
   C. 数量、速度和价值
   D. 丰富的数据、极快的速度、极大的能量
17. (　　)、传感器和数据采集技术的快速发展,通过云和虚拟化存储设施增加的信息链路,以及创新软件和分析工具,正在驱动着大数据。
   A. 廉价的存储  B. 昂贵的存储
   C. 小而精的存储  D. 昂贵且精准的存储
18. 大数据的起源是(　　)。
   A. 金融  B. 电信  C. 互联网  D. 公共管理
19. 大数据最显著的特征是(　　)。
   A. 数据规模大  B. 数据类型多样  C. 数据处理速度快  D. 数据价值密度高
20. 当前社会中,最为突出的大数据环境是(　　)。
   A. 互联网  B. 物联网  C. 商业  D. 自然资源
21. 在大数据时代,数据使用的关键是(　　)。
   A. 数据收集  B. 数据存储  C. 数据分析  D. 数据再利用
22. 支撑大数据业务的基础是(　　)。
   A. 数据科学  B. 数据应用  C. 数据硬件  D. 数据人才
23. DAI 是(　　)的缩写。
   A. 分布式人工智能  B. 数据挖掘  C. 知识发现  D. 多 Agent
24. BP 神经网络的拓扑结构为(　　)。
   A. 反馈前向型  B. 互连前向型  C. 广泛互连型  D. 分层前向型
25. 人工智能赖以生存的硬件保障是(　　)。
   A. 数据  B. 算法  C. 算力  D. 云计算
26. 在整个人工智能大脑中,(　　)是人工智能大脑的中枢神经系统。
   A. 大数据  B. 物联网  C. 云计算  D. 边缘计算

27. 云计算的平台即服务是指（　　）。
　　A. IaaS　　　　　　B. PaaS　　　　　　C. SaaS　　　　　　D. QaaS
28. 云计算的部署模型不包含（　　）。
　　A. 私有云　　　　　B. 社会云　　　　　C. 公有云　　　　　D. 混合云
29. 人工智能软件的机器视觉系统具备的能力为（　　）。
　　A. 图像识别　　　　B. 语义理解　　　　C. 智能感应　　　　D. 智能调度
30. 人工智能技术的应用对用户个人消费体验的提升不包含（　　）。
　　A. 语音服务　　　　B. 图像服务　　　　C. 新闻推荐　　　　D. 动态定价
31. （　　）是人工智能的"养料"。
　　A. 数据　　　　　　B. 算法　　　　　　C. 人　　　　　　　D. 计算机
32. 大数据应用需依托的新技术有（　　）。
　　A. 大规模存储与计算　　　　　　　　　B. 数据分析处理
　　C. 智能化　　　　　　　　　　　　　　D. 三个选项都是
33. 下列选项不属于非结构化数据的是（　　）。
　　A. DOCX　　　　　B. JSON　　　　　　C. PDF　　　　　　D. JPG
34. 下列选项不属于大数据特征的是（　　）。
　　A. 大体量　　　　　B. 大价值　　　　　C. 准确性　　　　　D. 高效性
35. 下列选项属于半结构化数据的是（　　）。
　　A. PDF 文档　　　　B. 视频　　　　　　C. XML　　　　　　D. 图片
36. 与大数据密切相关的技术是（　　）。
　　A. 蓝牙　　　　　　B. 云计算　　　　　C. 博弈论　　　　　D. Wi-Fi
37. 数据仓库的最终目的是（　　）。
　　A. 收集业务需求　　　　　　　　　　　B. 建立数据仓库逻辑模型
　　C. 开发数据仓库的应用分析　　　　　　D. 为用户和业务部门提供决策支持
38. 在大数据时代，数据使用的关键是（　　）。
　　A. 数据收集　　　　B. 数据存储　　　　C. 数据分析　　　　D. 数据再利用
39. 数据清洗的方法不包括（　　）。
　　A. 缺失值处理　　　　　　　　　　　　B. 噪声数据清除
　　C. 一致性检查　　　　　　　　　　　　D. 重复数据记录处理
40. 智能健康手环的应用开发体现了（　　）的数据采集技术的应用。
　　A. 统计报表　　　　B. 网络爬虫　　　　C. API 接口　　　　D. 传感器

【参考答案】
1—5　　D C D A C　　　　　　6—10　　A B C A B
11—15　C A A A C　　　　　　16—20　B A C A A
21—25　D A A D C　　　　　　26—30　C B B A D
31—35　A D B D C　　　　　　36—40　B D D D D

# 第 5 章 计算机技术应用

在实际运用过程中,计算机技术已经被广泛用于通信、物理、电子、化工、机械工程等领域。运用计算机技术可以对更高效、更大范围的数据进行处理和传输,打破传统信息的时间和空间限制,改变传统的工作、学习和生活方式,推动社会的发展。

**本章学习目标**

1. 了解现代计算机通信的基本特点。
2. 了解计算机技术在无线通信中的应用。
3. 了解计算机技术在机械设计和制造中的应用。

## 5.1 计算机技术在通信领域中的应用

计算机技术从 20 世纪以来正发生着日新月异的变化,如网络速度的快速提升、无线网络技术的应用等。这些变化对促进通信行业的快速发展具有重要的意义。

### 5.1.1 通信技术简介

通信的本质含义是通过使用相互理解的标记、符号或语义规则,将信息从一个实体或者群组传递到另一个实体或者群组的行为。通信技术是随着科技的发展和社会的进步而逐步发展起来的,并在人类社会从工业化社会向信息化社会转变的过程中扮演了"导航者"的角色。人类进行通信的历史已很悠久,语言、图符、钟鼓、烟火、竹简、纸书等都曾经作为传递信息的有效方式。电子通信产生不过 100 多年。模拟信号与数字信号对于通信都是不可缺少的元素。从 100 多年前亚历山大·贝尔发明电话开始,"电力"向通信方向的应用正式拉开帷幕。按照时间脉络,信息通信技术的发展阶段可分为古代信息通信技术、传统信息通信技术和现代信息通信技术。

**一、古代信息通信技术**

早在公元前上古时期,人类就开始用简单的语言、壁画等方式交换信息。最初,原始人只能依靠天生的技能"吼"来进行沟通。远古时代没有文字,原始人常通过一些辅助的东西来表述信息。如北美的印第安人通过带有横杆的木橛的数量来表示出行时间。另外,"结绳记事"的发明为古代人类进行信息传递开辟了新的道路。此外,原始社会还有

一种信息表述的方法——图画,即通过画在树皮、皮革或其他东西上的图形来表示信息。以上这些原始的信息表达方法,也可以认为是原始的信息存储技术。而在通信(信息的传递)方面,原始人大多是通过手势来直接交流的,并通过约定的规则解析物品或图画来获取其中的信息。

随着社会的发展,人类文明一步一步由低级向高级发展,也推动着信息通信技术的进步。文字的出现是信息技术的一大变革,使得人类能够方便地进行信息的表述、传递和存储。通信方面也出现了多种不同的沟通方法,"烽火"便是其中有代表性的一种。"烽火"是我国古代军事上使用的一种报警信号,战士通过点燃在高台建筑上易燃的柴草,利用火光和白烟来有效地传递告警信息。除此之外,"飞鸽传书"也是一种常用的信息传递方法(图 5-1)。

(a) 烽火通信

(b) 飞鸽传书

图 5-1　古代通信方式

驿邮是邮政通信最古老的形式之一。这种通信方式是人类通信发展的一个伟大变革,标志着通信行业的诞生。

### 二、传统信息通信技术

人类文明关于"电"的发现和研究可追溯到两千年以前。自 100 多年前亚历山大·贝尔发明电话开始,"电力"向通信方向的应用正式拉开帷幕。贝尔发明电话的 20 年后,人类历史上出现了首次无线电通信。在工业革命,第一、第二次世界大战的驱动下,许多新型的有线和无线通信技术相继出现,包括邮政、电话、电报等多种通信方法,形成了传统信息通信技术发展的核心和主流。

(一) 有线通信

在电话发明后的很长一段时间内,有线通信与无线通信都保持无交集的状态各自发展。有线通信实现将声音信号转变为电信号,通过电线传播后再转化成声信号的过程。随着技术的发展,电话传输交换机中开始引入电子技术。1970 年,法国开通了世界上第一个程控数字交换系统 E10,标志着人类开始了数字交换的新时期,如图 5-2 所示。

图 5-2　电子计算机控制的电子交换机

（二）无线通信

无线通信发展以无线电报的使用为开端。这种"一对多"的信息传输方式也被称为单向通信。二战期间，贝尔实验室推出了多款军用步话机，实现了数十千米远距离无线传输。到了 20 世纪 70 年代，无线通信发展大爆发，摩托罗拉公司研发出真正意义上的移动话机——手机。手机的发明，标志着人类敲开了全民通信时代的大门，也标志着无线通信开始了对有线通信的反超。

三、现代信息通信技术

现代通信技术与传统通信技术有很大的不同。它不再以邮政、电报、电话技术为支柱，而是以微电子技术、计算机技术、光纤通信技术和卫星通信技术为支柱。其中微电子技术是现代通信的基础，计算机技术是现代通信的核心，光纤通信和卫星通信是现代通信的主要手段。近年来，地下光纤通信加天上的卫星通信，形成了以计算机为中心的三维通信网络。现代通信手段主要包括卫星通信、光纤通信、移动通信和计算机通信这四种。

（一）卫星通信

自 1957 年苏联发射第一颗人造地球卫星以来，人造卫星即被广泛应用于通信、广播、电视等领域。卫星通信是微波通信的一种。它是利用人造地球卫星作为中继站来转发无线电波，从而进行两个或多个地球站之间的通信，具有通信容量大、覆盖面积广、传输损伤小、抗干扰能力强等优点。通信卫星按运行轨道分为同步轨道通信卫星和低轨道通信卫星。同步轨道通信卫星是在同步轨道上运行的。因为与地球的运转同步，所以在地球上任何一点看到的通信卫星都是相对静止的，如图 5-3 所示。

图 5-3　三颗通信卫星覆盖地球

（二）光纤通信

激光在光导纤维中传输有两大特点：一是能量损失极小；二是带频极宽。用很小的功率(大约几个毫瓦)的激光源,以一根很细(直径为二万分之一米以下,比头发丝还细)的光导纤维为信道,就可以传输成千上万路的电话。信息化是社会发展的必然趋势,而光通信和光网络是未来通信网的必然选择。目前通信领域有三个发展趋势:一是无线通信;二是通信网络,尤其是因特网的具体应用;三是光网络的基础建设,使网络速度更快、容量更大、使用更方便、价格更便宜。

（三）移动通信

最早实现实时通信的是通过电报方式传递信息,还有之后的固定电话,但都受到使用环境的限制。为了满足随时随地实现实时通信的要求,移动通信应运而生。

（1）1G 的主要技术是模拟通信,将声音变为电波,通过电波传输,再还原成声音。这样的方式让其存在品质差、安全性差、易受到干扰等问题。

（2）2G 的重要技术是数字通信,将声音信息变成数字编码,通过数字编码传输,然后再用对方的解调器解开。这样的方式让其相对稳定、抗干扰、安全。

（3）在 ITU(国际电信联盟)征集第三代通信标准的背景下,在中国"3G 之父"李世鹤的带动下,我国提出 TD-SCDMA 标准。最终中国、美国和欧洲共同制定了 3G 标准,移动通信也从数字通信向数据通信转变。

（4）4G 将 WLAN 技术和 3G 很好地结合,传输速度更快,兼容性更强。

（5）5G 不仅具有更快的速度,还有低功耗、低时延等特点。最大特点是实现万物互联。智能互联网以生活中各种设备作为终端,从而取代传统互联网,如图 5-4 所示。

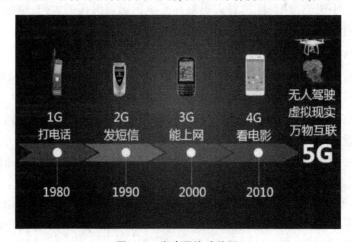

图 5-4  移动通信功能图

（四）计算机通信

当前世界各国已经把分布在各地的电子计算机,通过通信线路连接起来,构成计算机网络,特别是 20 世纪 90 年代因特网开通以来,计算机网络技术的发展更是突飞猛进。信息通过光缆干线、无线传输手段(卫星通信、数字滤波),能够在极短的时间内快速传到世界各个角落。入网的各终端设备都可以通过网络及时地进行信息交换,可以使任何人在任何时间与任何目的地进行通信。人们将这种网络化信息比喻为"信息高速公路"。

## 5.1.2  计算机技术在通信领域中的有效应用

随着计算机技术的高速发展,人们将计算机网络和通信技术一起直接应用到实践中,大大提高了工作效率,使生活方便快捷,交际交流方式多元化。计算机技术对于现代通信技术的发展越来越重要。如今我们每个人及各个行业都需要利用计算机技术处理信息,进行工作管理,由此可以得知当前计算机通信对于社会生活是十分重要的,计算机通信可以提供和处理各种信息,服务经济。计算机技术在通信特别是无线通信领域的应用是大势所趋。

### 一、计算机通信的基本特点

计算机通信不仅能够进行数据的传送,它还可以进行数据交换和数据处理。计算机通信主要以传输数据为基础,并与计算机的相关技术紧密联系。计算机通信技术与电话传输通信技术相比,主要特点如下。

(1) 计算机通信主要应用在多媒体通信中。

计算机通信主要是通过二值信号来对语言、文字、图像、数值、声音等多媒体信息进行处理、传输和再现,对数据的传输与交换过程中的监控和管理也都是采用计算处理的二值信号来完成的。

(2) 计算机通信的数据信息传输效率较高。

一条速率为 2 400 bps 的语言模拟信息数据,其每分钟的传输字符为 18 000 个。而在一条数字信息上速率为 64 bps 的语言模拟信息数据,其最大的速率是每分钟传送 48 万个字符。由此可见数字信息传输速率要比模拟信息的数据传输速率快许多。

(3) 计算机通信每次呼叫平均持续时间短。

有数据统计显示,计算机通信中约有 25% 的数据通信持续时间在 1 s 以下,有大约一半也就是 50% 的数据通信持续时间在 5 s 以下,而电话通信中,数据通信持续时间的平均值为 3~5 min;计算机通信的呼叫建立时间要求小于 1.5 s,而电话通信呼叫建立时间较长,约为 15 s。

(4) 计算机通信的抗干扰能力较强。

计算机技术在通信中的应用,能够及时对侵犯信息的程序发出信号,较好地增强抗干扰能力,在人类不断创新技术的过程中,对相关系统进行加密,使其具备自动抗信号入侵功能,不仅为通信企业节省了大量的人工服务,同时降低了通信成本。

### 二、计算机技术在通信中的应用

计算机技术在电信、科研、移动、银行、工业等许多行业中都有着广泛的使用功能。分布式处理技术和网络技术的提高更进一步推动了计算机技术的发展。下面主要通过举例来说明计算机技术在通信中的广泛应用。

(一) 计算机技术在通信软件交换系统中的应用

软交换技术是下一代网络的核心技术,它为下一代网络具有实时性要求的业务提供呼叫控制和连接控制功能。软交换技术独立于传送网络,主要完成呼叫控制、资源分配、协议处理、路由、认证、计费等主要功能,同时可以向用户提供现有电路交换机所能提供的所有业务,并向第三方提供可编程能力。iSoftCall 软交换呼叫中心中间件,适用于开发各种使用到电话功能的业务系统和产品平台,如图 5-5 所示。

图 5-5 软交换中间件

传统的呼叫中心系统方案多使用的语音卡、多媒体交换机的呼叫中心属于硬交换,而使用计算机技术(软件加上网关设备)的呼叫中心则属于软交换。它们之间的区别就是硬交换是通过硬件芯片内置驱动程序交换数据包,这样的包交换发生在硬件层面,所以稳定性更强一些;而软交换是通过软件程序来交换数据包,对硬件需求较少,而对网络连接速度有一定要求。从稳定性、安全性、通话音质和后期维护等方面来看,硬交换虽相对软交换呼叫中心具有明显优势,但是前期一次性的固定投资成本较高,更加适合对软件有定制需求、对稳定性有较高要求的企业/机构,比如政府等企事业单位或是大型上市公司等;而软交换最大的优势就是部署简单,价格便宜,因此极其适合预算较低的中小企业使用。软交换技术也是近几年来推动呼叫中心在中小企业群中普及的最大助力之一。

(二)计算机技术在计费系统中的应用

随着信息交换技术的快速发展,人们对信息交换机的系统提出了更高、更全面的要求,要求在信息交换机的整个系统中必须有专门的计费功能;而大部分的用户机都是通过其专用的计算机来进行计费的。事实证明,使用专用计算机计费具有许多优点:专用计算机计费系统具有功能多、冗余度较大和存储容量大等优点;可以根据不同用户的不同需求而设计出功能不同的计算机计费系统,以满足不同用户的不同需求。例如,在宾馆服务中,把电话计费和客房管理计算机联网,便可以进行电话费用和房间费用的统一综合管理,进行统一计算。总之,计算机计费系统能方便、快捷地做到与各种计算机管理系统的完美配合。

(三)计算机通信软件在信息管理系统中的应用

随着企事业单位的需求不断增多,市场上出现了各种各样不同的信息管理系统。很多企业为了使用户在工作中提高生产效率和生产质量,以及充分地利用计算机的功能,通常会使用计算机通信软件对其数据和信息系统进行管理,而事实也证明计算机通信软件起到了很大作用。计算机通信软件的应用,不仅解决了相关部门的繁重工作任务,也极大提高了企业生产过程中的办公质量和效率,为单位部门与部门之间的通信提供了更加便捷和保密度较高的现代通信技术,为信息的传递带来很大方便。

(四) 计算机技术在气象通信中的应用

计算机技术在气象通信中的应用,不仅提高了气象信息的收集和处理效率,而且在信息技术和存储环节也发挥了重要作用,有效降低了工作人员的劳动强度,降低了人工操作的失误率,为提高气象通信质量创造了有利条件。利用卫星云图技术和放大叠加技术,能有效提升天气预报的准确性和气象服务水平。利用计算机技术进行气象信息的分析和处理,转变了传统的气象工作模式,使信息处理速度更快,气象工作误差大幅度降低,切实提升了气象通信的信息处理水平。计算机技术和网络技术在气象通信中的综合应用,能对多个气象卫星中的气象信息进行综合处理,不仅提高了卫星资料的处理效率,而且切实提升了气象信息的准确性。

(五) 计算机技术在 GPS 实时通信中的应用

GPS 检测系统关键的中心部分成为数据链。一般传统的数据链就是通过有线电缆将具体数据通过线路传输到对方机器中,而 GPS 检测系统的数据链是通过无线传播的方式,将实时检测到的数据及时传输到数据处理中心。传统的有线传播方式与结合计算机的无线传播方式相比,投入成本高,具体操作也比较烦琐,还极其容易受到外部环境的影响,计算机技术下的无线网络通信方式很好地解决了这些问题,方便快捷地通过网络传输数据,而且无线网络通信是 GPS 系统发展进步的一大重要推动力。GPS 检测系统可以转换 RINEK 格式,具有多种实时有效的传输方式,如 CMDA、GPRS 等。总之,通过计算机技术下的无线通信,在无线通信信号覆盖下的地区都可以在计算机终端接收到 GPS 监测到的有效信息。

(六) 计算机技术在企业通信中的应用

计算机技术可以实时有效地管理通信系统,及时分析繁杂的数据信息。科技在不断进步,各个单位对自身的信息管理方面也提出了更高的要求。计算机技术可以对整个企业单位的通信系统进行管理,从而有效提高生产效率,发展生产力,最大限度地实现办公室智能自动化,切实将整个工作网络结合运作起来,减少通信系统的总体压力,使各个部门之间的数据信息传输变得方便准确,从而真正实现当代企业信息的高速传递和工作的高效运转。

## 5.1.3 计算机技术在通信中的发展前景

计算机技术在发展的过程中不断地创新,同时也推动着通信行业相关技术、设施朝着更好的方向不断发展。众所周知,人工智能、5G、云计算、量子计算机等新技术的加速应用和发展,形成了新一代的计算机信息技术核心能力,促进科技创新的同时,也在推动全世界通信技术的改变与升级。计算机技术和通信技术的融合与应用是完成数字化通信的必经之路,也是社会经济发展的必然趋势。下面我们阐述计算机新技术和通信技术的融合发展前景。

一、人工智能

人工智能的核心为数据处理和模型训练,因此,目前应用效果较好的行业集中在拥有数据质量和数量的业务,如金融领域的交易系统、汽车领域的自动驾驶、人脸识别、棋类竞技等。在通信领域，运营商也逐步在组合优化、检测、估计等问题上进行了成功探索。例如，布局人工智能平台，构建智能化基础设施体系。运营商通过布局人工智能平台，将自有网络、客户服务和各项业务承载于平台之上，改善现有的网络性能和客户服务能力，增强"深度学习"、智能语言分析等人工智能核心能力。又如，融合人工智能领域，拓展垂直行业应用。运营商借助自有的海量客户优势，从传统的 ICT 着手，探索人工智能与大数据、云计算的融合发展，经过长期积累，逐步将业务领域拓展至智能家居、智能医疗、智能教育等垂直行业应用。其发展策略如图 5-6 所示。

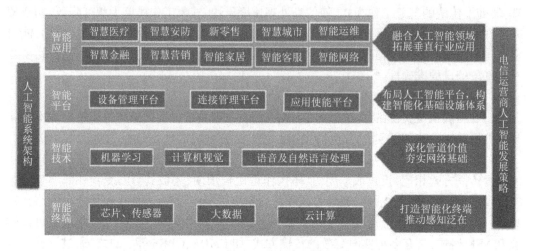

图 5-6　基于人工智能系统架构的运营商发展策略

人工智能作为新的技术浪潮，具有巨大的经济效益，并且会彻底改变人类的生活方式。运营商目前正处于转型升级的关键时期，应立足自有核心业务优势，通过加强自主研发、灵活投资合作等形式布局人工智能，拓展现有业务，创新商业模式，提升服务水平，提升通信系统网络质量，提升用户体验及满意度，向全球领先数字化运营商发展。

**二、5G**

5G 即第五代移动通信技术，是最新一代蜂窝移动通信技术。5G 的性能目标是高数据速率、减少延迟、节省能源、降低成本、提高系统容量和大规模设备连接。

5G 网络主要优势在于，数据传输速率远远高于以前的蜂窝网络，最高可达 10 Gbps；另一个优点是网络延迟时间较短（更快的响应时间），低于 1 ms，而 4G 的为 30~70 ms。由于数据传输更快，5G 网络将不仅为手机提供服务，还将成为一般性的家庭和办公网络提供商，与有线网络提供商竞争。以前的蜂窝网络提供了适用于手机的低数据率互联网接入，但是一个手机发射塔不能经济地提供足够的带宽作为家用计算机的一般互联网供应商。

近些年，5G 技术之所以能得到飞速发展，是因为以前的通信技术与计算机技术水平无法实现 6 GHz 以上的超高频段高速数据传输。因为超高频波长段容易导致畸变，致使传输距离较短。但随着自适应阵列传输等技术的应用，超高频段数据传输技术得以研发。5G 网络技术也因此得到了飞速的发展与普及，实现了 28 GHz 以上频段的超 1 Gbps 的高速传播。5G 网络技术有着传输速度快、稳定性高的优势。高频传输技术作为 5G 网络技术的突破口，解决了低频传输资源紧张的问题，充分开发了更大频率宽带的应用。5G 网络技术是计算机技术与通信技术融合的重要体现,其发展也对计算机存储技术与设备提出了更高的要求。

三、云计算

云计算技术是分布式计算的一种类型。随着通信技术的发展,信息的传输速度也变得越来越快。针对超大数据的计算与处理,云计算技术应运而生。云计算技术能够将超大数据分解成无数个小程序,通过通信技术将这无数个小程序进行分析与处理,再将结果回传给用户。云计算技术是任务分发与计算分布式计算的重要体现,建立在强大的通信技术与计算机技术之上,被广泛地应用于云存储、云医疗、云金融、云教育等领域。在存储方面,百度云盘、微云等云盘技术就是云存储的典例。在医疗方面,云计算能够实现医疗资源的共享,帮助居民实现预约挂号、电子病历、电子医保等操作。在金融方面,云计算能够帮助我国居民实现快捷支付,实现了保险与基金等金融操作的日常化。在教育方面,慕课MOOC等在线课程平台是通过云计算实现教育共享的重要体现。

目前,5G移动通信时代的到来,让人们对智能终端设备运算能力、服务质量等方面的需求不断提升。对于移动云计算来说,其是目前全新的IT资源或应用信息交付与使用方式。移动设备需要对复杂的计算、数据等给予全面整合,再将存储信息转移到云系统中,由此能够让移动设备的能源耗损程度大大降低。并且,云计算能够为用户提供相对安全、高效的服务,同时不会发生延后的问题。对此,移动云计算是5G技术的一个核心要素,让5G移动通信技术为人类所用,为进一步促进各个行业的全面发展发挥积极作用。

四、量子计算机

量子计算机是一类遵循量子力学规律进行高速数学和逻辑运算、存储及处理量子信息的物理装置。它利用一种链状分子聚合物的特性来表示开与关的状态,利用激光脉冲来改变分子的状态,使信息沿着聚合物移动,从而进行计算。量子计算机能够实行量子并行计算,其运算速度可能比目前计算机的Pentium Ⅲ晶片快10亿倍。除具有高速并行处理数据的能力外,量子计算机还将对现有的保密体系、国家安全意识产生重大的冲击。

我国量子信息专家宣称,将在5年内研制出实用化的量子密码来服务社会。美国、英国、以色列等国家都先后开展了有关量子计算机的基础研究。正在开发中的量子计算机有三种类型:核磁共振量子计算机、硅基半导体量子计算机和离子阱量子计算机。预计到2030年量子计算机可进入实用领域。

2021年,我国在量子通信领域有重大突破:两个高校团队利用量子安全直接通信原理,首次实现了网络中15个用户之间的安全通信,其传输距离达40千米。该研究为未来基于卫星量子通信网络和全球量子通信网络的研究奠定了基础。如今我国的量子通信水平位居世界前列。以量子计算、量子通信和量子测量为代表的量子信息技术可能引发信息技术体系的颠覆性创新与重构,并诞生改变游戏规则的变革性应用,从而推动信息通信技术换代演进和数字经济产业突破发展。

五、计算机网络与通信系统融合发展

一旦计算机网络本身与通信系统结合在一起,便可以重新配置新的通信方式,这种通信方式称为计算机通信网络,主要满足各种数据通信需求。借助特定的软件,通信网络本身可以直接将多台计算机或具有不同功能的移动设备组合在不同的位置,使不同的设备能够彼此共享信息。这种通信技术可以满足企业、机构等对数据传输甚至跨境传输的需求。计算机通信技术推动了以下变化：信息处理设备（计算机）和信息通信设施（交换模式设施）在本质上没有什么差异；资源通信、语音通信和视频通信之间没有差距；单处理器计算机、多处理器计算机、局域网、城域网和广域网之间的区别不再明确。这些变化促进了信息产业和通信产业的更深层次的集成，这可以反映在组件制造和系统集成的各个方面。更重要的是，计算机通信网络系统已经形成一个集成系统，可以以不同方式处理各种信息和材料。关于技术本身和技术标准的创建者，可以补充各种通信的某些公共网络系统的演进，借助特定网络，对全球数据源和各种材料进行探索。

随着计算机软件、硬件的不断进步和计算机技术、通信设备的不断发展与更新，计算机通信技术也必将继续发展，甚至在未来的几年内有质的飞跃。作为计算机多媒体技术和大容量光纤通信技术相结合的产物，"信息高速公路"在世界各地都已成为热门话题。"信息高速公路"能同时传递声音、图像和文字资料，比国内目前采用最多的数控信息传递系统具有更大的灵活性。因此，计算机技术在通信中的应用具有广阔的应用前景，并将是通信领域的发展总趋势。

## 5.2 计算机技术在机械领域中的应用

机械制造业已经被政府列入支柱性产业之一。自机械化被信息化取代以来，计算机技术在我国得到广泛运用。将计算机技术融入机械行业的生产中，不仅能提高企业生产效率，还能减少企业的人力资源成本，提高企业的生产自动化水平，保证企业生产的产品质量和精度。

### 5.2.1 计算机技术在机械设计中的应用

计算机技术在机械设计中的应用非常广泛，例如，图形的修改、设计、编辑，零部件强度设计、测试，数据的比较及计算等方面。设计者针对所需要设计的机械在计算机上设计构建样机，在计算机上看到设计出来的产品模型，同时对于设计出来的模型在性能上的特点也能通过计算机进行验证、检测，例如强度、热度、受力情况等。在验证中，发现不合格之处就可以根据需求来修改，不断完善。计算机技术越来越全面地应用于机械设计的多个方面及各式各样的机械设计中，在不断提高制造的实际效率和提高机械设计的高质量高效率方面发挥着重要的作用。

一、计算机辅助设计（CAD）技术的应用

计算机辅助设计技术也称作CAD，指的是设计者通过计算机技术的应用，把传统机械设计中的计算工作、制图和模拟等过程在计算机上连续重复验证及修改，得到所需的设计结果的产品模型的技术，主要包含计算机绘图（几何实体造型）、标准件库与调用、标注-标准和规范的引用、零件的设计计算等技术。这里着重介绍其基本功能——计算机绘图技术。

计算机绘图是指利用计算机图形系统绘制出符合要求的二维工程图样或建立起三维模型的方法和技术。在详细设计阶段，利用计算机绘图技术可以进行图形绘制、尺寸标注、技术条件标注等全部绘图工作。在现代产品设计中,设计者还利用计算机绘图直接构建初零件或整个产品的三维模型,如图5-7所示。

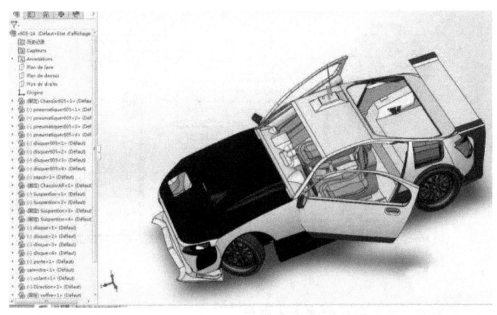

图 5-7 汽车三维模型

与传统的手工绘图相比,计算机绘图不仅具有速度快、精度高的特点,而且通过对大批量电子版图形进行有效管理,可以方便快捷地对图形进行检索、修改和重用。在实际生产设计中计算机绘图技术应用得十分广泛。常用的绘图软件有 UG、Pro/E、SolidWorks、AutoCAD、CAXA 等。

二、计算机辅助工程(CAE)技术的应用

计算机辅助工程(CAE)技术是一种综合应用计算力学、计算数学、信息科学等相关技术的综合工程技术。在机械工程计算中,CAE 技术的应用通常包含两部分,一是使用有限元软件对机械结构进行分析,分析的数据通常有强度应力、刚度应变和变形、动态特性固有频率、振动模态、热态特性温度场、热变形等。图 5-8 所示为主底座静强度分析。从图中可以看到零件内部的应力分布情况,读取最大应力数值,可为零件的结构优化设计提供参考。二是机构的运动学即动力学分析,能完成机构内零部件的位移、速度、加速度和力的计算,以及机构的运动模拟和机构参数的优化。图 5-9 所示为

图 5-8 主底座强度分析

某型号驱动电机的振动分析。从图中能读取该零件的固有频率等信息。常用的 CAE 软件有 ANSYS、ABAQUS、NASTRAN、ADAMS 等。

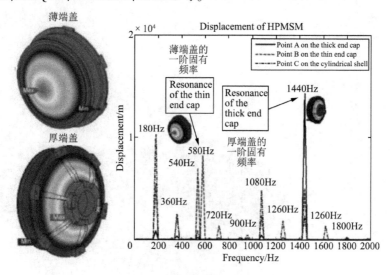

图 5-9　驱动电机振动分析

### 5.2.2　计算机技术在机械制造中的应用

在实际的机械生产制造过程中,计算机检测技术和计算机控制技术有着广泛的应用。计算机检测技术主要是利用计算机采集、分析处理、存储机械设备的运行状态数据,完成对设备的在线监控和诊断。计算机控制技术主要是利用计算机作为控制器对机械设备的运行过程和运行状态进行自动控制。

**一、数控机床**

现代生产中,计算机控制技术主要是计算机辅助制造(CAM)。其核心是计算机数值控制,是将计算机应用于制造生产过程的过程或系统。最主要的应用成果是数控机床。图 5-10 所示为数控车床。计算机数值控制的运用使机械制造加工的精度得到前所未有的提高,同时还实现了多工序自动化加工,提高了资源利用率。

**二、FMS 柔性制造系统**

计算机技术进一步的应用是柔性制造系统,是以数控机床或加工中心为基础,配以物料传送、装夹、卸下装置的生产系统,如图 5-11 所示。该系统由电子计算机实现自动控制,能在不停机的情况下,调整工序、顺序和节拍,实现一种工件向另一种工件的转换,甚至可以同时加工几种工件,大大缩短了加工周期。柔性制造系统适合加工形状复杂、加工工序多、批量大的零件,其加工

图 5-10　数控车床

和物料传送柔性大,但人员柔性仍然较低。

图 5-11　FMS 柔性制造系统

### 三、柔性自动生产线

许多柔性制造系统加上运输系统、机器人装配、立体仓库等设备,通过计算机网络进行调度管理,形成自动化工厂,这是计算机技术在生产制造领域的综合应用,如图 5-12 所示。

图 5-12　机器人控制的柔性汽车生产线

## 5.2.3　计算机技术在机械领域中的发展前景

计算机技术在机械领域中的发展方向是将传统的制造技术与现代信息技术、管理技术、自动化技术、系统工程技术进行深度有机结合,在企业产品全生命周期中实现信息化、智能化、集成优化。

### 一、敏捷制造与虚拟制造

敏捷制造(Agile Manufacturing,AM)是在不可预测的持续变化的竞争环境中取得繁荣成长,并具有能对客户需要的产品和服务驱动市场做出迅速响应的生产模式。

虚拟制造(Virtual Manufacturing,VM)是国际上提出的新概念,当市场新机遇出现时,组织及各有关公司联合,把不同的公司、不同地点的工厂或车间重新组织起来协调工作。在运行之前必须分析组合是否最优,能否协调运行,并对投产后的效益和风险进行评估。这种联合公司称虚拟公司。虚拟公司通过虚拟制造系统运行,因此研究开发虚拟制造技术(Virtual Manufacturing Technology,VMT)和虚拟制造系统(Virtual Manufacturing System,VMS)意义重大。AM已成为21世纪制造业的重要发展模式。

### 二、计算机集成制造与智能制造

计算机集成制造(Computer Integrated Manufacturing,CIM)的核心内容是以信息集成为特征的技术集成和功能集成。计算机是继承的工具,计算机和辅助各单元技术是集成的基础,信息交换是桥梁,信息共享是关键。集成的目的在于使制造企业组织结构和运行方式合理化和最优化,以提高企业对市场变化的动态响应速度,并追求最高整体效益和长期效益。

智能制造(Intelligent Manufacturing,IM)是在制造工业的各个环节的高度柔性与高度集成的方式,通过计算机模拟人类专家的智能活动,进行分析、判断、推理、构思和决策,旨在取代或延伸制造环境中人的部分脑力劳动,并对人类专家的制造智能进行收集、存储、完善、共享、继承与发展。目的是通过集成知识工程、制造软件系统、机器人视觉和机器人控制对制造工人的技能与人类专家知识进行建模,以使智能机器能够在没有人干预的情况下生产。

### 三、绿色制造

绿色制造又称环境意识制造和面向环境的制造等,即综合考虑环境影响和资源消耗的现代制造模式,目标是使得产品从设计、制造、包装、运输、使用到报废处理的全生命周期中,废弃物和有害排放物最小,对环境的负面影响最小,对健康无害,资源利用率最高,使企业经济效益和社会效益更高。

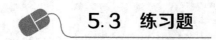

## 5.3 练习题

1. 下列不属于古代的通信方式的是( )。
   A. 邮驿传信　　　B. 烽火传军情　　　C. 飞鸽传书　　　D. 发传真
2. 利用计算机预测天气情况属于计算机应用领域中的( )。
   A. 科学计算和数据处理　　　　　B. 科学计算与辅助设计
   C. 科学计算和过程控制　　　　　D. 数据处理和辅助设计

3. 现代通信手段不包含(　　)。
   A. 卫星通信　　　　　　　　　B. 光纤通信
   C. 移动通信　　　　　　　　　D. 邮政通信
4. 下列不属于计算机通信的基本特点的是(　　)。
   A. 计算机通信通过二值信号处理多媒体信息
   B. 计算机通信的数据信息传输效率较高
   C. 计算机通信每次呼叫平均持续时间短
   D. 计算机通信的抗干扰能力较弱
5. 计算机信息技术核心能力不包含(　　)。
   A. 人工智能　　　　B. 3G　　　　C. 云计算　　　　D. 量子计算机
6. 计算机辅助设计绘图软件不包含(　　)。
   A. UG　　　　　　B. Pro/E　　　C. Word　　　　　D. CAXA
7. 计算机辅助设计的英文缩写是(　　)。
   A. CAD　　　　　 B. CAM　　　　C. CAE　　　　　 D. CAI
8. 计算机辅助工程的英文缩写是(　　)。
   A. CAD　　　　　 B. CAM　　　　C. CAE　　　　　 D. CAI
9. 下列属于计算机辅助工程技术的是(　　)。
   A. 三维建模　　　 B. 振动模态　　C. 热态特性温度场　D. 热变形
10. 计算机技术在机械领域中的发展前景不包括(　　)。
    A. 信息化　　　　B. 智能化　　　C. 集成优化　　　D. 离散化

【参考答案】
1—5　D　C　D　D　B　　　　　6—10　C　A　C　A　D

# 参考文献

[1] 张敏华,史小英.计算机应用基础(Windows 7+Office 2016)[M].2版.北京:人民邮电出版社,2021.

[2] 刘广峰,黄霞.计算机基础教程[M].武汉:华中科技大学出版社,2016.

[3] 赵姝,陈洁.计算机组成与体系结构[M].2版.合肥:安徽大学出版社,2019.

[4] 陶皖.大数据导论[M].西安:西安电子科技大学出版社,2020.

[5] 崔向平,周庆国,张军儒.大学信息技术基础[M].北京:人民邮电出版社,2021.

[6] 李桂秋,朱小刚,刘翠梅.计算机硬件技术基础[M].北京:北京理工大学出版社,2015.

[7] 罗娟.计算与人工智能概论[M].北京:人民邮电出版社,2022.

[8] 李昌春,张薇薇.物联网概论[M].重庆:重庆大学出版社,2020.

[9] 华为技术有限公司.数据通信与网络技术[M].北京:人民邮电出版社,2021.

[10] 张晓明.计算机网络教程[M].北京:清华大学出版社,2010.

[11] 林生,范冰冰,韩海雯,等.计算机通信与网络教程[M].3版.北京:清华大学出版社,2008.

[12] 周庆国,雍宾宾.人工智能技术基础[M].北京:人民邮电出版社,2021.

[13] 陆惠恩.软件工程[M].3版.北京:人民邮电出版社,2017.